U0300527

胜券在握系列丛书

建筑工程管理与实务一书通关

嗨学网考试命题研究委员会　组织编写

李佳升　主编

王玮　郭俊辉　副主编

中国建筑工业出版社

图书在版编目（CIP）数据

建筑工程管理与实务一书通关/李佳升主编；嗨学
网考试命题研究委员会组织编写. —北京：中国建筑工
业出版社，2017.5
（胜券在握系列丛书）
ISBN 978-7-112-20775-6

I.①建… II.①李… ②嗨… III.①建筑工程－施
工管理－资格考试－自学参考资料 IV.①TU71

中国版本图书馆CIP数据核字（2017）第092933号

责任编辑：牛　松　李　杰　王　磊
责任校对：李欣慰　李美娜

胜券在握系列丛书
建筑工程管理与实务一书通关
嗨学网考试命题研究委员会　组织编写
李佳升　主编
王玮　郭俊辉　副主编

*

中国建筑工业出版社出版、发行（北京海淀三里河路9号）
各地新华书店、建筑书店经销
北京嗨学网教育科技有限公司制版
北京同文印刷有限责任公司印刷

*

开本：787×1092毫米　1/16　印张：20　字数：576千字
2017年5月第一版　　2017年5月第一次印刷
定价：69.00元
ISBN 978-7-112-20775-6
（30430）
如有印装质量问题，可寄本社退换
（邮政编码　100037）

建筑工程管理与实务
一书通关

主　　编	李佳升
副 主 编	王　玮　郭俊辉
编委成员	陈　印　李佳升　肖国祥　徐　蓉　朱培浩　程庭龙
	杜诗乐　郭俊辉　韩　铎　李四德　李冉馨　李珊珊
	王　丹　王　欢　王　玮　王晓波　王维雪　徐玉璞
	杨　彬　杨　光　杨海军　杨占国
监　　制	王丽媛
执行编辑	王倩倩　李红印
版　　权	北京嗨学网教育科技有限公司
网　　址	www.haixue.com
地　　址	北京市朝阳区红军营南路绿色家园
	媒体村天畅园7号楼二层

关注我们
一建公众微信二维码

前　言

2010年，互联网教育行业浪潮迭起，嗨学网（www.haixue.com）顺势而生。七年来，嗨学网深耕学术团队建设、技术能力升级和用户体验提升，不断提高教育产品的质量与效用；时至今日，嗨学网拥有注册用户接近500万人，他们遍布中国大江南北乃至海外各地，正在使用嗨学产品改变着自身职场命运。

为了更好的教学效果和更佳的学习体验，嗨学团队根据多年教研成果倾力打造了此套"胜券在握系列丛书"，丛书以《建设工程经济》《建设工程项目管理》《建设工程法规及相关知识》《建筑工程管理与实务》《机电工程管理与实务》《市政公用工程管理与实务》等六册考试教材为基础，依托嗨学网这一国内先进互联网职业教育平台，研究历年考试真题，结合专家多年实践教学经验，为广大建筑类考生奉上一套专业、高效、精致的辅导书籍。

此套"胜券在握系列丛书"具有以下特点：

（1）内容全面，紧扣考试大纲

图书编写紧扣考试大纲和一级建造师执业资格考试教材，知识点全面，重难点突出，图书逻辑思路在教材的基础上，本着便于复习的原则重新得以优化，是一本源于大纲和教材却又高于教材、复习时可以代替教材的辅导用书。编写内容适用于各层次考生复习备考，全面涵盖常考点、难点和部分偏点。

（2）模块实用，考学用结合

知识点讲解过程中辅之以经典例题和章节练习题，同时扫描二维码还可以获得配套知识点讲解高清视频；"嗨·点评"模块集结口诀、记忆技巧、知识点总结、易混知识点对比、关键点提示等于一体，是相应内容的"点睛之笔"；全书内容在仔细研读历年超纲真题和超纲知识点的基础上，结合工程实践经验，为工程管理的从业人员提供理论上的辅导，并为考生抓住超纲知识点提供帮助和指导。总之，这是一本帮助考生准确理解知识点、把握考点、熟练运用并举一反三的备考全书。

（3）名师主笔，保驾护航

本系列丛书力邀陈印、李佳升、肖国祥、徐蓉、朱培浩等名师组成专家团队，嗨学考试命题研究委员会老师组成教学研究联盟，将多年的教学经验、深厚的科研实力，以及丰富的授课技巧汇聚在一起，作为每一位考生坚实的后盾。行业内权威专家组织图书编写并审稿，一线教学经验丰富的名师组稿，准确把握考试航向，将教学实践与考试复习相结合，严把图书内容质量关。

（4）文字视频搭配，线上线下配合

全书每节开篇附二维码，扫码可直接播放相应知识点配套名师精讲高清视频课程；封面二维码扫描获赠嗨学大礼包，可获得增值课程与高质量经典试题；关注嗨学网一建官方微信公众号可加入我们的嗨学大家庭，获得更多考试信息的同时，名师、"战友"一起陪你轻松过考试。

本书在编写过程中虽斟酌再三，但由于时间仓促，难免存在疏漏之处，望广大读者批评指正。

嗨学网，愿做你学业之路的良师，春风化雨，蜡炬成灰；职业之路的伙伴，携手并肩，攻坚克难；事业之路的朋友，助力前行，至臻至强。

编者

2017年5月

C 目录
ONTENTS

第三篇 案例篇

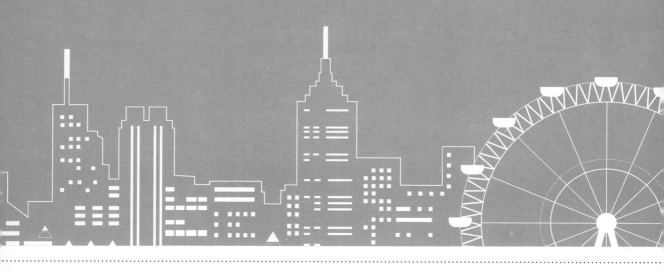

|第一篇| 前导篇

一、考试介绍

（一）一级建造师考试资格与要求

报名条件

1.凡遵守国家法律、法规，具备以下条件之一者，可以申请参加一级建造师执业资格考试：

（1）取得工程类或工程经济类大学专科学历，工作满6年，其中从事建设工程项目施工管理工作满4年。

（2）取得工程类或工程经济类大学本科学历，工作满4年，其中从事建设工程项目施工管理工作满3年。

（3）取得工程类或工程经济类双学士学位或研究生班毕业，工作满3年，其中从事建设工程项目施工管理工作满2年。

（4）取得工程类或工程经济类硕士学位，工作满2年，其中从事建设工程项目施工管理工作满1年。

（5）取得工程类或工程经济类博士学位，从事建设工程项目施工管理工作满1年。

2.符合上述报考条件，于2003年12月31日前，取得建设部颁发的《建筑业企业一级项目经理资质证书》，并符合下列条件之一的人员，可免试《建设工程经济》和《建设工程项目管理》2个科目，只参加《建设工程法规及相关知识》和《专业工程管理与实务》2个科目的考试：

（1）受聘担任工程或工程经济类高级专业技术职务。

（2）具有工程类或工程经济类大学专科以上学历并从事建设项目施工管理工作满20年。

3.已取得一级建造师执业资格证书的人员，也可根据实际工作需要，选择《专业工程管理与实务》科目的相应专业，报名参加考试。考试合格后核发国家统一印制的相应专业合格证明。该证明作为注册时增加执业专业类别的依据。

4.上述报名条件中有关学历或学位的要求是指经国家教育行政部门承认的正规学历或学位。从事建设工程项目施工管理工作年限是指取得规定学历前后从事该项工作的时间总和。全日制学历报考人员，未毕业期间经历不计入相关专业工作年限。

（二）一级建造师考试科目

考试科目	考试时间	题型	题量	满分
建设工程经济	2小时	单选题	60题	100分
		多选题	20题	
建设工程项目管理	3小时	单选题	70题	130分
		多选题	30题	
建设工程法规及相关知识	3小时	单选题	70题	130分
		多选题	30题	
专业工程管理与实务	4小时	单选题	20题	160分（其中案例分析题120分）
		多选题	10题	
		案例分析题	5题	

《专业工程管理与实务》科目共包括10个专业，分别为：建筑工程、公路工程、铁路工程、民航机场工程、港口与航道工程、水利水电工程、市政公用工程、通信与广电工程、矿业工程和机电工程。

（三）《建筑工程管理与实务》试卷分析

1.试卷构成

建筑工程管理与实务试卷由20道单选题（每题1分）；10道多选题（每题2分）；5道案例分析题（1~3题每题20分，4~5题每题30分）构成，总分160分，合格分数96分。

（1）单项选择题：共20题，每题1分。

（2）多项选择题：共10题，每题2分。

（3）案例分析题：共5题。

2.评分规则

（1）单项选择题：每题1分。每题的备选项中，只有1个最符合题意。

（2）多项选择题：每题2分。每题的备选项中，有2个或2个以上符合题意，至少有1个错项。如果作答时有错误的选项，则本题不得分；如果少选，所选的每个选项得0.5分。

（3）案例分析题：共5题，其中第1、2、3题各20分；4、5题各30分。

3.答题思路

（1）单项选择题

单项选择题一般解题方法和技巧有以下几种：

①直接法，即直接选出正确项。考生对此考点掌握到位。

②间接法，即不能直接确定正确选项，通过逐个排除干扰项确定最终答案。

③比较法，即不能完全排除干扰项，但是通过对答案和题干进行研究、分析、比较可以找出一些陷阱，去除不合理选项，从而选出更为确定的最终答案。

④猜测法，即凭感觉随机猜测。并且通过逻辑猜测和题感找出与题干关键信息最为贴切的答案。

（2）多项选择题

多项选择题的解题方法也可采用直接法、间接法、比较法和猜测法，但一定要慎用猜测法。考生做多项选择题时，应注意多项选择题至少有2个正确答案，如果已经确定了2个（或以上）正确选项，则对只略有把握的选项，最好不选，要慎重，做到宁缺毋滥，只选择十分肯定的，不太确定的不要选。总之，要根据自己对各选项把握的程度合理安排应答策略。

（3）案例分析题

①认真阅读背景资料，抓住关键词和要点，深入了解背景资料所给的所有条件，分析背景资料中的因果关系、逻辑关系、法定关系、表达顺序等各种关系和相关性。对背景资料要边看边想，不要研究太多时间。

②看清楚有几个问题，每一个问号都是采分点，要分别分层作答，切不可漏答。关键词表述准确，措辞要正式，要以教材原话或题干中语言表述。但答案要符合相关知识、观点正确，不能根据实际经验随意发挥。

③答题要有层次，解答紧扣题意，把握不准的地方尽量回避，避免画蛇添足。一般来讲，

提出的4~5个问题的关联性小，但每个问题的若干小问题有关联性。

④要在规定的答题栏中和本题号上作答；卷面字要整齐、清楚、整洁，每题答案不得写到装订线之外，不要在其他题号上作答。计算题必须写出计算步骤，不能只写答案，否则影响成绩。

二、复习指导

1.历年考情分析

近三年考试真题分值统计　　　　　　　　　　（单位：分）

章节	2014 年		2015 年		2016 年	
	选择题	案例题	选择题	案例题	选择题	案例题
1A410000 建筑工程技术	20	3	24	18	26	6
1A420000 建筑工程项目施工管理	16	69	12	42	9	40
1A430000 建筑工程项目施工相关法规与标准	4	23	2	17	5	15
教材未出现内容	25		45		59	

由表格中的分值分布可以看出，第一章、第三章主要是选择题的出题源，第二章案例的出题例题较大，虽然近三年第二章的案例分值占比逐年下降，但仍然是三章中的重点章节，很多超书超纲的题目也是围绕第二章内容展开的，考核内容围绕施工单位的"三控""三管""一协调"，在安全、进度、质量、成本四大目标中展开命题，题目日趋灵活，偏向应用，综合性强。

对于建筑工程技术要吃透教材，深入分析每个知识点，同时可以参考一些相关规范标准和相关规程；要做到对知识点的深入理解和运用；建筑工程项目施工管理部分，要结合公共课教材内容学习，它们之间有很大的关联性，结合性的学习才能理解透彻、融会贯通；建筑工程项目施工相关法规与标准分值相对比重较少，而且理解性的知识点不多，做到准确记忆即可。

2.学习建议

熟练掌握知识点，并加以融会贯通，从而建立自信。根据历年分值分布和考点总结明确复习侧重点，提高学习效率。

（1）制定短期学习计划

考生要结合自己的工作、生活和学习的情况，制定一个短期学习计划，以周为单位，并且严格要求自己完成，养成良好的学习方式。但计划要切合实际，切不可好高骛远，要注重细节和质量。按照短期计划一步一步完成，打好基础，积少成多，厚积薄发。

（2）结合公共课

公共科目和实务科目内容是紧密相连的，不仅很多知识内容高度重合，同样会作为实务案例题的出题来源，因此公共课的学习不容忽视，学习和实务课重合章节内容即可。

（3）动笔做题不能少

扎实的知识基础只是应对考试的一方面，更应该需要的是写作表达能力。无论是从分析的思路、答题的技巧、语言的组织、文字的表达、卷面的书写、考试的策略都尤为重要。考试的信息量很大，时间有限，因此要在考试前锻炼这种能力。通过做历年真题来了解出题形式、角度和方向。通过做典型案例题来训练分析能力、语言的表达的能力、采分点的抓取能力，做到

第二篇 考点精讲篇

1A410000 建筑工程技术

一、本章近三年考情

本章近三年考试真题分值统计　　　　　　　　　　　　（单位：分）

节 ＼ 年份	2014 年		2015 年		2016 年	
	选择题	案例题	选择题	案例题	选择题	案例题
1A411000 建筑结构与构造	5		3		4	
1A412000 建筑工程材料	5		8		8	
1A413000 建筑工程施工技术	10	3	13	18	14	6

二、本章学习提示

　　第一章学习提示：本章分为三个小节，第一节是建筑结构与构造，每年以选择题的形式考查5分左右，内容直击大学基础课程，学习起来比较枯燥，非本专业学员学习这部分更是异常困难，但本节分值不高，可以进行战略性调整，掌握本书的内容应对考试即可。第二节是建筑工程材料，每年10分左右的选择题，这部分内容是学习施工技术的基础，本节着重介绍了结构材料、装修材料、功能材料的性能与应用，其中结构材料每年考查的相对分值较多。第三节是建筑工程施工技术，这部分内容大多源自现行国家标准的施工技术规范并不同于第三章介绍的质量验收规范，但可以结合起来学习。第三节技术目前是案例题新的出题源，并且因结合了实际工作使得题目难度极大，并且考生很难对于地基处理、主体结构（包括钢结构）、装饰装修及幕墙、保温防水等专业都有相应的经验，因此这部分的考题是考生遇到的主要瓶颈。但是应该以应试的角度思考问题，考试不同于做学术研究，因此这样一本以应试角度解析知识的教辅就显得非常重要。

1A411000 建筑结构与构造

本节知识体系

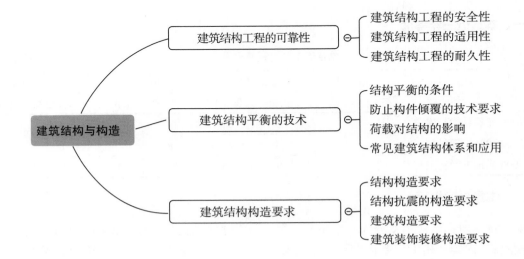

核心内容讲解

1A411010 建筑结构工程的可靠性

一、建筑结构工程的安全性

（一）结构的功能要求

结构的功能要求可以概括为结构的可靠性，具体包括安全性、适用性和耐久性，每种性能的示例见表1A411010-1。

结构的功能要求　表1A411010-1

可靠性	具体示例
安全性	例如：厂房结构平时受自重、吊车、风和积雪等荷载作用时，均应坚固不坏。在遇到强烈地震、爆炸等偶然事件时，容许有局部的损伤但不能发生倒塌
适用性	例如：吊车梁变形过大会使吊车无法正常运行，水池出现裂缝便不能蓄水等，都影响正常使用，需要对变形、裂缝等进行必要的控制
耐久性	例如：不致因混凝土的老化、腐蚀或钢筋的锈蚀等影响结构的使用寿命

🔊 嗨·点评　适用性主要讨论的是结构的工作性能，当出现过宽的裂缝，过大的变形和振幅时会影响结构工作性能。

【经典例题】1.（2015年一级真题）某厂房在经历强烈地震后，其结构仍能保持必要的整体性而不发生倒塌，此项功能属于结构的（　　）。

A.安全性　　　　　　B.适用性

C.耐久性　　　　　　D.稳定性

【答案】A

【嗨·解析】倒塌、破坏及结构损伤是在讨论结构的安全性问题。裂缝、振幅及变形是在讨论结构的适用性。

【经典例题】2.（2014年二级真题）建筑结构应具有的功能有（　　）。

A.安全性　　　　　　B.舒适性

C.适用性　　　　　　D.耐久性

E.美观性

【答案】ACD

（二）两种极限状态（界限状态）

我国的结构理论将极限状态分为承载力极限状态和正常使用极限状态两类，不满足相应极限状态的示例见表1A411010-2。

两种极限状态　表1A411010-2

极限状态	示例
承载力极限状态	例如：材料发生强度破坏（含疲劳破坏），或因产生过度塑性变形或丧失稳定（如滑移/倾覆）
正常使用极限状态	例如：吊车梁挠度过大以致吊车不能正常行走，裂缝宽度达到限值，发生影响正常使用的振动

嗨·点评 所有结构和构件都必须进行承载力极限状态的计算，以满足结构的安全性。

【经典例题】3.结构设计的极限状态包括（　　　）极限状态。

A.超限使用　　　　B.承载力

C.正常施工　　　　D.正常使用

E.正常维修

【答案】BD

（三）杆件的受力形式

结构杆件受力按变形特点分为：拉伸、压缩、弯曲、剪切和扭转。实际结构中的构件可以是几种形式的组合，如梁同时承受剪力和弯矩；基本受力形式如下（如图1A411010-1所示）。

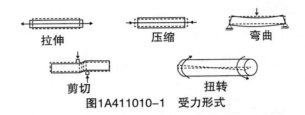

图1A411010-1　受力形式

嗨·点评 土木工程中对于弯矩的规定为：上部受压下部受拉则规定为正弯矩（如图1A411010-2所示），反之为负弯矩。一般的悬挑结构如雨棚、挑檐属于负弯矩构件，负弯矩构件的受力钢筋在构件上部与承受正弯矩构件不同。

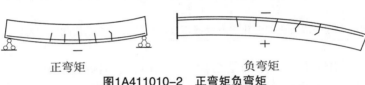

图1A411010-2　正弯矩负弯矩

【经典例题】4.独立柱柱顶受集中荷载如下图所示，柱底a—a截面的受力状态为（　　　）。

A.压力和剪力

B.压力和弯矩

C.弯矩和剪力

D.压力、剪力和弯矩

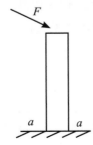

【答案】D

【嗨·解析】本题考查一根柱子在承受斜向压力时底部的组合受力情况，根据平面力系平衡条件的基本理论，底部承受压力、剪力和弯矩如下图所示。

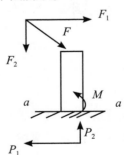

（四）杆件稳定的基本概念

临界力的概念：竖向杆件承受轴向压力发生弯曲不能保持直线稳定的现象叫做失稳，受压的杆件开始失去稳定产生弯曲变形的界限力叫做临界力，临界力的计算公式：

$$P_{ij} = \frac{\pi^2 EI}{(\mu l)^2}$$

1.临界力的影响因素及影响关系为：

（1）与杆件的材料弹性模量（E）成正比，构件越硬其弹性模量越大。

（2）与材料截面惯性矩（I）成正比，截面惯性矩反映的主要是杆件抵抗扭转能力，

截面惯性矩越大抵抗扭转能力越强。

（3）与压杆的长度（L）成反比。

（4）杆端的约束（系数μ）也会影响临界力。

2.不同的杆端约束情况对临界力的影响如图1A411010-3所示。

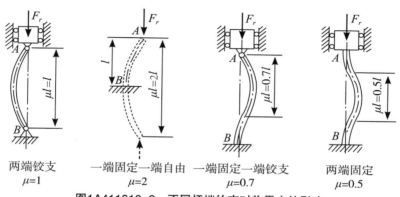

两端铰支　　一端固定一端自由　　一端固定一端铰支　　两端固定
$\mu=1$　　　　$\mu=2$　　　　　$\mu=0.7$　　　　　$\mu=0.5$

图1A411010-3　不同杆端约束对临界力的影响

🔊 **嗨·点评** 考生要结合临界力的公式，掌握四种约束下临界力的计算长度，对杆件两端约束越多，临界力越大。

3.临界应力的概念（应力指单位面积上的力，类似压强）：临界应力等于临界力除以压杆的横截面面积A。公式推导为：

$$\sigma_{ij} = \frac{\pi^2 E}{(l_0/i)^2} = \frac{\pi^2 E}{\lambda^2}$$

通过推导得到影响临界力的综合因素λ（称作长细比或高厚比），λ越大表示杆件越长越细不稳定，临界力越小。

【经典例题】5.（2014年一级真题）某受压细长杆件，两端铰支，其临界力为50kN，若将杆件支座形式改为两端固定，其临界力应为（　　）kN。

　A.50　　　B.100　　　C.150　　　D.200

【答案】D

【嗨·解析】本题是计算题目，考查考生

对临界力公式的理解和记忆，两端铰支影响系数$\mu=1$，公式为$P_{ij}=\frac{\pi^2 EI}{L^2}$，若两端固定影响系数$\mu=0.5$，公式为$P_{ij}=\frac{\pi^2 EI}{(0.5L)^2}$ 对比两种条件临界力相差4倍，即两端固定比两端铰支临界力大4倍，因此答案是200kN。

【经典例题】6.某受压杆件，在支座不同、其他条件相同的情况下，其临界力按从大到小顺序排列（　　）。

①两端铰支②一端固定一端铰支③两端固定④一端固定一端自由

　A.①②③④　　　　B.③①②④

　C.②③①④　　　　D.③②①④

【答案】D

【嗨·解析】本题主要考查杆件约束对临界力的影响排序，按从小到大为：一端固定一端自由＜两端铰支＜一端固定一端铰支＜两端固定。

二、建筑结构工程的适用性

（一）杆件刚度与梁的位移计算

1.梁的变形主要是由弯矩引起，剪力影响小。悬臂梁端部最大位移如图1A411010–4所示。

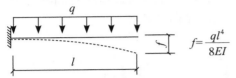

$$f=\frac{ql^4}{8EI}$$

图1A411010–4　梁的弯矩引起变形图（a）

2.影响梁变形的因素及影响关系：

（1）与构件承受的荷载q及杆件的跨度l成正比。

（2）与材料的弹性模量E和惯性矩I成反比。

（3）1/8是系数，与杆件的支承情况有关，若两端铰支，则梁（如图1A411010–5所示）的最大变形在跨中，公式变为：

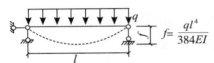

$$f=\frac{ql^4}{384EI}$$

图1A411010–5　梁的弯矩引起变形图（b）

◀) 嗨·点评　影响梁变形的最大因素是杆件的跨度。

【经典例题】7.对梁的变形影响最大的因素是（　　）。

A.截面惯性矩　　　　　B.构件材料强度

C.构件的跨度　　　　　D.构件抗剪性能

【答案】C

（二）混凝土结构的裂缝控制

钢筋混凝土梁裂缝控制分为三个等级：

（1）构件不出现拉应力；

（2）构件虽有拉应力，但不超过混凝土的抗拉强度；

（3）允许出现裂缝，但裂缝宽度不超过允许值。

前两种情况一般只有预应力构件才能达到。

三、建筑结构工程的耐久性

结构设计使用年限及相关示例见表1A411010–3。

设计使用年限分类　表1A411010–3

类别	设计使用年限（年）	示例
1	5	临时性结构
2	25	易于替换的结构构件
3	50	普通房屋和构筑物
4	100	纪念性建筑和特别重要的建筑结构

◀) 嗨·点评　考生应注意设计使用年限不同于土地出让年限，普通房屋的土地出让年限是70年。

【经典例题】8.普通民用住宅的设计合理使用年限为（　　）年。

A.30　　　B.50　　　C.70　　　D.100

【答案】B

（一）混凝土结构耐久性的环境类别及作用等级

《混凝土结构耐久性设计规范》GB/T 50476—2008规定结构的环境类别及腐蚀机理见表1A411010–4。

环境类别　　表1A411010-4

环境类别	名称	腐蚀机理
I	一般环境	保护层混凝土碳化引起钢筋锈蚀
II	冻融环境	反复冻融导致混凝土损伤
III	海洋氯化物环境	氯盐引起钢筋锈蚀
IV	除冰盐等其他氯化物环境	氯盐引起钢筋锈蚀
V	化学腐蚀环境	硫酸盐等化学物质对混凝土的腐蚀

注：一般环境系指无冻融、氯化物和其他化学腐蚀物质作用。

🔊 **嗨·点评** 一般环境中空气中的二氧化碳（CO_2）会与混凝土中的氢氧化钙（$Ca(OH)_2$）发生酸碱中和反应，降低混凝土的碱度引起钢筋锈蚀，同时还会引起混凝土收缩、开裂，造成混凝土抗剪强度降低，但抗压强度反而提高。

（二）混凝土结构耐久性的要求

一般环境中混凝土材料与钢筋最小保护层厚度

（1）一般混凝土的最低强度等级规定

结构在环境类别及作用等级为I-A环境中时，设计年限为100年的混凝土最低强度等级应为C30，设计使用年限为50年的混凝土最低强度等级为C25，预应力混凝土构件最低强度等级不应低于C40。

【经典例题】9.（2016年一级真题）设计使用年限为50年，处于一般环境大截面钢筋混凝土柱，其混凝土最低强度等级不应低于（　　）。

A.C15　　B.C20　　C.C25　　D.C30

【答案】C

【嗨·解析】本题是在讨论大截面钢筋混凝土柱与钢筋混凝土大截面墩柱的区别，钢筋混凝土大截面墩柱在加大钢筋保护层厚度的前提下，可以降低强度等级：设计使用年限100年的为C25，设计使用年限50年的为C20。

（2）一般环境中混凝土材料与钢筋最小保护层的规定见表1A411010-5。

满足耐久性要求的混凝土最低强度等级　　表1A411010-5

设计使用年限		100年			50年			30年		
环境作用等级		混凝土强度等级	最大水胶比	最小保护层厚度（mm）	混凝土强度等级	最大水胶比	最小保护层厚度（mm）	混凝土强度等级	最大水胶比	最小保护层厚度（mm）
板、墙等面形构件	I-A	≥C30	0.55	20	≥C25	0.60	20	≥C25	0.60	20
	I-B	C35 ≥C40	0.50 0.45	30 25	C30 ≥C35	0.55 0.50	25 20	C25 ≥C30	0.60 0.55	25 20
	I-C	C40 C45 ≥C50	0.45 0.40 0.36	40 35 30	C35 C40 ≥C45	0.50 0.45 0.40	35 30 25	C30 C35 ≥C40	0.55 0.50 0.45	30 25 20
梁、柱等条形构件	I-A	C30 ≥C35	0.55 0.50	25 20	C25 ≥C30	0.60 0.55	25 20	≥C25	0.60	20
	I-B	C35 ≥C40	0.50 0.45	35 30	C30 ≥C35	0.55 0.50	30 25	C25 ≥C30	0.60 0.55	30 25
	I-C	C40 C45 ≥C50	0.45 0.40 0.36	45 40 35	C35 C40 ≥C45	0.50 0.45 0.40	40 35 30	C30 C35 ≥C40	0.55 0.50 0.45	35 30 25

（变小 ↓）

注：①年平均气温大于20℃且年平均温度大于75%的环境，除I-A环境中的板、墙构件外，混凝土最低强度等级应比表中规定提高一级，或将保护层最小厚度增大5mm。

②直接接触土体浇筑的构件，其混凝土保护层厚度不应小于70mm。

③预制构件的保护层厚度可比表中规定减少5mm。

🔊 **嗨·点评** 上面表格重点关注两点：

①面形构件和条形构件在设计年限是50年的前提下保护层厚度是面形构件20mm，条形构件25mm，70mm在基础。

②表格的变化趋势，例如设计年限为50年的混凝土板，在越恶劣的环境下水胶比要越小。

③补充概念：水胶比（原名水灰比），是水与所有胶凝材料的比值，水胶比越大说明加水多，浓度小，最终混凝土里面的水蒸发出来后，必然留下更多的细微孔洞，所以其强度就会越低。

【**经典例题**】10.一般环境中，要提高混凝土结构的设计使用年限，对混凝土强度等级和水胶比的要求是（　　）。

A.提高强度等级，提高水胶比

B.提高强度等级，降低水胶比

C.降低强度等级，提高水胶比

D.降低强度等级，降低水胶比

【**答案**】B

【**嗨·解析**】一般环境中设计使用年限越长，混凝土强度等级必然越高，水胶比越小。

1A411020 建筑结构平衡的技术

一、结构平衡的条件

1.平面力系的平衡条件是 $\sum X=0$，$\sum Y=0$ 和 $\sum M=0$。如图1A411020-1所示。

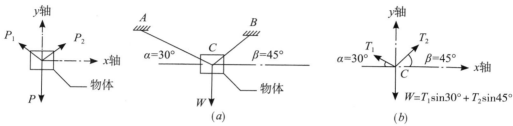

图1A411020-1 利用平衡条件求未之力

2.剪力图（V）和弯矩图（M）如图1A411020-2所示。

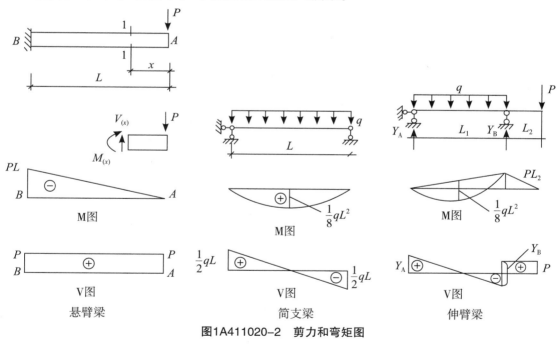

图1A411020-2 剪力和弯矩图

🔊 **嗨·点评** 本部分内容属于结构力学的基础知识，但考试频率非常低，学习性价比低，非本专业学生可以直接战略性放弃。

【经典例题】 1.（2014年一级真题）某受均布荷载作用的简支梁，受力简图示意如下，其剪力图形状为（   ）。

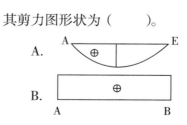

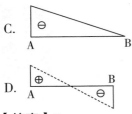

C.

D.

【答案】 D

【嗨·解析】 A图是简支梁的弯矩图，B图是悬臂梁剪力图，C图是悬臂梁的弯矩图。

二、防止结构倾覆的技术要求

防止构件（或机械）倾覆的技术要求 $M_{抗} \geq （1.2{\sim}1.5）M_{倾}$。

三、荷载对结构的影响

（一）荷载的分类

1.按随时间的变异分类

永久作用：例如结构自重、土压力、预加应力等。

可变作用：例如安装荷载、屋面与楼面活荷载、雪荷载、风荷载、吊车荷载、积灰荷载等。

偶然作用：例如爆炸力、撞击力、火灾、地震等。

2.按结构的反应分类

静态作用：例如结构自重、楼面活荷载、雪荷载等。

动态作用：例如地震作用、吊车设备振动、高空坠物冲击作用等。

3.按荷载作用面大小分类

均布面荷载：例如铺设的木地板、地砖、花岗石、大理石面层等。

线荷载：例如封阳台、在梁上砌筑墙体。

集中荷载：例如放置或悬挂较重物品。

4.按作用方向分类

垂直荷载：例如结构自重、雪荷载。

水平荷载：例如风荷载、水平地震作用。

🔊 **嗨·点评** 要求考生记忆不同荷载分类下的具体实例，主要考查对荷载按不同分类下的辨析。

【经典例题】 2.（2016年二级真题）下列装饰装修施工事项中，所增加的荷载属于集中荷载的有（　　　　）。

A.在楼面加铺大理石面层

B.封闭阳台

C.室内加装花岗岩罗马柱

D.悬挂大型吊灯

E.局部设置假山盆景

【答案】 CDE

【嗨·解析】 相对作业面而言加装花岗岩罗马柱、悬挂大型吊灯和局部设置假山盆景属于集中荷载，加铺大理石面层属于面荷载，封闭阳台属于线荷载。

（二）荷载对结构的影响

1.永久荷载对结构的影响

它会引起结构的徐变，致使结构构件的变形和裂缝加大，引起结构的内力重分布。

2.可变荷载对结构的影响

在单层排架的内力计算中都要考虑活荷载作用位置的不利组合，找出构件各部分最大内力值，以求构件的安全。

3.偶然荷载对结构的影响

平面为圆形的建筑其风压较方形或矩形建筑减小近40%。圆形建筑有利于抵抗水平力的作用。

4.装修对结构的影响及对策

（1）装修时不能自行改变原来的建筑使用功能。如若必要改变时，应该取得原设计单位的许可。

（2）装修时，不得自行拆除任何承重构件，或改变结构的承重体系，更不能自行设置夹层或增加楼层。如果必须增加面积，使用方应委托原设计单位或有相应资质的设计单位进行设计。改建结构的施工也必须有相应的施工资质。

（3）装修施工时，不允许在建筑内楼面上堆放大量建筑材料，如水泥、砂石等，以免引起结构的破坏。

（4）在装修施工时，应注意建筑结构变形缝的维护：应能保证变形缝的自由变形，方法例如清理变形缝内杂物。

🔊 嗨·点评　要求考生理解装修时并非不能改变结构的功能以及不能拆除承重构件，关键是要有流程，有设计文件，施工单位的本职工作是照图施工。

【经典例题】3.（2016年一级真题）既有建筑装修时，如需改变原建筑使用功能，应取得（　　）许可。

A.原设计单位　　　　　B.建设单位
C.监理单位　　　　　　D.施工单位

【答案】A

四、常见建筑结构体系和应用

常见建筑结构体系如表1A411020所示。

常见建筑结构体系及特点　表1A411020

建筑结构体系	特点
（一）混合结构体系	由混凝土楼板和砖砌体墙组成，一般适合6层以下，不适合大空间房屋
（二）框架结构体系	（1）优点：建筑平面布置灵活； （2）缺点：侧向刚度较小（剪切型变形）； （3）层数限制：在非地震区框架结构一般不超过15层； （4）常用的手工近似法：竖向荷载作用下用分层计算法；水平荷载作用下用反弯点法； （5）风荷载和地震力可简化成节点上的水平集中力
（三）剪力墙体系	（1）优点：侧向刚度大，水平荷载作用下侧移小； （2）缺点：剪力墙长度不宜大于8m，厚度不小于160mm，不适用于大空间，自重大； （3）受力特点：高层剪力墙既受剪力又受弯矩； （4）适用：高度在180m范围内的建筑
（四）框架-剪力墙结构	（1）特点：它具有框架结构平面布置灵活，有较大空间的优点，又具有侧向刚度大的优点； （2）受力：剪力墙承受水平荷载，框架承担竖向荷载； （3）层数限制：框架-剪力墙结构可以适用于不超过170m高的建筑
（五）筒体结构体系（最高的体系）	（1）它可以适用高度不超过300m的建筑； （2）内筒一般由电梯间、楼梯间组成
（六）桁架结构体系	杆件只有轴向力。可利用截面较小的杆件组成截面较大的构件
（七）网架结构	（1）分平板网架和曲面网架两种； （2）空间受力体系，杆件主要承受轴向力，受力合理，节省材料；整体性好，刚度大，抗震性能好
（八）拱式结构	（1）拱是一种有推力的结构，它的主要内力是轴向压力； （2）拱式结构的主要内力为轴向压力，可利用抗压性能良好的混凝土建造大跨度的拱式结构
（九）悬索结构	索主要受拉力，索的拉力取决于跨中的垂度，垂度越小拉力越大
（十）薄壁空间结构	属于空间受力结构，主要承受曲面内的轴向压力，弯矩很小

【经典例题】4.楼盖和屋盖采用钢筋混凝土结构，而墙和柱采用砌体结构建造的房屋属于（　　）体系建筑。

A.混合结构　　　　B.框架结构

C.剪刀墙　　　　　D.桁架结构

【答案】A

【经典例题】5.对作用于框架结构体系的风荷载和地震力，可简化成（　　）进行分析。

A.节点间的水平分布力

B.节点上的水平集中力

C.节点间的竖向分布力

D.节点上的竖向集中力

【答案】B

【经典例题】6.（2016年一级真题）下列建筑结构体系中，侧向刚度最大的是（　　）。

A.桁架结构体系

B.筒体结构体系

C.框架-剪力墙结构体系

D.混合结构体系

【答案】B

【嗨·解析】筒体结构犹如一个固定于基础上的封闭空心筒式悬臂梁，可以非常有效地抵抗水平力。

【经典例题】7.以承受轴向压力为主的结构有（　　）。

A.拱式结构　　　　B.悬索结构

C.网架结构　　　　D.桁架结构

E.壳体结构

【答案】AE

【嗨·解析】以承受轴向压力为主的结构有拱式结构和壳体结构，网架及桁架结构承受的既有轴向压力又有轴向拉力，因此本题不能选。

1A411030 建筑结构构造要求

一、结构构造要求

（一）混凝土结构的受力特点及其构造

1.混凝土结构的优点及缺点

混凝土结构的优点：

（1）强度较高，钢筋和混凝土两种材料的强度都能充分利用；

（2）可模性好，适用面广；

（3）耐久性和耐火性较好，维护费用低；

（4）现浇混凝土结构的整体性好，延性好，适用于抗震抗爆结构，同时防振性和防辐射性能较好，适用于防护结构；

（5）易于就地取材。

混凝土结构的缺点：自重大，抗裂性较差，施工复杂，工期较长。

◀)) 嗨·点评 混凝土结构的优缺点主要是与砌体结构、钢结构对比而言的，例如耐火性好，是相对钢结构，整体性好是相对砌体结构，考生可将三种结构对比记忆。

【经典例题】 1.（2015年二级真题）钢筋混凝土的优点不包括（　　）。

A.抗压性好　　　B.耐久性好

C.韧性好　　　　D.可模性好

【答案】 C

◀)) 嗨·点评 钢筋混凝土的优点不包括韧性好，韧性主要指抵抗冲击荷载的能力。

2.钢筋和混凝土的材料性能

（1）建筑钢筋分两类：有明显流幅和无明显流幅的钢筋。

有明显流幅的钢筋含碳量少，塑性好，延伸率大。

无明显流幅的钢筋含碳量多，强度高，塑性差，延伸率小，脆性破坏。

（2）钢筋与混凝土的共同工作

钢筋与混凝土的相互作用叫粘结。钢筋与混凝土能够共同工作是依靠它们之间的粘结强度。

影响粘结强度的三个主要因素：混凝土的强度、保护层的厚度和钢筋之间的净距离等。

◀)) 嗨·点评 所谓流幅，就是钢筋断裂前的征兆，有流幅就是有征兆，碳含量多则钢筋表现为脆性，因此塑性差、延伸率小。

3.钢筋混凝土梁的配筋原理及构造要求

（1）适筋梁的正截面受力阶段分析，见表1A411030-1。

梁正截面各阶段应力分析　表1A411030-1

受力阶段	图示	特点
第Ⅰ阶段	M_{cr}　$\sigma_s A_s$　f_1	弯矩很小，混凝土、钢筋都处在弹性工作阶段
第Ⅱ阶段	M_y　$f_y A_s$	第Ⅱ阶段结束时，钢筋应力刚到达屈服； 这个阶段是计算正常使用极限状态变形和裂缝宽度的依据
第Ⅲ阶段	M_y　$f_y A_s$	此阶段是承载能力的极限状态计算的依据。 正截面承载力计算依据此阶段

◀)) **嗨·点评**　正常使用极限状态是以第Ⅱ阶段为依据。

（2）钢筋混凝土梁的受力特点见表1A411030-2。

梁的截面破坏　表1A411030-2

梁的破坏形态	图例	影响因素
正截面破坏 （主要由弯矩引起）		配筋率（影响最大）、混凝土强度等级、截面形式
斜截面破坏 （弯剪共同作用）		剪跨比和高跨比 混凝土的强度等级 腹筋的数量（箍筋和弯起钢筋统称为腹筋）

【经典例题】2.（2016年二级真题）下列钢筋混凝土梁正截面破坏的影响因素中，影响最小的是（　　　）。

A.箍筋　　　　　　　　B.配筋率

C.混凝土强度　　　　D.截面形式

【答案】A

【嗨·解析】梁正截面破坏的影响因素包括：配筋率、混凝土强度及截面形式。箍筋是斜截面破坏的影响因素，对正截面破坏影响有限。

4.梁、板的受力特点及构造要求

（1）板的分类

按其受弯情况可分为单向板与双向板（如图1A411030-1所示）。

按其支承情况可分为简支板与连续板（如图1A411030-2所示）。

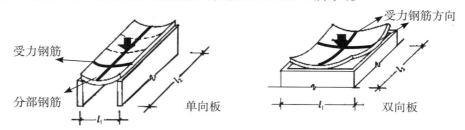

图1A411030-1　单向板和双向板

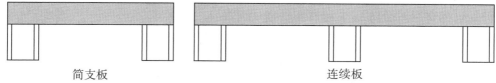

图1A411030-2　简支板和连续板

（2）单向板与双向板的受力特点

单向板：两对支承的板是单向板，单向板单向配置受力钢筋。

双向板：双向板是四边支承，双向配置受力钢筋。长边/短边大于3时的双向板可按单向板计算，但仍按双向配置受力钢筋，只是要求短向钢筋在下边。

（3）连续梁、板的受力特点

连续梁、板的受力特点是跨中有正弯矩，支座有负弯矩。跨中按最大正弯矩计算正筋，支座按最大负弯矩计算负筋。

🔊 **嗨·点评**　连续梁跨中产生最大正弯矩，支座处为最大负弯矩，跨中1/3处为"零"弯矩处，因此施工缝及钢筋接头大多选择在梁的1/3附近。

【经典例题】3.（2015年一级真题）关于一般环境条件下建筑结构混凝土板的构造要求说法，错误的是（　　）。

A.屋面板厚度一般不小于60mm

B.楼板的保护层厚度不小于35mm

C.楼板的厚度一般不小于80mm

D.楼板受力钢筋间距不宜大于250mm

【答案】B

【嗨·解析】楼板的保护层厚度一般环境条件下不应小于20mm。

【经典例题】4.均布荷载作用下，连续梁弯矩分布特点是（　　）。

A.跨中正弯矩，支座负弯矩

B.跨中正弯矩，支座零弯矩

C.跨中负弯矩，支座正弯矩

D.跨中负弯矩，支座零弯矩

【答案】A

（二）砌体结构的受力特点及其构造

1.砌体结构的特点

优点：抗压性能好，保温、耐火及耐久性能好；材料经济，就地取材；施工简便。

缺点：抗弯、抗拉强度低，自重大，施工劳动强度高，污染环境。

2.砌体材料及砌体的力学性能

（1）砌块（如图1A411030-3所示）

黏土砖

混凝土小型空心砌块

多孔砖

蒸压加气混凝土砌块

图1A411030-3　砌块

孔洞率大于25%的砖称为多孔砖。砖的强度等级用"MU"表示。

（2）砂浆

砂浆按组成材料可分为：水泥砂浆；水泥混合砂浆；石灰、石膏、黏土砂浆。

砂浆强度等级符号为"M"。特殊情况可取"0"：即当验算正在砌筑或砌完不久但砂浆尚未硬结以及在严寒地区采用冻结法施工的砌体抗压强度时。

（3）砌体

影响砖砌体抗压强度的主要因素：

①材料因素：砖的强度；砂浆的强度等级及其厚度；

②施工因素：砂浆饱满度、砌筑时砖的含水率、操作人员的技术水平等。

【经典例题】5.影响砖砌体抗压强度的主要因素有（　　　）。

A.砖砌体的截面尺寸

B.砖的强度等级

C.砂浆的强度及厚度

D.砖的截面尺寸

E.操作人员的技术水平

【答案】BCE

3.砌体结构墙、柱的高厚比验算

（1）高厚比的概念及影响因素

概念：砖墙、砖柱的计算高度H_0与墙厚h或矩形截面柱边长b的比值称为高厚比，即$\beta=\dfrac{H_0}{h}$。如果砖墙、砖柱的高厚比β过大，刚度就会不足，稳定性也差。

影响因素：砂浆强度；构件类型；砌体种类；支承约束条件、截面形式；墙体开洞、承重和非承重。

（2）墙体作为受压构件的验算分三个方面：

①稳定性。通过高厚比验算满足稳定性要求；

②墙体极限状态承载力验算；

③承压部位处的局部受压承载力验算。

4.砌体房屋结构的主要构造要求

墙体的构造措施主要包括三个方面，即伸缩缝、沉降缝和圈梁（如图1A411030-4所示）。

沉降缝

伸缩缝　　　　　　沉降缝

图1A411030-4　变形链

①伸缩缝—解决温度应力，缝两侧宜为承重墙，基础可以不分开。

②沉降缝—防止沉降裂缝，基础必须分开。

③防震缝—当房屋高度在15m以下时，其宽度也不应小于5cm。

④圈梁—作用：抵抗基础不均匀沉降引起墙体内产生的拉应力；可以增加房屋结构的整体性；防止因振动（包括地震）产生的不利影响。

构造：钢筋混凝土圈梁的宽度宜与墙厚相同，当墙厚$h\geqslant240mm$时，其宽度不宜小于

2*h*/3。圈梁高度不应小于120mm。

嗨·点评 建筑长度过长，会由于地基不均匀沉降造成建筑拉裂，抵御这个应力有两个思想，一个是"抗"那么就通过圈梁对墙体进行拉结；一个是"放"设置沉降缝分开，因此沉降缝是一个从顶到底的通缝，而伸缩缝由于是解决温度应力，因此基础不分开。

（三）钢结构构件的受力特点及其连接类型

钢结构的钢材必须有较高的强度和塑性及韧性，宜采用Q235、Q345（16Mn）、Q390（15MnV）和Q420。

1.钢结构的连接方式及适用范围见表1A411030-3

钢结构各连接的特点　表1A411030-3

连接方式	特点及适用范围
焊缝连接	构造简单，节约钢材，加工方便，易于采用自动化操作，在直接承受动力荷载的结构中，垂直于受力方向的焊缝不宜采用部分焊透的对接焊缝
铆钉连接	构造复杂，用钢量大，逐渐淘汰，但在一些重型和直接承受动力荷载的结构中，有时仍然采用
螺栓连接	分为普通螺栓和高强度螺栓两种，高强度螺栓用合金钢制成，桥梁和大跨度结构广泛使用

2.钢结构构件制作、运输、安装、防火与防锈

钢结构是由工厂加工成半成品，运至现场后由现场工人焊接或螺栓连接，再经验收后涂装防腐及防火涂料。

（1）焊接要求

焊工必须经考试合格并取得合格证书方可在其证书项目范围内施焊。焊缝施焊后须在工艺规定的焊缝及部位打上焊工钢印。

检验：焊接材料与母材应匹配，全焊透的一、二级焊缝应采用超声波探伤进行内部缺陷检验，超声波探伤不能对缺陷作出判断时，采用射线探伤。

评定：施工单位首次采用的钢材、焊接材料、焊接方法等，应进行焊接工艺评定。

（2）安装

钢柱安装时，每节柱的定位轴线须从地面控制轴线直接引上。钢结构的柱、梁、屋架等主要构件安装就位后，须立即进行校正、固定。由工厂处理的构件摩擦面，安装前须复验抗滑移系数，合格后方可安装。

嗨·点评 每节柱的定位轴线从地面控制轴线直接引上，而不能从下面的柱子往上引，避免误差累积。

（3）钢结构的防火

钢结构防火性能较差。当温度达到550℃时，钢材的屈服强度大约降至正常温度时屈服强度的0.7。

二、结构抗震的构造要求

（一）地震的震级及烈度

1.地震的成因

地震的成因包括火山地震、塌陷地震和构造地震，其中构造地震是房屋结构抗震主要的研究对象。

2.震级与烈度的概念

震级地震释放能量多少的尺度，一次地震只有一个震级。

地震烈度：是指某一地区的地面及建筑物遭受一次地震影响的强弱程度。现行抗震设计规范适用于抗震设防烈度为6、7、8、9度地区建筑工程的抗震设计、隔震、消能减震设计。

（二）抗震设防

1.抗震设防的基本思想

我国规范抗震设防的基本思想和原则是三个水准："小震不坏、中震可修、大震不倒"。

2.建筑抗震设防四个类别：甲类、乙类、

丙类（大量建筑的类别，如住宅）、丁类。

（三）抗震构造措施

1.多层砌体房屋的抗震构造措施：

（1）设置钢筋混凝土构造柱，减少墙身的破坏，并改善其抗震性能，提高延性。

（2）设置钢筋混凝土圈梁与构造柱连接起来，增强了房屋的整体性。

（3）加强墙体的连接，楼板和梁应有足够的支承长度和可靠连接。

（4）加强楼梯间的整体性等。

2.框架结构震害的严重部位多发生在框架梁柱节点和填充墙处；一般是柱的震害重于梁，柱顶的震害重于柱底，角柱的震害重于内柱，短柱的震害重于一般柱。

🔊 **嗨·点评** 注意四个部位"柱、顶、角、短"震害重。

3.可采取的措施：强柱、强节点、强锚固，避免短柱、加强角柱，控制最小配筋率，限制配筋最小直径等原则。构造上采取受力筋锚固适当加长，节点处箍筋适当加密等措施。

【经典例题】6.加强多层砌体结构房屋抵抗地震能力的构造措施有（　　）。

A.提高砌体材料的强度

B.增大楼面结构厚度

C.设置钢筋混凝土构造柱

D.加强楼梯间的整体性

E.设置钢筋混凝土圈梁并与构造柱连接起来

【答案】CDE

【经典例题】7.（2015年二级真题）一般情况下，关于钢筋混凝土框架结构震害的说法正确的是（　　）。

A.短柱的震害重于一般柱

B.柱底的震害重于柱顶

C.角柱的震害重于内柱

D.柱的震害重于梁

E.内柱的震害重于角柱

【答案】ACD

【经典例题】8.（2015年二级真题）关于有抗震设防要求砌体结构房屋构造柱的说法，正确的是（　　）。

A.房屋四角构造柱的截面应适当减小

B.构造柱上下端箍筋间距应适当加密

C.构造柱的纵向钢筋应放置在圈梁纵向钢筋外侧

D.横墙内的构造柱间距宜大于两倍层高

【答案】B

【嗨·解析】A选项房屋四角构造柱属于震害比较严重的部位，截面应适当加大，C选项纵向钢筋应从圈梁纵向钢筋内侧穿过，D选项横墙内的构造柱间距不宜大于两倍层高。

三、建筑构造要求

建筑构造主要要求考生掌握楼梯、墙体、门窗、屋面楼面及装饰装修的构造要求。

（一）楼梯的建筑构造

楼梯有三部分构成：梯段、平台、扶手和栏杆。

1.梯段

（1）疏散门不应正对楼梯梯段，疏散出口的门应采用乙级防火门，门必须向外开，不设置门槛。

（2）疏散楼梯最小净宽度：医院病房楼1.3m，居住建筑1.1m，其他1.2m。

（3）除应符合防火规范的规定外，供日常主要交通用的楼梯的梯段净宽应根据建筑物使用特征，一般按每股人流宽为0.55+（0~0.15）m的人流股数确定，并不应少于两股人流。

（4）每个梯段的踏步一般不应超过18级，亦不应少于3级。

（5）楼梯踏步最小宽度和最大高度（m）见表1A411030-4。

楼梯踏步最小宽度和最大高度（单位：m） 表1A411030-4

楼梯类别	最小宽度	最大高度
住宅公用楼梯	0.26	0.175
幼儿园、小学校等楼梯	0.26	0.15
电影院、剧场、体育馆、商场、医院、疗养院等楼梯	0.28	0.16
其他建筑物楼梯	0.26	0.17
服务楼梯、住宅户内楼梯	0.22	0.20

2.平台

（1）室外疏散楼梯平台耐火极限不低于1小时；

（2）楼梯平台上部及下部过道处的净高不应小于2m；梯段净高不应小于2.20m。

3.扶手和栏杆

室内楼梯扶手高度自踏步前缘线量起不宜小0.90m。楼梯栏杆水平段栏杆长度大于0.50m时，其扶手高度不应小于1.05m。楼梯剖面图和楼梯平面图如图1A411030-5（a）、（b）所示。

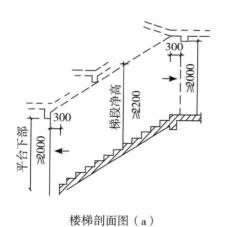

楼梯剖面图（a）　　　楼梯平面图（b）

图1A411030-5　楼梯

🔊 嗨·点评　本部分内容会以选择题形式考查，难点是需要记忆的数据量大，考生可以结合生活中的经验反复记忆。

【经典例题】9.（2016年一级真题）室内疏散楼梯踏步最小宽度不小于0.28m的工程类型有（　　）。

A.住宅　　　　　　　B.小学学校

C.宾馆　　　　　　　D.大学学校

E.体育馆

【答案】CDE

【嗨·解析】本题考查室内台阶踏步的宽

度，公共区域的踏步稍宽，因此选择宾馆、大学学校及体育馆，住宅和小学学校踏步宽度不小于0.26m。

【经典例题】10.（2015年二级真题）关于民用建筑构造的说法，错误的是（　　）。

A.阳台、外廊、室内等应设置防护

B.儿童专用活动场的栏杆，其垂直杆件间的净距不应大于0.11m

C.室内楼梯扶手高度自踏步前缘线量起不应大于0.8m

D.有人员正常活动的架空层的净高不应

低于2m

【答案】C

【嗨·解析】室内楼梯扶手高度自踏步前缘线量起不宜小于0.9m。

（二）墙体的建筑构造

1.墙体建筑构造的设计原则

（1）分缝：在结构梁板与外墙连接处和圈梁处，设计时应考虑分缝措施。

（2）保温：当外墙为内保温时，在窗过梁，结构梁板与外墙连接处和圈梁处产生冷桥现象，引起室内墙面的结露，需采取保温措施。

（3）分缝：建筑主体受温度的影响而产生的膨胀收缩必然会影响墙面的装修层，凡是墙面的整体装修层必须考虑温度的影响，作分缝处理。

2.门、窗

（1）窗台低于0.80m时，应采取防护措施。

（2）在砌体上安装门窗严禁用射钉固定。

（3）金属保温窗的主要问题是结露，应将与室外接触的金属框和玻璃结合处作断桥处理（如图1A411030-6所示），以提高金属框内表面的温度，达到防止结露的目的。

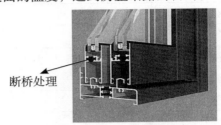

图1A411030-6　断桥铝门窗

3.墙身细部构造

（1）勒脚部位外抹水泥砂浆或外贴石材等防水耐久的材料，高度不小于700mm。应与散水、墙身水平防潮层［如图1A411030-7(a)所示］形成闭合的防潮系统。

（2）散水［如图1A411030-7(b)所示］的坡度可为3%~5%，当散水采用混凝土时，宜按20~30m间距设置伸缩缝。

（3）窗洞过梁和外窗台要做好滴水，滴水凸出墙身大于或等于60mm。

（4）女儿墙与屋顶交接处必须做泛水［如图1A411030-7(c)所示］，高度大于或等于250mm。

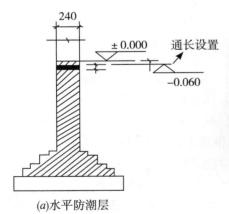

(a)水平防潮层　　　(b)散水　　　(c)女儿墙泛水

图1A411030-7　墙身细部构造图

嗨·点评 防潮层主要采用油毡、防水砂浆及防水混凝土，为了防止地面以下土壤中的水分进入砖墙而设置的材料层，构造上要求封闭，必须设置在室内外高差处。

（三）屋面、楼面的建筑构造

1.屋面坡度：坡度大以"导"为主，如平瓦屋面最小坡度20%；坡度小以"阻"为主，如种植土屋面最小坡度1%。

2.屋面优先使用外排水，高层建筑、多跨及集水面积大的屋面采用内排水。

3.在整体地面的设计时，应注意在结构产生负弯矩的地方和变形缝（沉降缝）后浇带的地方，为防止楼面层的开裂，作分缝处理。

（四）门窗的建筑构造

1.开向公共走道的窗扇，底面高度不低于2.0m。

2.疏散门开启方向，朝疏散方向。

3.防火门、窗耐火等级分甲、乙、丙三级，耐火极限分别为1.5h、1.0h、0.5h。

4.设置防火墙有困难时，可用防火卷帘，耐火极限最低不低于1.5h。

嗨·点评 疏散门开启方向为向疏散方向，并非向外。

四、建筑装饰装修构造要求

（一）装饰装修构造设计要求

（二）建筑装修材料分类

【经典例题】11.下列装修材料中，属于功能性材料的是（　　）。

A.壁纸　　　　　　B.木龙骨

C.防水涂料　　　　D.水泥

【答案】C

【嗨·解析】功能性材料包括防水、防火、防腐材料。

（三）建筑装修材料的连接与固定

一个完整的构造包括面层、基层、结构层，如何将各层进行连接、固定是装修构造

的关键，目前常用的连接方式有粘结法，机械固定法和焊接法三种。

（四）吊顶装修构造

1.吊杆长度超过1.5m时，应设置反支撑或钢制转换层，增加吊顶的稳定性。

2.吊点距主龙骨端部的距离不应大于300mm。

3.龙骨在短向跨度上应根据材质适当起拱。

4.大面积吊顶或在吊顶应力集中处应设置分缝，留缝处龙骨和面层均应断开，以防止吊顶开裂。

5.重型灯具、电扇及其他重型设备严禁安装在吊顶工程的龙骨上，应安装在附加吊杆上。

（五）墙体建筑装修构造

1.外墙装饰构造设计（略）

2.涂饰工程的要求

（1）新建筑物的混凝土或抹灰基层在涂饰涂料前应涂刷抗碱封闭底漆。

（2）旧墙面在涂饰涂料前应清除疏松的旧装饰层，并涂刷界面剂。

（3）混凝土或抹灰基层涂刷溶剂型涂料时，含水率不得大于8%；木材基层含水率不得大于12%。

（4）厨房、卫生间、地下室墙面必须使用耐水腻子。

嗨·点评 涂饰工程包括裱糊工程的基层一般分为水泥基层和木基层，水泥基层大部分是8%要求要高于木材基层，控制基层含水率主要是防止涂料粉化。

【经典例题】12.关于涂饰工程基层处理，不正确的有（　　）。

A.新建筑物的混凝土或抹灰基层在涂饰前涂刷抗碱封闭底漆

B.旧墙面在涂饰前清除疏松的旧装修层，并刷界面剂

C.厨房、卫生间墙面采用耐水腻子

D.混凝土基层含水率在8%～10%时涂刷溶剂型涂料

【答案】D

（六）地面装修构造

1.面层分为整体面层、板块面层和木竹面层。

整体面层：水泥混凝土面层、水泥砂浆面层、水磨石面层、水泥钢（铁）屑面层、防油渗面层、不发火（防爆的）面层等。

板块面层：砖面层（陶瓷锦砖、缸砖、陶瓷地砖和水泥花砖面层）、大理石面层和花岗石面层、预制板块面层（水泥混凝土板块、水磨石板块面层）、料石面层（条石、块石面层）、塑料板面层、活动地板面层、地毯面层等。

木竹面层：实木地板面层（条材、块材面层）、实木复合地板面层（条材、块材面层）、中密度（强化）复合地板面层（条材面层）、竹地板面层等。

2.基层包括填充层、隔离层、找平层垫层和基土。

【经典例题】13.下列地面面层中，属于整体面层的是（　　　）。

A.水磨石面层　　　　B.花岗石面层

C.大理石面层　　　　D.实木地板面层

【答案】A

◀)) 嗨·点评　该知识点要注意地毯属于板块面层。

章节练习题

一、单项选择题

1. 设计采用无粘接预应力的混凝土梁，其混凝土最低强度等级不应低于（　　）。

   A.C20　　　B.C30　　　C.C40　　　D.C50

2. 结构安全性要求，对建筑物所有结构和构件都必须按（　　）进行设计计算。

   A.正常使用极限状态

   B.承载力极限状态

   C.两种极限状态

   D.结构平衡状态

3. 下列情况中，不属于混凝土梁裂缝控制等级标准要求的是（　　）。

   A.构件不出现拉应力

   B.构件拉应力不超过混凝土抗拉强度

   C.允许出现裂缝，但裂缝宽度不超过允许值

   D.裂缝宽度虽超过允许值，但构件仍可以使用

4. 下列结构杆件受力图示中，属于压缩变形的是（　　）。

   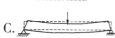

5. 关于两端铰支受压杆件临界力的说法，正确的是（　　）。

   A.钢柱的临界力比木柱大，因为钢柱的弹性模量小

   B.截面大不易失稳，因为惯性矩小

   C.两端固定与两端铰接相比，前者临界力小

   D.长度大，临界力小，易失稳

二、多项选择题

1. 房屋结构的可靠性包括（　　）。

   A.经济性

   B.安全性

   C.适用性

   D.耐久性

   E.美观性

2. 关于砌体结构构造措施的说法，正确的是（　　）。

   A.砖墙的构造措施主要有：伸缩缝、沉降缝、圈梁

   B.伸缩缝两端结构基础可不分开

   C.沉降缝两端结构的基础可不分开

   D.圈梁可以抵抗基础不均匀沉降引起墙体内产生的拉应力

   E.圈梁可以增加房屋结构的整体性

3. 按结构杆件的基本受力形式，属于其变形特点的有（　　）。

   A.拉伸　　　　　　　　B.弯曲

   C.拉力　　　　　　　　D.剪切

   E.压力

4. 下列楼梯的空间尺度符合规范的有（　　）。

   A.居住室内疏散楼梯的最小净宽度为1.1m

   B.梯段改变方向时，扶手转向端处的平台最小宽度不应小于梯段宽度

   C.住宅公用楼梯踏步最大高度不应超过0.17m

   D.楼梯平台上部及下部过道处的净高不应小于2.2m，梯段净高不宜小于2m

   E.商场每个梯段的踏步宽度不应小于0.26m

5. 下列荷载作用中，属于可变荷载的有（　　）。

   A.雪荷载　　　　　　　　B.地震荷载

C.土压力　　　　　　　D.吊车制动力

E.楼面人群集散

6.关于框架结构不同部位震害程度的说法中正确的有（　　　）。

A.柱的震害轻于梁

B.柱顶震害轻于柱底

C.角柱震害重于内柱

D.短柱的震害重于一般柱

E.填充墙处是震害发生的严重部位之一

7.下列地面面层做法中,属于板块面层的有（　　　）。

A.地毯面层　　　　　B.水磨石面层

C.防油渗面层　　　　D.砖面层

E.实木地板面层

8.关于剪力墙结构特点的说法，正确的有（　　　）。

A.侧向刚度大，水平荷载作用下侧移小

B.剪力墙的间距小

C.结构建筑平面布置灵活

D.结构自重较大

E.适用于大空间的建筑

参考答案及解析

一、单项选择题

1.【答案】C

【解析】预应力混凝土构件的混凝土最低强度等级不应低于C40。

2.【答案】B

【解析】承载能力极限状态关系到结构全部或部分的破坏或倒塌，会导致人员的伤亡或严重的经济损失，所以对所有结构和构件都必须按承载力极限状态进行计算。

3.【答案】D

【解析】裂缝控制主要针对混凝土梁（受弯构件）及受拉构件，裂缝控制分三个等级：

（1）构件不出现拉应力；

（2）构件虽然有拉应力，但不超过混凝土的抗拉强度；

（3）允许出现裂缝，但裂缝宽度不超过允许值。

对（1）、（2）等级的混凝土构件，一般只有预应力构件才能达到。

4.【答案】B

【解析】根据图示可知B选项为压缩变形。

5.【答案】D

【解析】选项A.钢柱的临界力比木柱大，因为钢柱的弹性模量大；选项B.截面大不易失稳，因为惯性矩大；选项C.两端固定与两端铰接相比，前者临界力大。

二、多项选择题

1.【答案】BCD

【解析】安全性、适用性和耐久性概括为结构的可靠性。

2.【答案】ABDE

【解析】沉降缝的基础必须分开。

3.【答案】ABD

【解析】结构杆件的基本受力形式按其变形特点可归纳为以下五种：拉伸、压缩、弯曲、剪切和扭转。

4.【答案】AB

【解析】选项C.住宅公用楼梯踏步最大高度不应超过0.175m；选项D.楼梯平台上部及下部过道处的净高不应小于2m，梯段净高不宜小于2.2m。选项E.商场每个梯段的踏步宽度不应小于0.28m。

5.【答案】ADE

【解析】可变作用（可变荷载或活荷载）：在设计基准期内，其值随时间变化。如安装荷载、屋面与楼面活荷载、雪荷载、风荷载、吊车荷载、积灰荷载等。

6.【答案】CDE

【解析】震害调查表明，框架结构震害的

严重部位多发生在框架梁柱节点和填充墙处；一般是柱的震害重于梁，柱顶的震害重于柱底，角柱的震害重于内柱，短柱的震害重于一般柱。

7.【答案】AD

【解析】板块面层包括：砖面层（陶瓷锦砖、缸砖、陶瓷地砖和水泥花砖面层）、大理石面层和花岗石面层、预制板块面层（水泥混凝土板块、水磨石板块面层）、料石面层（条石、块石面层）、塑料板面层、活动地板面层、地毯面层等。

8.【答案】ABD

【解析】剪力墙结构的优点是侧向刚度大，水平荷载作用下侧移小；缺点是剪力墙的间距小，结构建筑平面布置不灵活，不适用于大空间的公共建筑，另外结构自重也较大。

1A412000 建筑工程材料

本节知识体系

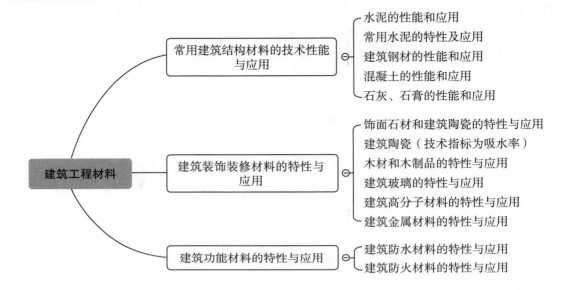

常用建筑结构材料的技术性能与应用
- 水泥的性能和应用
- 常用水泥的特性及应用
- 建筑钢材的性能和应用
- 混凝土的性能和应用
- 石灰、石膏的性能和应用

建筑工程材料

建筑装饰装修材料的特性与应用
- 饰面石材和建筑陶瓷的特性与应用
- 建筑陶瓷（技术指标为吸水率）
- 木材和木制品的特性与应用
- 建筑玻璃的特性与应用
- 建筑高分子材料的特性与应用
- 建筑金属材料的特性与应用

建筑功能材料的特性与应用
- 建筑防水材料的特性与应用
- 建筑防火材料的特性与应用

核心内容讲解

1A412010 常用建筑结构材料的技术性能与应用

一、水泥的性能和应用

（一）水泥的分类

1.按胶凝材料名称可分为：硅酸盐水泥、铝酸盐水泥、硫铝酸盐水泥、氟铝酸盐水泥、磷酸盐水泥等。

2.按用途及性能可分为通用水泥、特种水泥。

3.我国建筑工程中常用的通用硅酸盐水泥强度及代号见表1A412010-1。

通过硅酸盐水泥的代号和强度等级　表1A412010-1

包装袋颜色	简称	代号	强度等级
红色	硅酸盐水泥	P·I、P·II	42.5、42.5R、52.5、52.5R、62.5、62.5R
	普通水泥	P·O	42.5、42.5R、52.5、52.5R
绿色	矿渣水泥	P·S·A、P·S·B	32.5、32.5R 42.5、42.5R 52.5、52.5R
黑色或蓝色	火山灰水泥	P·P	
	粉煤灰水泥	P·F	
	复合水泥	P·C	32.5R、42.5、42.5R、52.5、52.5R

注：水泥强度等级中，R表示早强型。

🔊 **嗨·点评** 要求考生记忆各种水泥的代号。硅酸盐水泥和普通水泥使用比较广泛，由于硅酸盐熟料和石膏的含量较高，所以这两类水泥水化时放热量大，凝结后强度高。

【经典例题】1.下列水泥品种中，其水化热最大的是（　　）。

A.P·O　　B.P·I　　C.P·P　　D.P·F

【答案】B

（二）常用水泥的技术要求

1.凝结时间

初凝时间：从水泥加水拌合起至水泥浆开始失去可塑性所需的时间，均不得短于45min。

终凝时间：从水泥加水拌合起至水泥浆完全失去可塑性并开始产生强度所需的时间。一般不得长于10h，硅酸盐水泥不得长于6.5h。

🔊 **嗨·点评** 初凝影响工作时长所以不宜过短，终凝影响后期进度所以不宜过长。

【经典例题】2.水泥的初凝时间是指从水泥加水拌合起至水泥浆（　　）所需的时间。

A.开始失去可塑性

B.完全失去可塑性并开始产生强度

C.开始失去可塑性并达到1.2MPa强度

D.完全失去可塑性

【答案】A

【经典例题】3.根据《通用硅酸盐水泥》GB175-2007/XG2-2015，关于六大常用水泥凝结时间的说法，正确的是（　　）。

A.初凝时间均不得短于40min

B.硅酸盐水泥的终凝时间不得长于6.5h

C.普通硅酸盐水泥的终凝时间不得长于12h

D.除硅酸盐水泥外的其他五类常用水泥的终凝时间不得长于12h

【答案】B

（三）体积安定性

水泥的体积安定性是指水泥在凝结硬化过程中，体积变化的均匀性。

（四）强度及强度等级

采用胶砂法来测定水泥的3d和28d的抗压强度和抗折强度。

（五）其他技术要求

水泥的细度和碱含量属于选择性指标。

🔊 **嗨·点评** 胶砂法是采用水泥和标准砂混合后加水，测定水泥强度，主要是测定其第3d和第28d的抗压及抗折强度。

二、常用水泥的特性及应用

常用水泥的特性及应用见表1A412010-2。

常用水泥的特性　表1A412010-2

	硅酸盐水泥	普通水泥	矿渣水泥	火山灰水泥	粉煤灰水泥	复合水泥
主要特性	①凝结硬化快、早期强度高 ②水化热大 ③抗冻性好 ④耐热性差 ⑤耐蚀性差 ⑥干缩性较小	①凝结硬化较快、早期强度较高 ②水化热较大 ③抗冻性较好 ④耐热性较差 ⑤耐蚀性较差 ⑥干缩性较小	①凝结硬化慢、早期强度低，后期强度增长较快 ②水化热较小 ③抗冻性差 ④耐热性好 ⑤耐蚀性较好 ⑥干缩性较大 ⑦泌水性大、抗渗性差	①凝结硬化慢、早期强度低，后期强度增长较快 ②水化热较小 ③抗冻性差 ④耐热性较差 ⑤耐蚀性较好 ⑥干缩性较大 ⑦抗渗性较好	①凝结硬化慢、早期强度低，后期强度增长较快 ②水化热较小 ③抗冻性差 ④耐热性较差 ⑤耐蚀性较好 ⑥干缩性较小 ⑦抗裂性较高	①凝结硬化慢、早期强度低，后期强度增长较快 ②水化热较小 ③抗冻性差 ④耐蚀性较好 ⑤其他性能与所掺入的两种或两种以上混合材料的种类、掺量有关

🔊 **嗨·点评** 硅酸盐和普通水泥特性相似可归为快硬、早强放热大的一类。另四种水泥为另一类，特性为慢弱、晚强、放热低、以矿粉命名的水泥。这类水泥由于水化热比较小，多用于大体积混凝土和需要具有耐蚀功能要求的混凝土中。

【经典例题】4.（2016年一级真题）下列水泥品种中，配制C60高强混凝土宜优先选用（　　）。

A.矿渣水泥　　　　　B.硅酸盐水泥

C.火山灰水泥　　　　D.复合水泥

【答案】B

【经典例题】5.在混凝土工程中，配制有抗渗要求的混凝土可优先选用（　　）。

A.火山灰水泥　　　　B.矿渣水泥

C.粉煤灰水泥　　　　D.硅酸盐水泥

【答案】A

三、建筑钢材的性能和应用

（一）建筑钢材的主要钢种

建筑钢材可分为钢结构用钢、钢筋混凝土结构用钢和建筑装饰用钢材制品。

1.建筑钢材的主要钢种按含碳量划分：

低碳钢　　含碳量小于0.25%

中碳钢　　含碳量0.25%~0.6%

高碳钢　　含碳量大于0.6%

2.建筑钢材可划分见表1A412010-3。

建筑钢材划分　表1A412010-3

建筑钢材划分	用途
碳素结构钢	各种型钢、钢板、钢筋、钢丝等
优质碳素结构钢	预应力混凝土用钢丝、钢绞线、锚具、高强度螺栓
低合金高强度结构钢	钢结构和钢筋混凝土结构、重型结构、高层结构、大跨度结构等

（二）常用的建筑钢材

1.钢结构用钢

钢板分为厚板（厚度＞4mm）：主要用于结构。

薄板（厚度≤4mm）：主要用于屋面板、楼板和墙板等。

2.钢管混凝土结构用钢管（如图1A412010-1所示）

图1A412010-1　钢管混凝土

钢管混凝土的使用范围主要限于柱、桥墩、拱架等。

🔊 **嗨·点评**　钢管混凝土结构不同于型钢混凝土，它是以钢管作为外模板。型钢混凝土钢结构在中心，被钢筋包围。

3.钢筋混凝土结构用钢

钢筋混凝土结构用钢主要品种有热轧钢筋、预应力混凝土用热处理钢筋、预应力混凝土用钢丝和钢绞线等。（如图1A412010-2所示）

热轧钢筋是建筑工程中用量最大的钢材品种之一，主要用于钢筋混凝土结构和预应力混凝土结构的配筋。

钢绞线　　　　　　　钢丝　　　　　　　热轧带肋钢筋

图1A412010-2　钢筋混凝土结构用钢

（三）钢筋混凝土结构用钢

1.常用热轧钢筋的品种及强度标准值（见表1A412010-4）

常用热轧钢筋的品种及强度标准值　表1A412010-4

表面形状	牌号	常用符号	屈服强度（MPa）不小于	抗拉强度（MPa）不小于
光圆	HPB300	Φ	300	420
带肋	HRB335	Φ	335	455
带肋	HRB400	Φ	400	540
带肋	HRBF400	Φ^F	400	540
带肋	RRB400	Φ^R	400	540
带肋	HRB500	Φ	500	630
带肋	HRBF500	Φ^F	500	630

嗨·点评 钢筋的牌号由三个字母和三位数字组成，三个字面"H"表示热轧，"P"表示光圆，"R"表示带肋，"B"表示钢筋，三位数字例如"335"表示钢筋的屈服强度，是设计的取值依据。RRB属于余热处理钢筋。

2.有较高要求的抗震结构适用的钢筋（例：HRB400E）的相关规定：

（1）钢筋实测抗拉强度与实测屈服强度之比不小于1.25（强屈比）；

（2）钢筋实测屈服强度与表1A412012-1规定的屈服强度特征值之比不大于1.3（超屈比）；

（3）钢筋的最大力总伸长率不小于9%。

嗨·点评 强屈比是指钢筋的实测抗拉强度/实测屈服强度（注意是实测值），是钢筋的安全储备，越大越安全，但越大越不经济。

【经典例题】6.（2013年一建真题）有抗震要求的带肋钢筋，其最大力下总伸长率不得小于（　　）%。

A.7　　　　B.8　　　　C.9　　　　D.10

【答案】C

嗨·点评 考生要关注这部分知识的细节，例如强屈比的分子分母都是实测值，强屈比的合格标准是大于或等于1.25，不是小于等于。

3.建筑钢材的性能

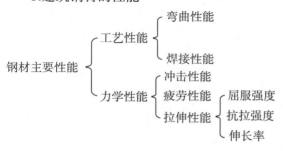

（1）拉伸性能

①屈服强度是结构设计中钢材强度的取值依据。

②强屈比是评价钢材使用可靠性的一个参数。强屈比越大安全性越高；但太大不经济。

③钢材的两个塑性指标：伸长率和冷弯，伸长率越大，钢材的塑性越大。

（2）冲击性能

脆性临界温度的数值愈低，钢材的低温冲击性能愈好。钢材的抗冲击性能也叫韧性，受钢的化学成分、冶炼及加工质量等因素影响。

（3）疲劳性能

疲劳破坏是在低应力状态下突然发生的，所以危害极大。抗拉强度与其疲劳极限成正比。

【经典例题】7.下列属于建筑钢材的力学性能的有（　　）。

A.拉伸性能　　　　　　B.冲击性能

C.疲劳性能　　　　　　D.焊接性能

E.弯曲性能

【答案】ABC

【嗨·解析】钢材的性能主要考辨析，要求考生能够区分力学和工艺性能。

【经典例题】8.（2015年一级真题）钢筋的塑性指标通常用（　　）表示。

A.屈服强度　　　　　　B.抗压强度

C.伸长率　　　　　　　D.抗拉强度

【答案】C

【嗨·解析】钢筋的塑性指标用伸长率表示。

4.钢材化学成分及其对钢材性能的影响（见表1A412010-5）

钢材化学成分对钢材性能影响概况　表1A412010-5

元素	对钢材性能影响	影响
碳（C）	碳含量增加钢材强度提高，塑性韧性下降，可焊性降低，冷脆性降低，大气锈蚀性降低	—
硅（Si）	当含量小于1%时，可提高钢材强度，塑性和韧性影响不明显	—
锰（Mn）	锰能消减硫和磷引起的热脆性，提高强度	—
磷（P）	随含量增加强度和硬度提高，塑性和韧性显著下降，可焊性降低，耐磨性和耐蚀性下降	害
硫（S）	降低机械性能，出现热脆性，可焊性、冲击性韧性、耐疲劳性和抗腐蚀性等均降低	害
氧（O）	机械性能降低，韧性降低	害
氮（N）	对钢材性质的影响与碳、磷相似，使钢材的强度提高、塑性、韧性下降	—

◀))**嗨·点评** 要求考生记忆钢材化学成分中各个元素对钢材性能的影响。

【经典例题】9.下列钢材化学成分中，属于碳素钢中的有害元素是（　　）。

A.碳　　B.硅　　C.锰　　D.磷

【答案】D

【经典例题】10.下列钢材包含的化学元素中，其中含量增加会使钢材强度提高，但是塑性下降的有（　　）。

A.碳　　　　　　B.硅

C.锰　　　　　　D.磷

E.氮

【答案】ADE

四、混凝土的性能和应用

（一）混凝土组成材料的技术要求

1.水泥

一般以水泥强度等级为混凝土强度等级的1.5~2.0倍为宜。高强度等级混凝土可取0.9~1.5倍。

2.细骨料（普通混凝土中指砂，粒径在4.75mm以下）

混凝土用细骨料的技术要求有以下几方面：

（1）颗粒级配及粗细程度：首选中砂，只有毛石砌体砂浆要求用粗砂。

（2）有害杂质和碱活性：控制碱活性，防止碱骨料反应。

（3）坚固性：砂的坚固性用硫酸钠溶液检验。

◀))**嗨·点评** 关于"中砂"的总结：对砂的粒径有要求时，只有毛石砌体砂浆要求用粗砂，其他全部都是中砂，细砂一般不用于结构。

3.粗骨料（粒径大于5mm）

颗粒级配及最大粒径

（1）最大粒径不应超过构件截面最小尺寸的1/4，且不应超过钢筋最小净间距的3/4。

（2）对实心混凝土板，粗骨料的最大粒径不宜超过板厚的1/3，且不应超过40mm。

（3）泵送混凝土碎石粒径不应大于泵管1/3。

（4）防水混凝土其最大粒径不应超过40mm。

【经典例题】11.关于细骨料"颗粒级配"和"粗细程度"性能指标的说法，正确的是（　　）。

A.级配好，砂粒之间的空隙小；骨料越细，骨料比表面积越小

B.级配好，砂粒之间的空隙大；骨料越细，骨料比表面积越小

C.级配好，砂粒之间的空隙小；骨料越细，骨料比表面积越大

D.级配好，砂粒之间的空隙大；骨料越细，骨料比表面积越大

【答案】C

【嗨·解析】颗粒级配越好空隙越小，因不同直径颗粒间可以相互补充，骨料越细，表面积越大。

4.水

要求控制拌合及养护用水，主要是控制氯离子含量，规范要求使用饮用水。

5.外加剂

外加剂是在混凝土拌合前或拌合时掺入，掺量一般不大于水泥质量的5%。

外加剂的技术要求包括受检混凝土性能指标和匀质性指标。

6.矿物掺合料

混凝土掺合料分为活性矿物掺合料和非活性矿物掺合料。

非活性矿物掺合料基本不与水泥组分起反应，如磨细石英砂、石灰石，硬矿渣等；

活性矿物掺合料如粉煤灰、粒化高炉矿渣粉、硅灰、沸石粉等，本身不硬化或硬化速度很慢，但能与水泥水化生成的$Ca(OH)_2$起反应，生成具有胶凝能力的水化产物。

拌制混凝土和砂浆用粉煤灰可分为Ⅰ、Ⅱ、Ⅲ三个等级，其中Ⅰ级品质最好。

【经典例题】12.（2016年一级真题）下列混凝土掺合料中，属于非活性矿物掺合料的是（　　）。

A.石灰石粉

B.硅灰

C.沸石粉

D.粒化高炉矿渣粉

【答案】A

（二）混凝土的技术性能

1.混凝土拌合物的和易性

（1）和易性包括流动性、黏聚性和保水性。

（2）流动性指标：以入模处收集混凝土测得混凝土坍落度或坍落扩展度来表示，坍落度越大流动性越好（坍落度越大，混凝土越稀）。

（3）影响流动性的因素：①单位体积用水量（最主要）；②砂率（砂占骨料的质量比）；③组成材料的性质；④时间和温度。

图1A412010-3　坍落度

坍落度（如图1A412010-3所示）指落下的高度，不是剩下的高度。

【经典例题】13.混凝土拌合物的和易性包括（　　）。

A.保水性　　　　　　B.耐久性

C.黏聚性　　　　　　D.流动性

E.抗冻性

【答案】ACD

【经典例题】14.在混凝土配合比设计时，影响混凝土拌合物和易性最主要的因素是（　　）。

A.砂率　　　　　　B.单位体积用水量

C.拌合方式　　　　D.温度

【答案】B

2.混凝土的强度

（1）立方体抗压强度

制作边长为150mm的立方体试件，在标准养护条件下（温度20±2℃，相对湿度95%以上），养护到28d龄期，测得的抗压强度值为混凝土立方体试件抗压强度，以f_{cu}表示，单位为N/mm²或MPa。

（2）混凝土强度等级（标准）

混凝土强度等级是根据立方体抗压强度标准值来确定的。采用符号C表示的混凝土的强度划分为C15~C80共14个等级，每个等级相差5MPa，C30即表示混凝土立方体抗压强度标准值30 MPa≤$f_{cu, k}$<35MPa。

（3）混凝土强度（见表1A412010-6）

混凝土强度及尺度对比　　表1A412010-6

混凝土的强度	表示符合	试块尺寸
立方体抗压强度	f_{cu}	150mm立方体
轴心抗压强度	$f_c=（0.70-0.80）f_{cu}$	150mm × 150mm × 300mm
混凝土抗拉强度	$f_t=（1/10-1/20）f_{cu}$	—

注：三种强度大小关系：$f_{cu}>f_c>f_t$，试块一般是一组三块，抗渗试块是一组六块。

（4）混凝土的养护

混凝土的养护有标准养护（温度20±2℃，相对湿度95%以上）和同条件养护两种。

🔊 **嗨·点评**　标准养护的试块主要用途是用于混凝土材料的强度评定，而同条件养护试块则用于拆模依据或结构实体的强度评定。

（5）影响混凝土强度的两类因素：

①原材料因素：包括水泥强度与水灰比，骨料的种类、质量和数量，外加剂和掺合料；

②生产工艺因素：包括搅拌与振捣，养护的温度和湿度，龄期。

【经典例题】15.下列影响混凝土强度的因素中，属于生产工艺方面的因素有（　　　）。

A.水泥强度和水灰比

B.搅拌和振捣

C.养护的温度和湿度

D.龄期

E.骨料的质量和数量

【答案】BCD

3.混凝土的耐久性

耐久性包括：抗渗性、抗冻性、抗侵蚀性、碳化、碱骨料反应及混凝土中的钢筋锈蚀等性能。

（1）抗渗性直接影响混凝土的抗冻性和抗侵蚀性，分为P4、P6、P8、P10、P12、＞P12共6个等级。抗渗性主要与密实度及内部孔隙的大小、构造有关。

（2）抗冻性，分F50、F100、F150、F200、F250、F300、F350、F400和＞F400共9个等级。抗冻等级F50以上的混凝土简称抗冻混凝土。

（3）抗侵蚀性。

（4）碳化（中性化）：混凝土与二氧化碳化学反应。

①可削弱对钢筋的保护，可能引起钢筋锈蚀。

②增加混凝土收缩使混凝土抗压强度增加，抗拉、抗折强度降低。

（5）碱骨料反应：水泥中碱含量高，与活性二氧化硅发生反应，导致混凝土胀裂。

🔊 **嗨·点评**　碳化会影响混凝土的强度使抗压强度增加，因此在结构评定时要做碳化深度试验，一般用酚酞酒精测碳化深度超过6mm，就要抽芯修正。

【经典例题】16.关于混凝土表面碳化的说法，正确的有（　　　）。

A.降低了混凝土的碱度

B.削弱了混凝土对钢筋的保护作用

C.增大了混凝土表面的抗压强度

D.增大了混凝土表面的抗拉强度

E.降低了混凝土的抗折强度

【答案】ABCE

（三）混凝土外加剂的功能、种类与应用

1.外加剂的分类：

（1）改善流变性能：包括各种减水剂、引气剂和泵送剂等。

（2）调节凝结时间、硬化性能剂：包括缓凝剂、早强剂和速凝剂等。

（3）改善耐久性：包括引气剂、防水剂和阻锈剂等。

（4）改善其他性能：包括膨胀剂、防冻剂、着色剂等。

2.外加剂的适用范围：

①减水剂（加减水剂等于加水）

不减少用水，提高流动性；减水不减水泥，提高强度；减水且减水泥，节约水泥；改善耐久性。

②早强剂：用于冬季施工和抢险。

③缓凝剂：适用于高温季节、大体积混凝土、泵送与滑膜及远距离输送的混凝土。

④引气剂：用于抗冻、防渗混凝土，对混凝土抗裂有利。

⑤膨胀剂

含硫铝酸钙类硫铝酸钙-氧化钙类膨胀剂的混凝土（砂浆）不得用于长期环境温度为80℃以上的工程；含氧化钙类膨胀剂配制的混凝土（砂浆）不得用于海水或有侵蚀性水的工程。

⑥防冻剂

含亚硝酸盐、碳酸盐的防冻剂严禁用于预应力混凝土结构。

含有六价铬盐、亚硝酸盐等有害成分的防冻剂，严禁用于饮水工程及与食品相接触的工程，严禁食用。

含有硝铵、尿素等产生刺激性气味的防冻剂，严禁用于办公、居住等建筑工程。

3.应用外加剂的注意事项

（1）外加剂供货单位应提供的文件：

①产品说明书，并应标明产品主要成分。

②出厂检验报告及合格证。

③掺外加剂混凝土性能检验报告。

（2）几种外加剂复合使用时，应注意不同品种外加剂之间的相容性及对混凝土性能的影响。

【经典例题】17.（2015年一级真题）下列混凝土外加剂中，不能显著改善混凝土拌合物流变性能的是（　　　）。

A.减水剂　　　　　　B.引气剂

C.膨胀剂　　　　　　D.泵送剂

【答案】C

【经典例题】18.（2015年二级真题）关于混凝土外加剂的说法错误的是（　　　）。

A.掺入适量减水剂能改善混凝土的耐久性

B.高温季节大体积混凝土施工应掺速凝剂

C.掺入引气剂可提高混凝土的抗渗性和抗冻性

D.早强剂可加速混凝土早期强度增长

【答案】B

【嗨·解析】高温季节大体积混凝土施工应掺加缓凝剂，高温大体积混凝土容易因内外温差过大开裂，因此需要缓凝剂调节。

【经典例题】19.用于居住房屋建筑中的混凝土外加剂，不得含有（　　　）成分。

A.木质素磺酸钠　　　B.硫酸盐

C.尿素　　　　　　　D.亚硝酸盐

【答案】C

【嗨·解析】尿素主要存在防冻剂中，会产生刺激性气味，严禁用于办公居住建筑中。

五、石灰、石膏的性能和应用

气硬性胶凝材料：只能在空气中硬化（不宜用于地下结构）；如石灰、石膏。

水硬性胶凝材料：既能在空气中硬化也能在水中硬化，如：水泥。

（一）石灰的生产、分类

1.石灰石主要成分为：碳酸钙$CaCO_3$；

生石灰：氧化钙CaO；

熟石灰（或消石灰）：氢氧化钙$Ca(OH)_2$。

2.石灰的技术性质

保水性好，硬化慢、强度低，耐水性差，硬化体积收缩大（开裂），生石灰吸水性强。

【经典例题】20.关于石灰技术性质的说法，正确的有（　　）。

A.保水性好

B.硬化较快、强度高

C.耐水性好

D.硬化时体积收缩大

E.生石灰吸湿性强

【答案】ADE

（二）石膏

1.石膏是以硫酸钙$CaSO_4$为主要成分的气硬性胶凝材料。

2.建筑石膏的技术性质：硬化快（终凝0.5h以内）；硬化体积微膨胀；孔隙率高；防火性能好（高温环境不适合）；耐水性和抗冻性较差。

【经典例题】21.（2016年一级真题）建筑石膏的技术性能包括（　　）。

A.凝结硬化慢

B.硬化时体积微膨胀

C.硬化后孔隙率低

D.防水性能好

E.抗冻性差

【答案】BE

1A412020 建筑装饰装修材料的特性与应用

一、饰面石材和建筑陶瓷的特性与应用

饰面石材主要包括花岗岩和大理石岩等（表1A412020-1）。

花岗岩和大理石特性对比　表1A412020-1

石材类型	天然花岗岩	天然大理石
特性	构造致密、强度高、密度大、吸水率极低、质地坚硬、耐磨，属酸性硬石材	质地较密实、抗压强度较高、吸水率低、质地较软，属碱性中硬石材
使用部位	适用于室外比如广场地面、台阶、公共大厅地面	室内墙面、台面、电梯门口，人流较少的室内地面
技术项目	密度、吸水率、压缩强度、弯曲强度及耐磨性、有放射性（氡）	体积密度、吸水率、干燥压缩强度、弯曲强度、耐磨度、镜面板材的镜向光泽值

🔊 **嗨·点评** 花岗岩由于属酸性，不怕酸雨的腐蚀，多用于室外，又由于耐磨可用于地面，大理石则不然。

【经典例题】 1.（2016年一级真题）关于花岗石特性的说法，错误的是（　　）。

A.强度高　　　　　B.密度大

C.耐磨性能好　　　D.属碱性石材

【答案】 D

【经典例题】 2.天然大理石饰面板材不宜用于室内（　　）。

A.墙面　　　　　　B.大堂地面

C.柱面　　　　　　D.服务台面

【答案】 B

二、建筑陶瓷（技术指标为吸水率）

1.干压陶瓷砖

瓷质砖（吸水率≤0.5%），室内外；

炻瓷砖（0.5%<吸水率≤3%）；

细炻砖（3%<吸水率≤6%）；

炻质砖（6%<吸水率≤10%）；

陶质砖吸水率>10%，只用于室内。

陶瓷墙地砖具有强度高、致密坚实、耐磨、吸水率小（<10%）、抗冻、耐污染、易清洗，耐腐蚀、耐急冷急热、经久耐用等特点，室内外都可用。

2.陶瓷卫生产品

寒冷地区应选用吸水率尽可能小、抗冻性能好的墙地砖。

瓷砖室内使用超过200m²时，必须做放射性测试。

卫生陶瓷吸水率在1%以下（高档0.5%以下）

3.卫生洁具的用水量（表1A412020-2）

卫生洁具用水量　表1A412020-2

	坐便器	蹲便器	小便器
节水型	6L	8L	3L
普通型	9L	11L	5L

◀)) **嗨·点评** 陶瓷只有一个技术指标吸水率，寒冷地区的室外陶瓷砖的技术指标增加了抗冻性。

三、木材和木制品的特性与应用

1.木材的基本知识

（1）木材的含水率

影响木材力学性质的含水率指标是纤维饱和点和平衡含水率。

（2）木材的湿胀干缩与变形

顺纹方向最小，径向较大，弦向最大。

干缩会使木材翘曲、开裂、接榫松动、拼缝不严。湿胀可造成表面鼓凸。

（3）木材的强度

木材强度包括：抗压强度、抗拉强度、抗弯强度、抗剪强度。

抗拉强度最大，顺纹强度比横纹强度大（除抗剪外）

【**经典例题**】3.（2015年真题）木材的干缩湿胀变形在各个方向上有所不同；变形量从小到大依次是（　　　）。

A.顺纹、径向、弦向

B.径向、顺纹、弦向

C.径向、弦向、顺纹

D.弦向、径向、顺纹

【**答案**】A

【**嗨·解析**】注意题目的变形量顺序是从小到大，基于木材的浸水的特性是"长胖不长高"，因此顺纹方向最小。

【**经典例题**】4.由湿胀引起的木材变形情况是（　　　）。

A.翘曲   B.开裂

C.鼓凸   D.接榫松动

【**答案**】C

2.木制品特性与应用

（1）实木地板

实木地板适用于体育馆、舞台、高级住宅。

技术要求：含水率：7%≤含水率≤使用地区的木材平衡含水率。（如含水率13%的实木地板可用在哪里等）

热辐射采暖地板不得使用实木地板。

（2）人造木地板

①实木复合地板：可使用在热辐射采暖地板中。

②浸渍纸层压木质地板（强化木地板），耐磨转数公共场所用≥9000转，家庭用≥6000转。

（3）人造木板

分类：胶合板、纤维板、刨花板、细木工板。

检测：室内使用超过500m²时，进场要对甲醛释放量进行复测。

胶合板的甲醛释放限量符合表1A412020-3。

胶合板的甲醛释放限量   表1A412020-3

级别标志	限量值（mg／L）	备注
E_0	≤0.5	可直接用于室内
E_1	≤1.5	可直接用于室内
E_2	≤5.0	必须饰面处理后可允许用于室内

◀)）**嗨·点评**　考生要注意对比甲醛释放量的内容，教材一共3处提到甲醛释放量：室内环境污染控制、人造木地板、胶合板，不同品种有不同的分类标准，建议考生对比记忆。

四、建筑玻璃的特性与应用

（一）平板玻璃（玻璃原片）

特性

1.透视、透光性能好

2.有一定的保温、隔声性能，抗拉强度远小于抗压强度，是典型的脆性材料。

3.化学稳定性较高。

4.热稳定性较差，急冷急热，易发生炸裂。

（二）装饰玻璃

装饰玻璃包括：彩色平板玻璃、釉面玻璃、压花玻璃、喷花玻璃、乳花玻璃、刻花玻璃、冰花玻璃等（如图1A412020-1所示）。

 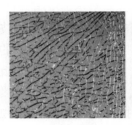 

彩色平板玻璃　　　　　冰花玻璃　　　　　压花玻璃

图1A412020-1　建筑玻璃

（三）安全玻璃（表1A412020-4）

安全玻璃特性　表1A412020-4

安全玻璃	特性	备注
防火玻璃	（1）按结构可分为：复合防火玻璃（FFB）、单片防火玻璃（DFB）； （2）按耐火性能可分为：隔热型防火玻璃（A类）、非隔热型防火玻璃（C类）	一般用于有防火隔热要求的建筑幕墙、隔断
钢化玻璃	机械强度高；弹性好；热稳定性好；碎后不易伤人；可发生自爆；有较好的机械性能和热稳定性	单片大于1.5㎡必须钢化
夹丝玻璃	防盗抢性和安全性高碎而不散；防火性好，金属丝可防止火焰蔓延	在使用过程中可以切割
夹层玻璃	由玻璃加胶片形成，透明度好；抗冲击性能好；破碎后不易伤人	不可现场切割

【**经典例题**】5.（2015年一级真题）关于钢化玻璃特性的说法，正确的有（　　）。

A.碎后易伤人

B.使用时可切割

C.热稳定性差

D.可能发生自曝

E.机械强度高

【**答案**】DE

◀)）**嗨·点评**　钢化玻璃生活中比较常见，最突出的特性就是碎后碎而不散，大量用在玻璃幕墙、门窗等部位。现场不能切割，因而必须先定尺后钢化。

（四）节能装饰玻璃（见表1A412020-5）

节能装饰玻璃的特性　表1A412020-5

种类	主要特性
着色玻璃	阻挡紫外线、热射线（产生冷室效应）
镀膜玻璃	注意安装时候的镀膜朝向
中空玻璃	光学性能良好；保温隔热、降低能耗；防结露；良好的隔声性能
真空玻璃	比中空玻璃更隔热，更隔声

【经典例题】6.（2016年一级真题）节能装饰型玻璃包括（　　）。

A.压花玻璃　　　　　B.彩色平板玻璃

C."Low-E"玻璃　　　D.中空玻璃

E.真空玻璃

【答案】CDE

【嗨·解析】本部分内容要求考生区分玻璃的种类及特性，例如钢化玻璃属于安全玻璃，压花玻璃属于装饰玻璃。

五、建筑高分子材料的特性与应用

（一）建筑塑料

1.塑料管道种类及应用范围见表1A412020-6。

主要管材的适用范围　表1A412020-6

不能作为饮用水的管材	PVC-U，PVC-C
不能作为热水使用管材	PVC-U
可作为给排水及雨水管材	PVC-U
能作为地暖使用的管材	PB，PEX
目前常用的饮用水管材	PPR、铝塑管（如图1A412020-2）钢塑管

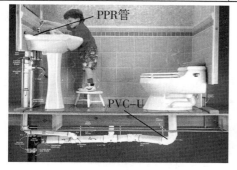
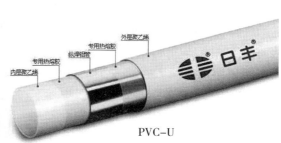

图1A412020-2　素材管道

🔊 嗨·点评　目前PPR管主要用于家庭给水管，PVC-U主要用于排水及雨水管。

【经典例题】7.（2016年一级真题）下列塑料管材料类别中，最适合用作普通建筑雨水管道的是（　　）。

A.PVC-C　　　　　B.PP-R

C.PVC-U　　　　　D.PEX

【答案】C

【嗨·解析】目前常用的建筑雨水管道为PVC-U，PVC-C大部分用于工业用管。

2.塑料装饰板材

（1）三聚氰胺层压板

常用于墙面、柱面、台面、家具、吊顶等饰面工程。

（2）铝塑复合板

用于建筑幕墙、室内外墙面、柱面、顶面的饰面处理。

（3）塑料壁纸分类

①纸基壁纸：单色压花、印花压花、平光印花、有光印花。

②发泡壁纸：低发泡压花壁纸、发泡压花壁纸、发泡印花壁纸、高发泡壁纸。

③特种壁纸：耐水壁纸、防火壁纸、特殊装饰壁纸。

【经典例题】8.下列塑料壁纸中，属于特种壁纸的是（　　）。

A.印花压花壁纸　　B.发泡印花壁纸

C.有光印花壁纸　　D.耐水壁纸

【答案】D

（二）建筑涂料

涂料由主要成膜物质、次要成膜物质、辅助成膜物质构成。

涂料所用主要成膜物质有：树脂和油料两类。

次要成膜物质是各种颜料，包括着色颜料、体质颜料和防锈颜料三类。

辅助成膜物质主要指各种溶剂（稀释剂）和各种助剂。

涂料所用溶剂有两大类：一类是有机溶剂，如松香水、酒精、汽油、苯、二甲苯、丙酮等；另一类是水。

1.内墙涂料

乳液型内墙涂料，包括丙烯酸酯乳胶漆、苯—丙乳胶漆、乙烯—醋酸乙烯乳胶漆。

水溶性内墙涂料，包括聚乙烯醇水玻璃内墙涂料、聚乙烯醇缩甲醛内墙涂料。

其他类型内墙涂料，包括复层内墙涂料、纤维质内墙涂料、绒面内墙涂料等。

2.外墙涂料

溶剂型外墙涂料，包括过氯乙烯、丙烯酸酯、聚氨酯系外墙涂料等。

乳液型外墙涂料，包括薄质涂料纯丙乳胶漆、苯—丙乳胶漆、乙—丙乳胶漆和厚质涂料、乙—丙乳液厚涂料、氯偏共聚乳液厚涂料。

水溶性外墙涂料，该类涂料以硅溶胶外墙涂料为代表。

其他类型外墙涂料包括复层外墙涂料和砂壁状涂料。

过氯乙烯外墙涂料的特点：良好的耐大气稳定性、化学稳定性、耐水性、耐霉性。

丙烯酸酯外墙涂料的特点：良好的抗老化性、保光性、保色性、不粉化、附着力强、施工温度范围（0℃以下仍可干燥成膜）。可直接在水泥砂浆和混凝土基层上进行涂饰。

3.地面涂料（水泥砂浆基层地面涂料）

过氯乙烯地面涂料的特点：干燥快、与水泥地面结合好、耐水、耐磨、耐化学药品腐蚀。施工时有大量有机溶剂挥发、易燃，要注意防火、通风。

聚氨酯—丙烯酸酯地面涂料适用于图书馆、办公室、会议室等水泥地面的装饰。

环氧树脂厚质地面涂料适用于机场、车库、车间等室内外水泥地面的装饰。

嗨·点评　关于涂料部分考点考试频率比较低，考试只要注意记忆涂料基层的相关技术数据。

六、建筑金属材料的特性与应用

（一）装饰装修用钢材

1.普通型钢

2.5号角钢：单边宽度为25mm的等边角钢。

4/2.5号角钢：长边宽度为40mm，短边宽度为25mm的不等边角钢。

2.不锈钢品种

不锈钢通常定义为含铬12%以上的具有耐腐蚀性能的铁基合金。

3.板材

（1）彩色涂层钢板应用：

用于各类建筑物的外墙板、屋面板、室内的护壁板、吊顶板。还可作为排气管道、通风管道和其他类似的有耐腐蚀要求的构件及设备，也常用于家用电器的外壳。

（2）彩色压型钢板：

用于外墙、屋面、吊顶及夹芯保温板材的面板等。适合做大型公共建筑和高层建筑的外幕墙板。

4.轻钢龙骨

按用途分，有吊顶龙骨和墙体龙骨（代号分别为D和Q）。

（二）装饰装修用铝合金（略）

1A412030 建筑功能材料的特性与应用

一、建筑防水材料的特性与应用

刚性防水材料：一般不随基层变形而变形的防水材料。

常见的刚性防水材料包括：水泥砂浆、防水混凝土、水泥基渗透结晶型防水涂料。

柔性防水材料会随基层的变形而变形。常见的柔性防水卷材、防水涂料、密封材料和堵漏灌浆材料。

（一）防水卷材

1.防水卷材（如图1A412030-1所示）的分类见表1A412030。

防水卷材的特性　表1A412030

防水卷材三大系列	特点	备注
沥青防水卷材	成本较低；拉伸强度和延伸率低；温度稳定性较差；高温易流淌，低温易脆裂；耐老化性较差，使用年限较短	沥青防水卷材就是之前采用的油毡，已经淘汰
高聚物改性沥青防水卷材	改善了沥青的感温性，有了良好的耐高低温性能，提高了憎水性、粘结性、延伸性、韧性、耐老化性能和耐腐蚀性，具有优异的防水功能	目前使用广泛，北方多用SBS耐低温，南方多用APP耐高温
高聚物沥青防水卷材	以合成橡胶、合成树脂或两者共混体系为基料	不同于高聚物改性沥青防水卷材，成分里没有沥青。施工方法区别于沥青防水卷材，不可热熔，一般胶粘

高聚物防水卷材

沥青防水卷材（油毡）

高聚物改性沥青防水卷材

图1A412030-1　防水卷材

2.防水卷材的主要性能包括：

防水性：常用不透水性、抗渗透性等指标表示。

机械力学性能：常用拉力、拉伸强度和断裂伸长率等表示。

温度稳定性：常用耐热度、耐热性、脆性温度等指标表示。

大气稳定性：常用耐老化性、老化后性能保持率等指标表示。

柔韧性：常用柔度、低温弯折性、柔性等指标表示。

【经典例题】1.防水卷材的耐老化性指标可用来表示防水卷材的（　　）性能。

　　A.拉伸　　　　　　　　B.大气稳定

C.温度稳定　　　　D.柔韧

【答案】B

嗨·点评 防水卷材这个知识点要求考生能够对三个系列的卷材特点作区分，对防水卷材的五种性能的指标作辨析。

（二）防水涂料

特别适合于各种复杂、不规则部位的防水，能形成无接缝的完整防水膜。广泛适用于屋面防水工程、地下室防水工程和地面防潮、防渗等。

（三）建筑密封材料

分为定型和非定型密封材料两大类型。

定型密封材料是具有一定形状和尺寸的密封材料，包括各种止水带、止水条、密封条等。

非定型密封材料是指密封膏、密封胶、密封剂等黏稠状的密封材料。

嗨·点评 防水卷材以外的其他防水材料的相关知识考查概率不高，考生可作一般了解。

二、建筑防火材料的特性与应用

（一）物体的阻燃和防火

1.燃烧三要素：可燃物、助燃物和火源。

2.防火涂料应具有的性质：

①普通涂料的装饰作用；

②对基材提供的物理保护作用；

③隔热、阻燃和耐火功能。

（二）防火涂料

防火涂料主要由基料及防火助剂两部分组成，同时需要具有隔热、阻燃和耐火的功能。

防火涂料的类型：

1.按所用基料的性质分类：有机型、无机型和有机无机复合型三类。

2.按所用的分散介质分类：溶剂型和水性。

3.按涂层的燃烧特性和受热后状态变化分类：非膨胀型和膨胀型两类。

4.按涂层厚度和耐火极限分类：厚质型、薄型和超薄型三类。

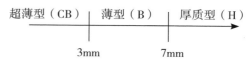

【经典例题】2.防火涂料应具备的基本功能有（　　　　）。

A.隔热　　　　　　　B.耐污

C.耐火　　　　　　　D.阻燃

E.耐水

【答案】ACD

（三）防火堵料

1.定义：防火堵料是专门用于封堵建筑物中各种贯穿物，如电缆、风管、油管、气管等穿过墙壁、楼板等形成的各种开孔以及电缆桥架等，具有防火隔热功能且便于更换的材料。

2.分类：有机型、无机型、阻火包或耐火包。如图1A412030-2所示。

有机防火堵料

无机防火堵料

阻火包

阻火包的工程应用

图1A412030-2　防火堵料

◀)) **嗨·点评**　有机防火堵料俗称胶泥和阻泡可以反复使用，而无机堵料是靠水化凝结后封堵洞口，因此不可反复使用。

（四）防火玻璃

防火玻璃的分类

非隔热型防火玻璃（又称为耐火玻璃）和隔热型防火玻璃。

非隔热型防火玻璃，又可分为夹丝玻璃、耐热玻璃和微晶玻璃三类。

隔热型防火玻璃为夹层或多层结构，因此也称为复合型防火玻璃。

【经典例题】 3.（2015年一级真题）关于有机防火封堵材料特点的说法，正确的有（　　　）。

A.遇火时发泡膨胀

B.不能重复使用

C.优异的水密性能

D.可塑性好

E.优异的气密性能

【答案】 ACDE

章节练习题

一、单项选择题

1. 关于建筑工程质量常用水泥性能与技术要求的说法，正确的是（　　）。
  - A. 水泥的终凝时间是从水泥加水拌合至水泥浆开始失去可塑性所需的时间
  - B. 六大常用水泥的初凝时间均不得长于45min
  - C. 水泥的体积安定性不良是指水泥在凝结硬化过程中产生不均匀的体积变化
  - D. 水泥中的碱含量太低更容易产生碱骨料反应

2. 硬聚氯乙烯（PVC-U）管不适用于（　　）。
  - A.排污管道　　　　　　B.雨水管道
  - C.中水管道　　　　　　D.饮用水管道

3. 关于普通混凝土的说法，正确的是（　　）。
  - A. 坍落度或坍落扩展度愈大表示流动性愈小
  - B. 维勃稠度值愈大表示流动性愈小
  - C. 砂率是影响混凝土和易性的最主要因素
  - D. 砂率是指混凝土中砂的质量占砂、石总体积的百分率

4. 下列水泥中，（　　）水泥的水化热最大。
  - A.普通　　　　　　　　B.硅酸盐
  - C.矿渣　　　　　　　　D.火山灰

5. 混凝土立方体抗压强度试件在标准条件（　　）下，养护到28d龄期。
  - A.温度20±2℃，相对湿度95%以上
  - B.温度20±2℃，相对湿度95%以下
  - C.温度20±3℃，相对湿度95%以上
  - D.温度20±3℃，相对湿度95%以下

6. 下列要求中，牌号为"HRB400E"的钢筋需满足的有（　　）。
  - A. 钢筋实测抗拉强度与实测屈服强度之比不小于1.25
  - B. 钢筋实测抗拉强度与实测屈服强度之比不大于1.25
  - C. 钢筋规范规定的屈服强度特征值与之比实测屈服强度不大于1.30
  - D. 钢筋实测屈服强度与规范规定的屈服强度特征值之比不小于1.30

7. 关于钢结构防火涂料，薄型和超薄型防火涂料的耐火极限与（　　）有关。
  - A.涂层厚度　　　　　　B.涂层层数
  - C.发泡层厚度　　　　　D.膨胀系数

8. 关于建筑钢材拉伸性能的说法，正确的是（　　）。
  - A. 拉伸性能指标包括屈服强度、抗拉强度和伸长率
  - B. 拉伸性能是指钢材抵抗冲击荷载的能力
  - C. 冲击性能随温度的下降而增大
  - D. 钢材的塑性指标包括伸长率和长细比

二、多项选择题

1. 大体积混凝土优先选用的水泥有（　　）。
  - A.矿渣水泥　　　　　　B.火山灰水泥
  - C.普通水泥　　　　　　D.粉煤灰水泥
  - E.硅酸盐水泥

2. 混凝土的耐久性包括（　　）等指标。
  - A.抗渗性　　　　　　　B.抗冻性
  - C.和易性　　　　　　　D.碳化
  - E.粘接性

3. 关于花岗石特征的说法，正确的有（　　）。
  - A.强度高　　　　　　　B.构造致密
  - C.吸水率极低　　　　　D.质地柔软
  - E.属碱性中硬石材

三、案例分析题

【2014年一级案例二（节选）】

【背景资料】（略）事件一：项目部按规定向监理工程师提交调查后HPB400Eϕ12钢筋复试报告。主要检测数据为：抗拉强度实测值561N/mm^2，屈服强度实测值460N/mm^2，实测重量0.816kg/m。（HRB400Eϕ12钢筋：屈服

强度标准值400N/mm²，极限强度标准值540N/mm²，理论重量0.888kg/m。）

【问题】事件一中，计算钢筋的强屈比、屈强比（超屈比）、重量偏差（保留两位小数），并根据计算结果分别判断该指标是否符合要求。

参考答案及解析

一、单项选择题

1.【答案】C

【解析】A属于初凝时间的概念，B正确的说法是不得短于45min,D正确的说法是碱含量高时，可产生碱骨料反应。

2.【答案】D

【解析】硬聚氯乙烯（PVC-U）管主要用于给水管道（非饮用水）、排水管道、雨水管道。

3.【答案】B

【解析】选项A坍落度或坍落扩展度愈大表示流动性愈大；选项C.单位体积用水量是影响混凝土和易性的最主要因素；选项D.砂率是指混凝土中砂的质量占砂、石总质量的百分率。

4.【答案】B

【解析】硅酸盐水泥的水化热最大，普通水泥的水化热较大；矿渣、火山灰水泥的水化热较小。

5.【答案】A

【解析】按国家标准，制作边长为150mm的立方体试件，在标准条件（温度20±2℃，相对湿度95%以上）下，养护到28d龄期。

6.【答案】A

【解析】（1）钢筋实测抗拉强度与实测屈服强度之比不小于1.25；

（2）钢筋实测屈服强度与规范规定的屈服强度特征值之比不大于1.30；

（3）钢筋的最大力总伸长率不小于9%。

7.【答案】C

【解析】薄型和超薄型防火涂料的耐火极限一般与涂层厚度无关，而与膨胀后的发泡层厚度有关。

8.【答案】A

【解析】选项B冲击性能是指钢材抵抗冲击荷载的能力；选项C.冲击性能随温度的下降而减小；选项D.钢材的塑性指标包括伸长率和冷弯。

二、多项选择题

1.【答案】ABD

【解析】大体积混凝土优先选用的水泥是矿渣水泥、火山灰水泥、粉煤灰水泥。

2.【答案】ABD

【解析】混凝土的耐久性包括：抗冻性、抗侵蚀性、混凝土的碳化、碱骨料反应等性能。

3.【答案】ABC

【解析】花岗石的特性：构造致密、强度高、密度大、吸水率极低、质地坚硬、耐磨，属酸性硬石材。

三、案例分析题

【答案】事件一中，强屈比=抗拉强度／屈服强度=561/460=1.22<1.25，所以背景当中的描述不合格。

超屈比=屈服强度实测值／屈服强度标准值=460/400=1.15<1.3，所以背景当中的描述合格。

重量偏差：|（0.816-0.888）|/0.888=8.11%>8%，不符合要求。（注：规范规定直径6~12mm的HRB400钢筋，重量偏差不大于8%，参见《混凝土结构工程施工质量验收规范》GB50204—2015）。

1A413000 建筑工程施工技术

本节知识体系

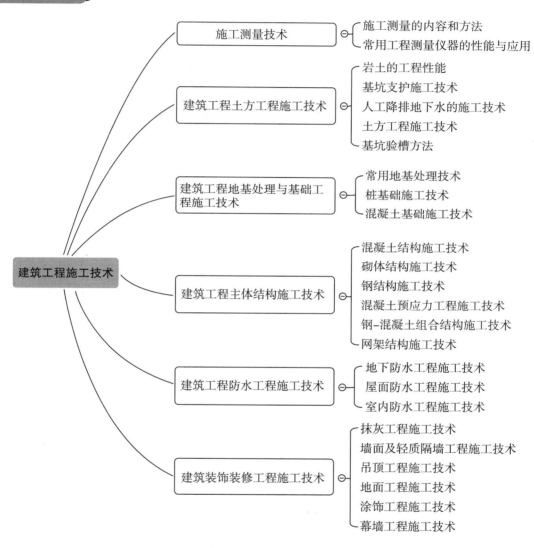

1A413010 施工测量技术

一、施工测量的内容和方法

（一）施工测量的基本工作

基本工作包括以下两点：

1.测量的基本工作：测角、测距和测高差。

2.平面控制测量遵循的组织实施原则为由整体到局部，即从场区控制网→建筑物控制网→测设主轴线→细部放样。

（二）施工测量内容

现场的施工测量一般包括以下四方面内容：

1.施工控制网的建立

场区控制网→建筑物施工控制网→建筑方格网点的布设。

2.建筑物定位、基础放线及细部测设。

3.竣工图的绘制。

4.施工期和运营期间建筑物的变形观测。

🔊 嗨·点评　变形观测要求考生掌握四个问题：什么时间测，怎么测，什么情况下测量及什么情况报告。

（三）施工测量方法

1.建筑细部点平面位置测设方法及特点见表1A413010-1。

建筑细部点平面位置测设方法及特点　表1A413010-1

建筑细部点平面位置测设方法	方法特点
直角坐标法	采用方格网和轴线形式，工作方便，精度高
极坐标法	适用于测设点靠近控制点，便于量距的地方
角度前方交会法	用于不便量距或测设点远距离控制点的地方
距离交会法	精度较低
方向线交会法	——

2.建筑物细部点高程位置的测设

建筑物细部点高程位置测设方法如图1A413010（a）、（b）所示。

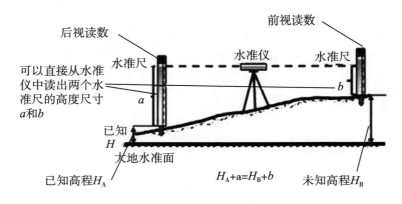

$$H_A + a = H_B + b$$

图1A413010（a）　地面上的高程测设方法图

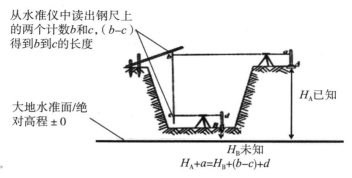

从水准仪中读出钢尺上的两个计数b和c,(b-c)得到b到c的长度

大地水准面/绝对高程±0

H_A已知

H_B未知

$$H_A+a=H_B+(b-c)+d$$

图1A413010（b）　高程传递法示意

【经典例题】1.

【背景资料】（略）

事件一：项目经理部首先安排了测量人员进行平面控制测量定位，很快提交了测量成果，为工程施工奠定了基础。

【问题】事件一中，测量人员从进场测设到形成细部放样的平面控制测量成果需要经过哪些主要步骤？

【答案】应先建立场区控制网，再分别建立建筑物施工控制网，以平面控制网的控制点为基础，测设建筑物的主轴线，根据主轴线再进行建筑物的细部放样。

【嗨·解析】本题主要是以案例简答的形式考查平面控制测量遵循的原则。

【经典例题】2.地面高程测量时，B点的高程是50.128m，当后视读数为1.116m，前视读数为1.285m，则A点的高程是（　　）。

A.47.777m　　　　　　　B.49.959m

C.50.247m　　　　　　　D.52.479m

【答案】B

【嗨·解析】利用原理公式$H_A+a=H_B+b$，将背景数据带入即可得到结果。考生应借助图形理解（如下图所示），与未知点高程对应的读数为前视读数，未知对前视，假想前方必定是未知。

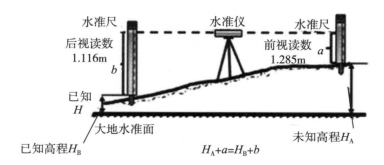

水准尺　　　　水准仪　　　水准尺

后视读数1.116m

前视读数1.285m

a

b

已知

H

大地水准面

已知高程H_B

未知高程H_A

$$H_A+a=H_B+b$$

二、常用工程测量仪器的性能与应用

常用测量仪器的部件及应用范围（表1A413010-2）。

常用测量仪器的部件及应用范围　表1A413010-2

	水准仪	经纬仪	全站仪
组成部件	望远镜 水准器 基座	照准部 水平度盘 基座	电子经纬仪、光电测距仪、数据记录仪器
精度	误差（mm）	误差（秒）	瞬间得到水平距离、高差、点的坐标和高程
应用范围	测高差 测水平距离	测水平和竖直夹角 测水平距离 测高差	

【经典例题】3.工程测量用水准仪的主要功能是（　　　）。

A.直接测量待定点的高程

B.测量两个方向之间的水平夹角

C.测量两点间的高差

D.直接测量竖向直角

【答案】C

【嗨·解析】水准仪的主要功能是测两点间的高差，也就是通过已知点计算出未知点的高程，比较容易混淆的概念是测高程，水准仪不能不借助任何已知点直接测出点位的高程。

1A413020 建筑工程土方工程施工技术

一、岩土的工程性能

岩土的八项工程性能，见表1A413020-1。

岩土的八项工程性能　表1A413020-1

工程性能名称	定义及工程影响
（1）内摩擦角	是土的抗剪强度指标，反映土的摩擦特性
（2）土抗剪强度	指土体抵抗剪切破坏的极限强度，包括内摩擦力和内聚力
（3）黏聚力	——
（4）土的天然含水量	对挖土的难易、土方边坡的稳定、填土的压实等均有影响
（5）土的天然密度	土在天然状态下单位体积的质量，称为土的天然密度
（6）土的干密度	干密度越大，表明土越坚实。回填土时，常以土的干密度控制土的夯实标准
（7）土的密实度	指土被固体颗粒所充实的程度，反映了土的紧密程度
（8）土的可松性	是挖填方时，计算土方机械生产率、回填土方量、运输机具数量、进行场地平整规划竖向设计、土方平衡调配的重要参数

【经典例题】1.关于岩土工程性能的说法，正确的是（　　）。

A.内摩擦角不是土体的抗剪强度指标

B.土体的抗剪强度指标包含有内摩擦力和内聚力

C.在土方填筑时，常以土的天然密度控制土的夯实标准

D.土的天然含水量对土体边坡稳定没有影响

【答案】B

【嗨·解析】内摩擦角是土的抗剪强度指标，因此A选项不正确。C选项，土方填筑时是以干密度作为标准，而不是天然密度。D选项天然含水量对土体边坡稳定有影响。

【经典例题】2.（2015年一级真题）在进行土方平衡调配时，需要重点考虑的性能参数是（　　）。

A.天然含水量　　　B.天然密度

C.密实度　　　　　D.可松性

【答案】D

【嗨·解析】土方平衡调配时需要重点考虑土的可松性，例如1m³的坑不需要1m³的土回填。

二、基坑支护施工技术

基坑支护分为浅基坑支护和深基坑支护，所谓深基坑是指深度大于或等于5m或虽未超过5m，但地质条件复杂或环境复杂的基坑。

深基坑的支护类型如图1A413020-1所示，适用情况见表1A413020-2。

结构支护选型 表1A413020-2

支护形式	适应深度	基坑侧壁安全等级	特点及相关构造
排桩	悬臂式在软土场≤5m	一、二、三级	悬臂式桩径≥600mm，排桩与桩顶冠梁的混凝土强度等级 > C25
地下连续墙	任何深度	一、二、三级	悬臂式现浇厚度≥600mm。强度等级宜为C30~C40，应满足抗渗要求
水泥土墙	≤6m	二、三级	适用地基土承载力小于150kPa，搭接宽度不小于150mm
土钉墙	≤12m	二、三级	适用非软土场地

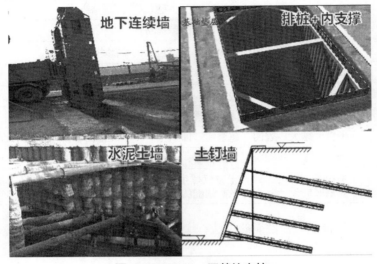

图1A413020-1 深基坑支护

【经典例题】3.下列支护方式适用于深基坑的包括（　　　　）

A.排桩支护　　　　　B.地下连续墙

C.水泥土桩墙　　　　D.逆作拱墙

E.叠袋式挡墙支护

【答案】ABCD

【嗨·解析】本题考查的是考生对深、浅支护技术的辨析，叠袋式挡墙支护属于浅基坑支护的方式。

三、人工降排地下水的施工技术

人工降排地下水技术主要包含两大问题：地下水控制技术方案和地下降排水设备的选型。

1.地下水控制技术方案选择

（1）地下水控制技术方案的选择应根据工程地质情况、基坑周边环境、支护结构形式而定。

（2）当因降水而危及基坑及周边环境安全时，宜采用截水或回灌方法。

（3）当基坑底为隔水层且层底作用有承压水时，应进行坑底突涌验算。

2.人工降低地下水位施工技术的选型

地下水控制方法及适用条件见表1A413020-3。

地下水控制方法适用条件　表1A413020-3

地下水控制方法名称		适用条件			
		土类	渗透系数（m/d）	降水深度（m）	水文地质
降水	真空井点（如图1A413020-2所示）	粉土、黏性土、砂土	0.005~20.0	单级<6 多级<20	上层滞水或水量不大的潜水
	喷射井点（如图1A413020-3所示）			<20	
	管井	粉土、砂土、碎石土	0.1~200.0	不限	含水承压水，裂隙水

铺设总管→埋设井点管→安装弯联管→抽水→地下水位降落

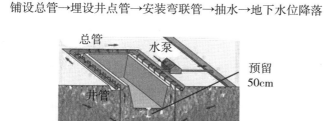

图1A413020-2　真空井点降水

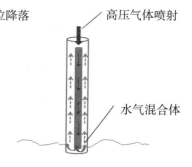

图1A413020-3　喷射井点降水

3.截水的定义及分类

截水即利用截水帷幕切断基坑外的地下水流入基坑内部。截水帷幕的厚度应满足基坑防渗要求。

截水帷幕采用的方法有注浆、旋喷法、深层搅拌水泥土桩挡墙等。截水分为落底式和悬挂式如图1A413020-4所示。

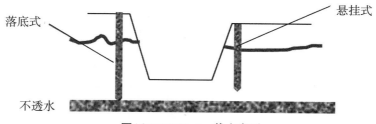

图1A413020-4　截水类型

【经典例题】4.（2015年一级真题）针对渗透系数较大的土层，适宜采用的降水技术是（　　）降水。

A.集水明排　　　　B.轻型井点

C.喷射井点　　　　D.管井井点

【答案】D

【嗨·解析】渗透系数反映的是水在土体中的流动能力，渗透系数越大流动能力越强，渗透系数越大越应采用管径较大的管井降水。

四、土方工程施工技术

（一）土方开挖

1.浅基坑土方开挖的技术要求：

（1）开挖原则：土方开挖的顺序方法必须与设计要求相一致并遵循"开槽支撑，先撑后挖，分层开挖，严禁超挖"的原则。

（2）预留：基底标高预留一层结合人工挖掘修整，使用正铲、反铲时，保留20~30cm。

（3）降水：在地下水位以下挖土将水位降低至坑底以下50cm，以利挖方进行。降水工作应持续到基础（包括地下水位下回填土）施工完成。

（4）控制：基坑开挖时，应对平面控制桩、水准点、平面位置、水平标高、边坡坡度、排水、降水系统等经常复测检查。

2.深基坑的土方开挖

（1）挖土方案包括有支护和无支护两大类：

①无支护例如放坡挖土。

②有支护例如中心岛式、盆式挖土、逆作法。

（2）深基坑应重点控制的两点：

1）为防止深基坑挖土后土体回弹变形过大措施：

①在基坑开挖过程中和开挖后，应保证井点降水正常进行。

②在挖至设计标高后，要尽快浇筑垫层和底板，减少基底暴露时间。必要时，可对基础结构下部土层进行加固。

2）在群桩基础桩打设后，宜停留一定时间，并用降水设备预抽地下水，待土中由于打桩积聚的应力有所释放，孔隙水压力有所降低，被扰动的土体重新固结后，再开挖基坑土方。

（二）土方回填

土方回填包含两方面的技术要求：回填土原料及填筑压实技术。

1.土料要求与含水量控制

（1）填方土料：保证强度和稳定性尽量采用同类土。一般不能选用淤泥、淤泥质土、膨胀土、有机质大于8%的土、含水溶性硫酸盐大于5%的土、含水量不符合压实要求的黏性土。

（2）含水量：土料含水量一般以手握成团、落地开花为适宜。

2.填筑压实技术

（1）填土应从场地最低处开始，由下而上整个宽度分层铺填。每层虚铺厚度应根据夯实机械确定，一般200~350mm之间。

（2）填土应从场地最低处开始，由下而上整个宽度分层铺填。一般情况下每层虚铺厚度见表1A413020-4。

填土施工分层厚度及压实遍数　表1A413020-4

压实机具	分层厚度（mm）	每层压实遍数（次）
平碾	250 ~ 300	6 ~ 8
振动压实机	250 ~ 350	3 ~ 4
柴油打夯机	200 ~ 250	3 ~ 4
人工打夯	<200	3 ~ 4

（3）填方应在相对两侧或周围同时进行回填和夯实。

【经典例题】5.（2016年一级真题）关于土方回填施工工艺的说法，错误的是（　　）。

A.土料应尽量采用同类土

B.应从场地最低处开始

C.应在相对两侧对称回填

D.虚铺厚度根据含水量确定

【答案】D

【嗨·解析】回填土虚铺的厚度应根据压实机具的能力确定，而不是土料本身。

五、基坑验槽方法

基坑在完成开挖工作后不能立即施工，

需要进行验槽。验槽要求考生重点掌握两点内容：验槽程序和验槽方法。

（一）验槽程序

1.施工单位自检合格后向监理单位提出验收申请。

2.由总监理工程师或建设单位项目负责人组织，建设、勘察、设计、监理、施工单位项目负责人、技术质量负责人等参加。

（二）验槽方法

1.观察法

（1）槽壁、槽底的土质情况。验证基槽开挖深度。初步验证基槽底部土质是否与勘察报告相符，观察槽底土质结构是否受到人为破坏。

（2）验槽时应重点观察：柱基、墙角、承重墙下或其他受力较大部位。

（3）如有异常部位，要会同勘察、设计等有关单位进行处理。

2.钎探法

钎探法是施工单位通过记录钢钎每打入土层30cm的锤击数来分析土层软硬程度的一种方法。

（1）工艺流程

绘制钎点平面布置图→放钎点线→核验点线→就位打钎→记录锤击数→拔钎→盖孔保护→验收→灌砂。

人工（机械）钎探如图1A413020-5所示。

30cm刻度的钢钎

图1A413020-5　钎探

钎探要求记录每打入土层30cm的锤击数量。

（2）灌砂流程

钎探后的孔要用砂灌实。打完的钎孔，经过质量检查人员和有关工长检查孔深与记录无误后，用盖孔块盖住孔眼。当设计、勘察和施工方共同验槽办理完验收手续后，方可灌孔。

3.轻型动力触探

遇到下列情况之一时，应在基坑底普遍进行轻型动力触探。

（1）持力层明显不均匀；

（2）浅部有软弱下卧层；

（3）有浅埋的坑穴、古墓、古井等，直接观察难以发现时；

（4）勘察报告或设计文件规定应进行轻型动力触探时。

1A413030 建筑工程地基处理与基础工程施工技术

一、常用地基处理技术

地基处理就是对地基进行必要的加固或改良，提高地基土的承载力，减少房屋的沉降或不均匀沉降。教材介绍了多种处理方法包括：换填地基、夯实地基、挤密桩地基、深层密实地基、旋喷桩复合地基、注浆加固等方法。重点掌握换填地基、夯实地基、挤密桩地基。（表1A413030-1）

地基处理方法及适用条件　　表1A413030-1

地基处理方法	分类	使用材料或方法	适用情况
换填地基法	灰土地基	用最优含水量的灰土（2:8/3:7）	加固深度1~4m软土、湿陷性黄土
	砂和砂石地基	中砂/粗砂/碎石/卵石/石屑/角砾/圆砾等。当使用细砂时，应掺入25%~35%的碎石卵石	处理3m以内的软弱、透水性强的黏土、淤泥湿陷性黄土不能用
	粉煤灰地基	工业用粉煤灰与土料混合	各种软弱土层
夯实地基	重锤夯实地基	利用起重机械将夯锤（2~3t）提升到一定高度，然后自由落下，重复夯击	适于地下水位0.8m以上、稍湿的黏性土、砂土、饱和度S_r不大于60的湿陷性黄土、杂填土
	强夯地基	将大吨位（一般8~30t）夯锤起吊到6~30m高度后，自由落下	强夯法是我国目前最为常用和最经济的深层地基处理方法之一
挤密桩地基	灰土桩地基	灰土挤密桩是利用锤击将钢管打入土中在桩孔中分层回填2:8或3:7灰土夯实而成	—
	砂石桩地基	砂石桩，是指用振动、冲击或水冲等方式在软弱地基中成孔后，再将砂或砂卵石（砾石、碎石）挤压入土孔中	适用于挤密松散砂土、素填土和杂填土等地基
	水泥粉煤灰碎石桩地基简称CFG桩	它是在碎石桩的基础上掺入适量石屑、粉煤灰和少量水泥混合而成	—
	夯实水泥土复合地基	用洛阳铲或螺旋钻机成孔，在孔中分层填入水泥、土混合料经夯实成桩	—

【经典例题】1.（2013年一级真题）

【背景资料】某商业建筑工程，地上六层，砂石地基，砖混结构，建筑面积24000m²，外窗采用铝合金窗，内外采用金属门。在施工过程中发生了如下事件：

事件一：砂石地基施工中，施工单位采用细砂（掺入30%的碎石）进行铺填。监理工程师检查发现其分层铺设厚度各分段施工的上下层搭接长度不符合规范要求，令其整改。

【问题】事件一中，砂石地基采用的原材料是否正确？砂石地基还可以采用哪些原材料？除事件一列出的项目外，砂石地基施工过程中还应检查哪些内容？

【答案】正确（根据现行国家标准《建筑地基基础工程施工质量验收规范》GB50202的相关规定细砂可用于回填，但须掺入25%~

35%的碎石）；还可以用中砂、粗砂、卵石、石屑等；施工过程中必须检查分层厚度、分段施工时搭接部分的压实情况、加水量压实遍数、压实系数。

二、桩基础施工技术

（一）桩基础的分类

桩基础是一种基础类型，桩基础根据制作工艺分为预制桩和灌注桩。

（1）预制桩按打桩方法又分为：锤击沉桩、静力压装和振动法。

（2）灌注桩按成孔方法分为：钻孔灌注桩、沉管灌注桩、人工挖孔灌注桩。

（3）钻孔灌注桩又有三种情形：冲击钻成孔灌注桩、回转钻成孔灌注桩、潜水电钻孔灌注桩、钻孔压浆灌注桩。其中钻孔压浆灌注桩不需要泥浆护壁。

（二）钢筋混凝土预制桩基础施工技术

1.锤击沉桩施工技术

（1）施工程序

确定桩位和沉桩顺序→桩机就位→吊桩喂桩→校正→锤击沉桩→接桩→再锤击沉桩→送桩→收锤→切割桩头（如图1A413030-1所示）。

预留0.8~1.0m的桩头，设备切割混凝土后，仍要保留钢筋

图1A413030-1　截桩头

（2）沉桩顺序

沉桩要按照由刚度大向刚度小沉桩的原则进行，避免土体被挤密，后续沉桩困难。顺序应按以下原则：

当基坑不大时，打桩应逐排打设或从中间开始分头向四周或两边进行。

对于密集桩群，从中间开始分头向四周或两边对称施打。

当一侧毗邻建筑物时，由毗邻建筑物处向另一方向施打。

（3）打桩及接桩的质量控制要求

①桩入土要保证它的垂直度，插入地面时桩身的垂直度偏差不得大于0.5%。

②打桩宜采用"重锤低击，低锤重打"。

③当桩需接长时，接头个数不宜超过3个，常用的接桩方式主要有焊接法、法兰螺栓连接法和硫黄胶泥锚接法。

（4）摩擦桩与端承桩

摩擦桩靠土与桩的摩擦力承受上部荷载，端承桩是靠打入底部持力层承受上部荷载。

摩擦桩如图1A413030-2（b）所示，以标高为主，贯入度作为参考；

端承桩如图1A413030-2（a）所示，则以贯入度为主，以标高作为参考。

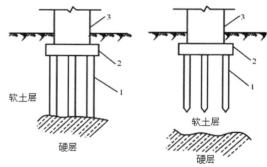

（a）端承桩　（b）摩擦桩

1—桩；2—承台；3—柱

图1A413030-2　桩的入土深度控制

2.静力压桩（如图1A413030-3所示）

静力压桩是通过静力压桩机的压桩机构，将预制钢筋混凝土桩分节压入地基土层中成桩。一般都采取分段压入、逐段接长的方法。采用静力压桩速度要远大于锤击沉桩，但需要土质松软含水量高。

图1A413030-3 静力压桩

（1）施工程序

测量定位→压桩机就位→吊桩、插桩→桩身对中调直→静压沉桩→接桩→再静压沉桩→送桩→终止压桩→检查验收→转移桩机。

（2）质量控制要点

①压同一根（节）桩时应连续进行，待压力表读数达到预先规定值，便可停止压桩；

②压桩用压力表必须标定合格方能使用，压桩时桩的入土深度和压力表数值是判断桩的质量和承载力的依据，也是指导压桩施工的一项重要参数。

（三）钢筋混凝土灌注桩基础施工技术

钢筋混凝土灌注桩是一种直接在现场桩位上就地成孔，然后在孔内浇筑混凝土或安放钢筋笼再浇筑混凝土而成的桩。

泥浆护壁钻孔灌注桩施工工艺流程（流程工艺如图1A413030-4所示）：

场地平整→桩位放线→开挖浆池、浆沟→护筒埋设→钻机就位、孔位校正→成孔、泥浆循环、清除废浆、泥渣→清孔换浆→终孔验收→下钢筋笼和钢导管→二次清孔→浇筑水下混凝土→成桩。

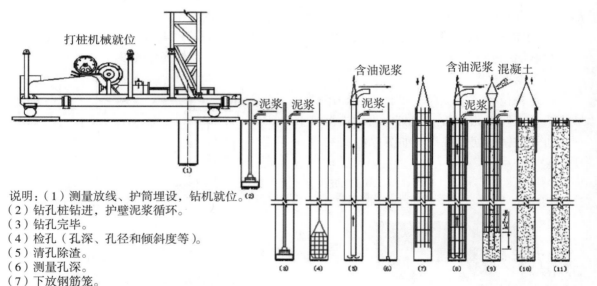

说明：（1）测量放线、护筒埋设，钻机就位。
（2）钻孔桩钻进，护壁泥浆循环。
（3）钻孔完毕。
（4）检孔（孔深、孔径和倾斜度等）。
（5）清孔除渣。
（6）测量孔深。
（7）下放钢筋笼。
（8）提放导管、利用导管进行二次清孔后再次验孔。
（9）灌注钻孔桩混凝土。
（10）混凝土浇筑完毕后，拔出护筒。
（11）钻孔桩施工完毕，待检。

图1A413030-4 钻孔灌注桩施工工艺流程图

🔊 **嗨·点评** 钻孔灌注桩从开始钻孔到最终成桩共经历两次验收。第一次是在成孔后，主要是对孔深、孔径及沉渣厚度进行验收。第二次验收是在放入钢筋笼及混凝土浇筑导管后，验收沉渣厚度，并以第二次沉渣厚度的结果作为是否浇筑判定标准。

【经典例题】2.

【背景资料】（略）事件：项目部完成灌注桩的泥浆循环清孔工作后，随即放置钢筋笼，下导管及桩身混凝土灌注，混凝土浇筑至桩顶设计标高。

【问题】分别指出事件中的不妥之处，并说出理由。

【答案】不妥之一：放置钢筋笼下导管及桩身混凝土灌筑。

正确做法：在沉放钢筋笼、下导管后应进行二次清孔。

不妥之二：混凝土浇筑至桩顶设计标高。

正确做法：混凝土浇筑超过设计标高至少0.8~1.0m。

（四）沉管灌注桩

沉管灌注桩是利用锤击打桩法或振动打桩法，将带有活瓣式桩尖或预制钢筋混凝土桩靴的钢套管沉入土中，然后边浇筑混凝土（或先在管内放入钢筋笼）边锤击或边振动边拔管而成的桩。

1.沉管灌注桩成桩过程为（流程图如图1A413030-5）：

桩机就位→锤击（振动）沉管→上料→边锤击（振动）边拔管，并继续浇筑混凝土→下钢筋笼，继续浇筑混凝土及拔管→成桩。

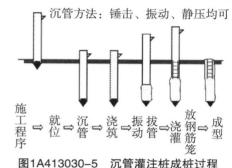

图1A413030-5　沉管灌注桩成桩过程

2.沉管灌注桩适用情况（见表1A413030-2）：

沉管灌注桩适用情况　　表1A413030-2

沉管方式	适用地质情况
（1）锤击沉管灌注桩	适用：黏性土、淤泥、淤泥质土、稍密的砂石及杂填土； 不适用：密实的中粗砂、砂砾石、漂石层
（2）振动沉管灌注桩	适用：一般黏性土、淤泥、淤泥质土、粉土、湿陷性黄土、稍密及松散的砂土及填土中； 不适用：坚硬砂土、碎石土及有硬夹层的土层中

【经典例题】3.锤击沉管灌注桩施工方法适用于在（　　）中使用。

A.黏性土层

B.淤泥层

C.密实中粗砂层

D.淤泥质土层

E.砂砾石层

【答案】ABD

（五）人工挖孔灌注桩

人工挖孔灌注桩是指桩孔采用人工挖掘方法进行成孔，然后安放钢筋笼，浇筑混凝土而成的桩。为了确保施工过程中的安全，施工时必须考虑预防孔壁坍塌和流砂现象发生，制定合理的护壁措施。

护壁方法可以采用现浇混凝土护壁、喷射混凝土护壁、砖砌体护壁、沉井护壁、钢套管护壁、型钢或木板桩工具式护壁等多种形式。

三、混凝土基础施工技术

混凝土基础的主要形式（如图1A413030-6所示）。有条形基础、独立基础、筏形基础和箱形基础等。

  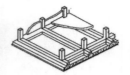 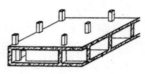

台阶式独立基础　　　条形基础　　　筏板基础　　　箱形基础

图1A413030-6　混凝土基础的主要形式

（一）混凝土工程

1.工艺流程：

混凝土搅拌→混凝土运输、泵送与布料→混凝土浇筑、振捣和表面抹压→混凝土养护。

2.混凝土浇筑

常见的三种基础形式浇筑的工艺见表1A413030-3。

三种基础形式浇筑的工艺　表1A413030-3

基础形式	浇筑注意事项
独立基础	顺序：台阶式基础施工，可按每层台阶先边角后中间一次浇筑完毕
	锥式基础，应注意斜坡部位的捣固质量，在振捣器振捣完毕后，用人工将斜坡表面拍平，使其符合设计要求
条形基础	分层：宜分段分层连续浇筑，每段间浇筑长度控制在2~3m，各段层间应相互衔接
设备基础	分层：一般应分层，并保证层之间不留施工缝，每层混凝土的厚度为200~300mm；顺序：每层浇筑顺序应从低处开始，沿长边方向自一端向另一端浇筑，也可采取中间向两端或两端向中间浇筑的顺序

注：基础要求一次浇筑完毕，整个基础不允许留设施工缝。

（二）大体积混凝土工程

现行国家标准《大体积混凝土施工规范》GB 50496—2009中规定基础最小几何尺寸大于1m的基础即为大体积混凝土。为了防止大体积混凝土的开裂，应在浇筑、养护、温度控制等方面采取措施。

1.大体积混凝土的浇筑方案与养护

（1）浇筑

可以选择整体分层（500mm）连续浇筑施工或推移式连续浇筑施工方式，沿长边从低处自一端向另一端。

（2）养护

保湿养护的持续时间不得少于14d。

2.大体积的温度控制要求

（1）混凝土入模温度≤30℃；混凝土浇筑体最大温升值≤50℃；

（2）表面以内40~100mm位置处的温度与混凝土浇筑体表面温度差值≤25℃；混凝土浇筑体表面以内40~100mm位置处的温度与环境温度差值≤25℃；

（3）混凝土浇筑体内部相邻两测温点的温度差值≤25℃；

（4）混凝土的降温速率不宜大于2.0℃/d；当有可靠经验时，降温速率要求可适当放宽。

3.大体积混凝土防裂技术措施

（1）材料措施

水：拌合水中加冰屑。

骨料：骨料用水冲洗降温，避免暴晒等。

胶凝材料：选用低热硅酸盐或低热矿渣水泥；水泥3d的水化热不宜大于240kJ/kg，7d的水化热不宜大于270kJ/kg。

外加剂：加入缓凝剂、减水剂、微膨胀剂等外加剂。

（2）施工措施

二次振捣，二次抹面；超长大体积使用跳仓法。

（3）设计措施

配置控制温度和收缩的构造钢筋；采取留置变形缝、后浇带。

【经典例题】4.大体积混凝土施工过程中，减少或防止出现裂缝的技术措施有（　　）。

A.二次振捣

B.二次表面抹压

C.掺入缓凝剂、减水剂、膨胀剂等外加剂

D.尽快降低混凝土表面温度

E.保温保湿养护

【答案】ABCE

【嗨·解析】减少或防止出现裂缝的技术措施从温度控制、材料、施工、设计几个方面考虑应防止内外出现过大的温度差，应防止混凝土表面过快降温。

【经典例题】5.以下大体积混凝土温度控制说法正确的是（　　）。

A.混凝土入模温度不宜大于35℃

B.混凝土表面温度与外环境温度差值不应大于25℃

C.混凝土浇筑体表面以内40~100mm位置处的温度与混凝土浇筑体表面温度差值不应大于25℃

D.混凝土浇筑体内部相邻两测温点的温度差值不应大于25℃

E.结束覆盖养护或拆模后，混凝土浇筑体表面以内40~100mm位置处的温度与环境温度差值不应大于25℃

【答案】CDE

【嗨·解析】大体积混凝土温度控制中入模温度应不宜大于30℃。但在高温季节施工，由于环境温度很高，可以控制在35℃以内。

1A413040 建筑工程主体结构施工技术

一、混凝土结构施工技术

（一）模板工程

1.模板及其特性（表1A413040-1）

模板类型及其特性　表1A413040-1

模板体系	优点	缺点
木模板	适用于外形复杂、异形构件、冬季施工	制作量大、木材资源浪费大
组合钢模板	拆装方便、通用性强、周转率高	接缝多且严密性差
大模板体系	整体性好，抗震性强，无拼接缝	重量大，需吊装
其他	爬模、飞模等需要专家论证，技术难度高	

🔊 **嗨·点评** 木模板因为切割机组装方便所以适宜用于外形复杂或异形截面的混凝土构件，又由于热阻比钢模板大，因此适合冬期施工的混凝土工程。

【经典例题】1.适宜用于外形复杂或异形截面的混凝土构件及冬期施工的混凝土工程的常见模板是（　　）。

　A.组合钢模板　　　　B.木模板

　C.滑升大钢模　　　　D.爬升钢模板

【答案】B

2.模板工程设计原则

（1）实用型：模板要保证构件形状尺寸和相互位置的正确，且构造简单，支拆方便、表面平整、接缝严密不漏浆等。

（2）安全性：要具有足够的强度、刚度和稳定性，保证施工中不变形、不破坏、不倒塌。

（3）经济性：在保障质量、安全和工期的前提下，减少一次性投入，增加模板周转，减少支拆用工，节约成本。

3.模板工程的安装要点

（1）模板的接缝不应漏浆；在浇筑混凝土前，木模板应浇水润湿，但模板内不应有积水。

（2）对跨度不小于4m的现浇钢筋混凝土梁、板，其模板应按设计要求起拱；当设计无具体要求时，起拱高度应为跨度的1/1000～3/1000。起拱不得减少构件的截面高度。

（3）后浇带的模板及支架应独立设置。

【经典例题】2.某现浇钢筋混凝土梁板跨度为8m，其模板设计时，起拱高度宜为（　　）mm。

　A.4　　　　B.6　　　　C.16　　　　D.25

【答案】C

【嗨·解析】钢筋混凝土梁板跨度为8m，起拱高度应为跨度的1/1000～3/1000，即8000mm的1/1000～3/1000，为8mm～24mm之间，因此C选项符合。

4.模板的拆除

（1）模板拆除顺序

①拆模的顺序和方法应按模板的设计规定进行。

②当设计无规定时，先支的后拆、后支的先拆。

③先拆非承重模板、后拆承重模板的顺序。

④后张法预应力混凝土结构侧模应在预应力张拉前拆除，进行预应力张拉，必须在混凝土强度达到设计值时进行，底模必须在预应力张拉完毕后，方可能拆除。

（2）拆模的要求

同条件养护试件的混凝土抗压强度应符合表1A413040-2的规定。拆除应由项目技术负责人根据同条件养护试块的实验数据及规范标准批准后，方可拆模。

底模及支架拆除时的混凝土强度要求　　表1A413040-2

构件类型	构件跨度（m）	达到设计的混凝土立方体抗压强度标准值的百分率（%）
板	≤2	≥50
	>2，≤8	≥75
	>8	≥100
梁拱壳	≤8	≥75
	>8	≥100
悬臂构件	—	≥100

【经典例题】3.（2015年一级真题）楼跨度8m的混凝土楼板，设计强度等级C30，模板采用快拆支架体系，支架立杆间距2m，拆模时混凝土最低强度是（　　）MPa。

　　A.15　　　B.22.5　　　C.25.5　　　D.30

【答案】A

【嗨·解析】如右图所示，图中跨度为8m的梁采用快拆支架体系，支架立杆间距2m。在梁的强度达到50%时可以拆除第①、③跨的模板，在梁的强度达到75%时可以拆除第②、④跨的模板，这样一半的模板先拆除，

实现了快拆，本题设计强度等级C30，因此可以在30×50%=15MPa时拆模。

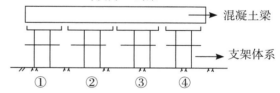

跨度为8m的梁　→混凝土梁　→支架体系　①　②　③　④

【经典例题】4.某跨度为8m，设计强度为C30的钢筋混凝土梁，可拆除该梁底模的最早时间是（　　）。

时间（d）	7	9	11	13
同条件试件强度（MPa）	16.5	20.8	23.1	25
标养试件强度（MPa）	17.8	22.5	25.5	27

　　A.7d　　　B.9d　　　C.11d　　　D.13d

【答案】C

【嗨·解析】跨度为8m梁，拆模时同条件试块强度应达到至少75%，C30混凝土的75%为22.5MPa，再看上图中第11d同条件强度为23.1MPa＞22.5MPa，因此选择C。

（二）钢筋工程

钢筋工程的要求主要包括钢筋的性质、配料、代换、连接、加工及安装等技术要求。

1.钢筋的性质

（1）钢筋的延性通常用拉伸试验测得的伸长率表示。钢筋伸长率一般随强度等级的

提高而降低。

（2）钢筋冷弯是考核钢筋的塑性指标，也是钢筋加工所需的。

（3）钢筋冷弯性能一般随着强度等级的提高而降低。

（4）钢材的可焊性常用碳当量来估计，可焊性随碳当量百分比的增高而降低。

2.钢筋配料

使用钢筋需要对钢筋进行现场切断也叫做下料，各种钢筋下料长度计算如下（如图1A413040-1）：

直钢筋下料长度=构件长度-保护层厚度+弯钩增加长度

弯起钢筋下料长度=直段长度+斜段长度-弯曲调整值+弯钩增加长度

箍筋下料长度=箍筋周长+箍筋调整值

上述钢筋如需搭接，还要增加钢筋搭接长度。

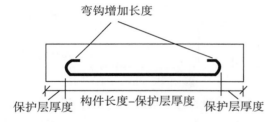

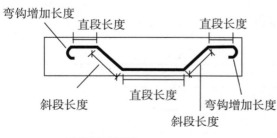

图1A413040-1　钢筋下料

3.钢筋代换

钢筋在购买不到想要的型号时可以采用其他型号代替，但应遵循下列原则：

（1）采用等面积代换或等强度代换；

（2）钢筋代换时，应征得设计单位的同意；并有书面文件许可。

4.钢筋连接

钢筋在不能满足构件长度时可以接长，钢筋连接时要考虑连接方式、连接位置、连接方法及连接百分率。

（1）连接方法

钢筋的连接方法有焊接、机械连接或绑扎连接三种（如图1A413040-2所示），三种方法的适用条件如表1A413040-3所示。

钢筋连接方法　　表1A413040-3

连接方式	使用的条件
焊接	不宜用于承受动力荷载
机械连接	不宜用于钢筋级别HRB335以下 不宜用于钢筋直径16mm以下
绑扎搭接	不宜用于当受拉钢筋直径25mm以上 不宜用于当受压钢筋直径28mm以上 不能承受动力荷载

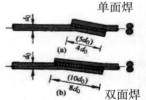

搭接焊　　直螺纹套筒连接（机械连接）

图1A413040-2　钢筋连接方法图

注：在施工现场，应按国家现行标准抽取钢筋机械连接接头、焊接接头试件作力学性能检验，其质量应符合规定。

（2）接头数量

钢筋接头位置宜设置在受力较小处。同一纵向受力钢筋不宜设置两个或两个以上接头。

（3）接头位置

①接头末端至钢筋弯起点的距离不应小于钢筋直径的10倍；

②每层柱第一个钢筋接头位置距楼地面

高度不宜小于500mm、柱高的1/6及柱截面长边（或直径）中的较大值；

③连续梁、板的上部钢筋接头位置宜设置在跨中1/3跨度范围内，下部钢筋接头位置宜设置在梁端1/3跨度范围内。

（4）接头百分率

绑扎搭接接头中钢筋的横向净距不应小于钢筋直径，且不应小于25mm。钢筋绑扎搭接接头连接区段的长度为$1.3L_0$（如图1A413040-3所示）（L_0为搭接长度），凡搭接接头中点位于该连接区段长度内的搭接接头均属于同一连接区段。

①对梁类、板类及墙类构件，不宜大于25%。

②对柱类构件，不宜大于50%。

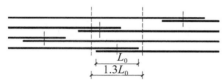

图1A413040-3　钢筋搭接百分率

【经典例题】5.关于钢筋接头位置设置的说法，不正确的有（　　　）。

A.受力较小处

B.同一纵向受力钢筋不宜设置两个或两个以上接头

C.接头末端至钢筋弯起点的距离不应小于钢筋直径的10倍

D.施工现场抽取钢筋机械连接接头，作化学性能检验

【答案】D

【嗨·解析】施工现场应对钢筋机械连接接头及焊接接头作力学性能检验。

5.钢筋加工

钢筋加工包括调直、除锈、下料切断、接长、弯曲成型等。

（1）冷拉调直要求

钢筋宜采用无延伸功能的机械设备进行调直。也可采用冷拉方法调直。当采用冷拉调直时，HPB300光圆钢筋的冷拉率不宜大于4%；HRB335、HRB400、HRB500、HRBF335、HRBF400、HRBF500及RRB400带肋钢筋的冷拉率不宜大于1%。

（2）钢筋除锈方法

可采用机械除锈机除锈、喷砂除锈、酸洗除锈和手工除锈等。

（3）弯折要求

钢筋弯折应一次完成，不得反复弯折。

【经典例题】6.（2015年一级真题）关于钢筋加工的说法，正确的是（　　　）。

A.钢筋冷拉调直时，不能同时进行除锈

B.HRB级钢筋采用冷拉调直时，伸长率允许最大值为4%

C.钢筋的切断口可以有马蹄形现象

D.钢筋的加工宜在常温下进行，加工过程不应加热钢筋

【答案】D

【嗨·解析】A选项钢筋冷拉调直时可以同时除锈，B选项HRB级钢筋采用冷拉调直时，伸长率允许最大值为1%，C选项钢筋的切断口不可以有马蹄形现象。

6.钢筋安装

钢筋安装是工人把下好料的钢筋按照图纸的要求进行组装，对于梁、板、柱、墙的钢筋安装重点掌握梁板的安装要点。

（1）柱钢筋的绑扎

①柱钢筋的绑扎应在柱模板安装前进行；

②每层柱第一个钢筋接头位置距楼地面高度不宜小于500mm、柱高的1／6及柱截面长边（或直径）中的较大值。

（2）梁、板钢筋绑扎

①应注意板上部的负筋，要防止被踩下；特别是雨篷、挑檐、阳台等悬臂板，要严格控制负筋位置，以免拆模后断裂；

②板、次梁与主梁交叉处，板的钢筋在

上，次梁的钢筋居中，主梁的钢筋在下；当有圈梁或垫梁时，主梁的钢筋在上；

③框架节点处钢筋穿插十分稠密时，应特别注意梁顶面主筋间的净距要有30mm，以利浇筑混凝土。

【经典例题】7.框架结构的主梁、次梁与板交叉处，其上部钢筋从上往下的顺序是（　　）。

A.板、主梁、次梁　　B.板、次梁、主梁

C.次梁、板、主梁　　D.主梁、次梁、板

【答案】B

（三）混凝土工程

混凝土工程施工中目前采用的多是商品混凝土，由供应公司直接提供，并负责运输到施工现场。因此混凝土工程的工序控制重点主要集中在浇筑、施工缝控制、后浇带处理及养护等环节。

1.泵送混凝土配合比设计

（1）泵送混凝土的入泵坍落度不宜低于100mm。

（2）宜选用硅酸盐水泥、普通水泥、矿渣水泥和粉煤灰水泥。

（3）粗骨料针片状颗粒不宜大于10%，粒径与管径之比≤1∶3～4。

（4）用水量与胶（凝材）料总量之比不宜大于0.6。

（5）泵送混凝土的胶凝材料总量不宜小于300kg/m³。

（6）泵送混凝土宜掺用适量粉煤灰或其他活性矿物掺合料，掺粉煤灰的泵送混凝土配合比设计，必须经过试配确定，并应符合相关规范要求。

（7）泵送混凝土掺加的外加剂品种和掺量宜由试验确定，不得随意使用；当掺用引气型外加剂时，其含气量不宜大于4%。

2.混凝土浇筑的控制要点

（1）在浇筑竖向结构混凝土前，应先在底部填以不大于30mm厚与混凝土内砂浆成分

相同的水泥砂浆；浇筑过程中混凝土不得发生离析现象。

（2）柱、墙模板内的混凝土浇筑时，为保证混凝土不产生离析，其自由倾落高度应符合如下规定：

①粗骨料料径大于25mm时，不宜超过3m。

②粗骨料料径小于25mm时，不宜超过6m。

当不能满足时，应加设串筒、溜管、溜槽等装置。

（3）在浇筑与柱和墙连成整体的梁和板时，应在柱和墙浇筑完毕后停歇1～1.5h，再继续浇筑。

（4）梁和板宜同时浇筑混凝土，有主次梁的楼板宜顺着次梁方向浇筑，单向板宜沿着板的长边方向浇筑；拱和高度大于1m时的梁等结构，可单独浇筑混凝土。

3.施工缝

（1）概念：施工缝指的是在混凝土浇筑过程中，因设计要求或施工需要分段浇筑，而在先、后浇的混凝土之间所形成的接缝。施工缝并不是一种真实存在的"缝"，它只是因先浇筑混凝土超过初凝时间，而与后浇筑的混凝土之间存在一个结合面。

（2）施工缝的位置

施工缝的位置一般在混凝土浇筑之前确定，并宜留置在结构受剪力较小且便于施工的部位。

规范规定的施工缝留置位置应满足下列规定：

柱、墙水平施工缝可留设在基础（如图1A413040-4所示）、楼层结构顶面，柱施工缝与结构上表面的距离宜为0～100mm，墙施工缝与结构上表面的距离宜为0～300mm。

有主次梁的楼板垂直施工缝应留设在次梁跨度中间的1/3范围内。

单向板施工缝应留设在平行于板短边的任何位置。

施工缝留在基础顶面

图1A413040-4　基础柱施工缝

（3）在施工缝处继续浇筑混凝土时，应符合下列规定：

①已浇筑的混凝土，其抗压强度不应小于1.2N/mm²。

②在已硬化的混凝土表面上，应清除水泥薄膜和松动石子以及软弱混凝土层，并加以充分湿润和冲洗干净，且不得积水。

③在浇筑混凝土前，宜先在施工缝处刷一层水泥浆（可掺适量界面剂）或与混凝土内成分相同的水泥砂浆。

混凝土应细致捣实，使新旧混凝土紧密结合。

【经典例题】8.关于混凝土施工缝留置位置的做法，正确的有（　　　）。

A.柱的施工缝可任意留置

B.墙的施工缝留置在门洞口过梁跨中1/3范围内

C.单向板留置在平行于板的短边的位置

D.有主次梁的楼板施工缝留置在主梁跨中范围内

E.施工缝宜留置在剪力较小处

【答案】BCE

【嗨·解析】柱水平施工缝可留设在基础、楼层结构顶面，而不是任意位置。有主次梁的楼板施工缝应留置在次梁跨度中间的1／3范围内。

【经典例题】9.（2016年二级真题）有抗震要求的钢筋混凝土框架结构，其楼梯的施工缝宜留置在（　　　）。

A.任意部位

B.梯段板跨度中部的1/3范围内

C.梯段与休息平台板的连接处

D.梯段板跨度端部的1/3范围内

【答案】D

【嗨·解析】

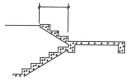

根据混凝土施工技术规范，楼梯的施工缝应留置梯段板跨度端部的1/3范围内（见上图），一般向上留三个踏步，意在同时考虑受力和施工方便。

4.后浇带的设置和处理

后浇带是在现浇钢筋混凝土结构施工过程中，为克服由于温度、收缩等原因导致有害裂缝而设置的临时施工缝，如图1A413040-5所示。

图1A413040-5　后浇带

对于基础后浇带的要求：

（1）高层建筑筏形基础和箱形基础长度超过40m时，宜设置贯通的后浇施工缝（后浇带），宽度不宜小于80cm。

（2）在后浇施工缝处，钢筋必须贯通。

（3）后浇带模板应单独设置。

（4）后浇带的填充应根据设计要求留设，并在主体结构保留一段时间（一般至少保留28d）后再浇筑，填充后浇带，可采用微膨胀混凝土、强度提高一级，并保持至少14d的湿润养护。后浇带接缝处按施工缝的要求处理。

5.混凝土的养护

（1）分类：混凝土的养护方法有自然养护和加热养护两大类。现场施工一般为自然养护。自然养护又可分覆盖浇水养护、薄膜布养护和养生液养护等。

（2）养护起点应在混凝土终凝前（通常为混凝土浇筑完毕后8～12h内），开始进行自然养护。但防水混凝土一般在终凝后开始养护。

6.冬期施工

工程在低温季节（日平均气温连续5天低于5℃）需要采取防冻保暖措施。

（1）冬期施工混凝土搅拌时间应比常温搅拌时间延长30～60s。

（2）混凝土拌合物的出机温度不宜低于10℃，入模温度不应低于5℃。

（3）混凝土分层浇筑时，分层厚度不应小于400mm。

（4）受冻临界强度的相关规定：

①当采用蓄热法、暖棚法、加热法施工时，采用硅酸盐水泥、普通硅酸盐水泥配制的混凝土，不应低于设计混凝土强度等级值的30%。

②采用矿渣硅酸盐水泥、粉煤灰硅酸盐水泥、火山灰质硅酸盐水泥、复合硅酸盐水泥配制的混凝土时，不应低于设计混凝土强度等级值的40%。

③强度等级等于或高于C50的混凝土，不宜低于设计混凝土强度等级值的30%。

（5）冬期施工混凝土强度试件的留置除应符合现行国家标准《混凝土结构工程施工质量验收规范》GB 50204的有关规定外，尚应增设与结构同条件养护试件，养护试件不应少于2组。同条件养护试件应在解冻后进行试验。

【经典例题】10.（2015年一级真题）冬期浇筑的没有抗冻耐久性要求的C50混凝土，其受冻临界强度不宜低于设计强度等级的（　　）。

A.20%　　B.30%　　C.40%　　D.50%

【答案】B

7.高温施工

为了防止高温施工过程中混凝土开裂，要采取以下措施：

（1）高温施工混凝土配合比设计应根据环境温度、湿度、风力和采取温控措施的实际情况，对混凝土配合比进行调整。

（2）高温施工混凝土宜采用低水泥用量的原则，并可采用粉煤灰取代部分水泥。

（3）对混凝土输送管应进行遮阳覆盖，并应洒水降温。混凝土浇筑入模温度不应高于35℃。

（4）侧模拆除前宜采用带模湿润养护。

🔊 嗨·点评　带模养护是模板可以防止水分过快蒸发。

8.雨期施工

雨期施工期间，对水泥和矿物掺合料应采取防水和防潮措施，并应对粗、细骨料含水率实时监测，及时调整混凝土配合比。

【经典例题】11.（2016年二级真题）露天料场的搅拌站在雨后拌制混凝土时，应对配合比中原材料重量进行调整的有（　　）。

A.水　　　　　　　B.水泥

C.石子　　　　　　D.砂子

E.粉煤灰

【答案】ACD

【嗨·解析】混凝土配比中的水是指自由水与骨料中水的总和，因此原材料中骨料调整就会引起水调整。

二、砌体结构施工技术

（一）砌筑砂浆

1.原材料的技术要求见表1A413040-4。

原材料的技术要求　表1A413040-4

砂浆原材料	技术要求
水泥	水泥进场使用前应有出厂合格证和复试合格报告。 M15及以下强度等级的砌筑砂浆宜选用32.5级的通用硅酸盐水泥或砌筑水泥。 M15以上强度等级的砌筑砂浆宜选用42.5级普通硅酸盐水泥
砂	宜用中砂，其中毛石砌体宜用粗砂
水	宜采用可饮用水

2.砂浆配合比见表1A413040-5。

砂浆配合比　表1A413040-5

砂浆技术要求	技术要求
稠度（流动性）	砂浆的稠度不同于生活中稠度的概念，砂浆稠度越大砂浆越稀 稠度大的砂浆用于粗糙多孔且吸水较大的块料或在干热条件下砌筑
分层度	砌筑砂浆的分层度不得大于30mm，确保砂浆具有良好的保水性
强度	由边长为7.07cm的正方体试件，经过28d标准养护，测得一组三块的抗压强度值来评定。 砂浆试块应在卸料过程中的中间部位随机取样，现场制作，同盘砂浆只应制作一组试块。 各种类型及强度等级的砌筑砂浆每一检验批不超过250m³，每台搅拌机应至少抽验一次

3.砂浆的拌制及使用

砂浆的拌制及使用要求应符合下列要求见表1A413040-6。

砂浆的拌制及使用要求　表1A413040-6

	搅拌时间	使用时长	气温30℃以上
水泥/混合砂浆	≥2min	≤3h	≤2h
粉煤灰/外加剂砂浆	≥3min		

注：各组分材料应采用重量计量。

【经典例题】12.（2016年一级真题）关于砌筑砂浆的说法，正确的有（　　）。

A.砂浆应采用机械搅拌

B.水泥粉煤灰砂浆搅拌时间不得小于3min

C.留置试块为边长7.07cm的正方体

D.同盘砂浆应留置两组试件

E.六个试件为一组

【答案】ABC

【嗨·解析】同盘砂浆只应制作一组试块，所以D选项错误。试件应该是一组3个，所以E错误。

（二）砖砌体工程

烧结普通砖砌体的施工技术要点

（1）含水率控制要求（表1A413040-7）

含水率控制要求　表1A413040-7

	烧结砖	普通混凝土小砌块	轻骨料混凝土小砌块	蒸压加气混凝土砌块
含水率	60%~70%	不浇水	40%~50%	宜小于30%

（2）砌筑方法及相关要求

砌筑方法有"三一"砌筑法、挤浆法（铺浆法）、刮浆法和满口灰法四种。

通常宜采用"三一"砌筑法，即一铲灰、一块砖、一揉压的砌筑方法。

当采用铺浆法砌筑时，铺浆长度不得超过750mm，施工期间气温超过30℃时，铺浆长度不得超过500mm。

【经典例题】13.（2014年一级真题）砖砌体"三一"砌筑法的具体含义是指（　　）。

A.一个人　　　　　B.一铲灰

C.一块砖　　　　　D.一挤揉

E.一勾缝

【答案】BCD

（3）砌筑形式

砖墙砌筑形式通常情况下宜采用一顺一丁、梅花丁、三顺一丁方式组砌如图1A413040-6所示。

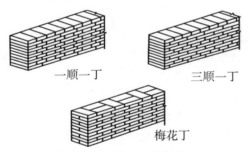

图1A413040-6　砌筑形式

（4）砂浆灰缝及饱满的要求

烧结砖墙灰缝宽度宜为10mm，且在8~12mm范围内。水平灰缝砂浆饱满度≥80%；垂直灰缝不得出现透明缝、瞎缝和假缝，不得用水冲浆灌缝。

（5）临时施工洞口的设置要求

临时施工洞口侧边离交接处墙面不应小于500mm，洞口净宽不应超过1m。临时施工洞口应做好补砌。

（6）墙身设置脚手眼的规定（图1A413040-7）

①120mm厚墙、清水墙、料石墙、独立柱和附墙柱。

②过梁上与过梁成60°角的三角形范围及过梁净跨度$\frac{1}{2}$的高度范围内。

③宽度小于1m的窗间墙。

④砌体门窗洞口两侧200mm和转角处450mm范围内。

⑤梁或梁垫下及其左右500mm范围内。

⑥设计不允许设置脚手眼的部位。

注：施工脚手眼补砌时，应清理干净脚手眼，灰缝应填满砂浆，不得用干砖填塞。

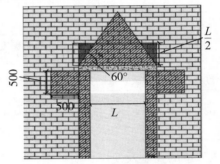

图1A413040-7　脚手眼留置位置

🔊 嗨·点评　墙体部位中留设脚手眼的目的是搭设横向水平杆，所以这个问题在第二章的安全部分还会重复，总的思路是哪些地方不能承受大的竖向集中力。

【经典例题】14.（2014年一级真题）当设计无要求时，在240mm厚的实心砌体上留设脚手眼的做法，正确的是（　　）。

A.过梁上一皮砖处

B.宽度为800mm的窗间墙上

C.距转角550mm处

D.梁垫下一皮砖处

【答案】C

（7）留槎及其构造（如图1A413040-8所示）

①直槎：对抗震设防烈度6度、7度地区留直槎处应加设拉结钢筋，240mm厚墙放置2φ6拉结钢筋，高度方向上不应超过500mm，

埋入长度从留槎处算起每边1000mm，末端应有90°弯钩；

②斜槎：斜槎长度不应小于高度的2/3，多孔砖砌体的斜槎长高比不应小于1/2。斜槎高度不得超过一步脚手架的高度。

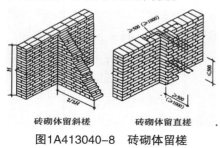

图1A413040-8　砖砌体留槎

马牙槎：设有钢筋混凝土构造柱的抗震多层砖房，应先绑扎钢筋，而后砌砖墙，最后浇筑混凝土。墙与柱应沿高度方向每500mm设2φ6钢筋（一砖墙），每边伸入墙内不应少于1m；每一马牙槎沿高度方向的尺寸不超过300mm，马牙槎从每层柱脚开始，应先退后进。

（8）砌筑高度的规定

①相邻工作段砌筑高度差不超过一层楼，也不大于4m；

②砌砖每天高度不超过1.5m。

（9）烧结空心砖的相关规定

①空心砖墙的转角处及交接处应同时砌筑，不得留直槎；留斜槎时，其高度不宜大于1.2m。

②空心砖墙砌筑不得留槎，中途停歇时，应将墙顶砌平。

③外墙采用空心砖砌筑时，应采取防雨水渗漏措施。

【经典例题】15.（2015年真题）关于砖砌体施工要点的说法，正确的是（　　　）。

A.半盲孔多孔砖的封底面应朝下砌筑

B.多孔砖的孔洞应垂直于受压面砌筑

C.马牙槎从每层柱脚开始应先进后退

D.多孔砖应饱和吸水后进行砌筑

【答案】B

【嗨·解析】从施工图（见下图）中可以看出多孔砖的孔洞应垂直于受压面砌筑。

🔊 嗨·点评　这个选择题是简单地与书本或者与现场密切关联的内容。

（三）混凝土小型空心砌块砌体工程

混凝土小型空心砌块砌筑的相关技术要求：

（1）混凝土小型空心砌块分普通混凝土小型空心砌块和轻骨料混凝土小型空心砌块两种。

（2）多排孔小砌块的搭接长度可适当调整，但不宜小于小砌块长度的1/3，且不应小于90mm。

（3）砌筑应从转角或定位处开始。内外墙同时砌筑，纵横交错搭接。

（4）小砌块施工应对孔错缝搭砌，灰缝应横平竖直，宽度宜为8～12mm。砌体水平灰缝和竖向灰缝的砂浆饱满度，按净面积计算不得低于90%，不得出现瞎缝、透明缝等。

【经典例题】16.（2016年二级真题）关于普通混凝土小型空心砌块的说法，正确的是（　　　）。

A.施工时先灌水湿透

B.生产时的底面朝下正砌

C.生产时的底面朝上反砌

D.出场龄期14d即可砌筑

【答案】C

【嗨·解析】砌块反砌是因为砌块生产时底部比上部平，反砌有利于保证砂浆的饱满度及灰缝的尺寸。

（四）填充墙砌体工程

1.框架结构墙体的填充墙，起围护和分隔作用，重量由梁柱承担，填充墙不承重。这类墙体采用烧结空心砖、蒸压加气混凝土砌块、轻骨料混凝土小型空心砌块等轻体材料。

2.填充墙砌筑的技术要求

（1）砌块龄期不应小于28d，蒸压加气混凝土砌块的含水率宜小于30%。

（2）进场后应按品种、规格堆放整齐，堆置高度不宜超过2m。蒸压加气混凝土砌块在运输及堆放中应防止雨淋。

（3）轻骨料混凝土砌块和蒸压加气混凝土砌块，不得用于下列部位：

①建筑物防潮层以下部位。

②长期浸水或化学环境侵蚀环境。

③长期处于有振动源环境的墙体。

④砌块表面经常处于80℃以上的高温环境。

（4）厨房、卫生间、浴室等处采用砌块砌筑墙体时，墙底部宜现浇混凝土坎台，其高度宜为150mm，如图1A413040-9所示。

图1A413040-9　混凝土坎台

（5）砌筑填充墙时应错缝搭砌，蒸压加气混凝土砌块搭砌长度不应小于砌块长度的1/3。轻骨料混凝土小型空心砌块搭砌长度不应小于90mm。竖向通缝不应大于2皮砌块。

🔊 **嗨·点评** 现行国家标准《建筑地面工程施工质量验收规范》GB 50209中对于坎台的描述叫做翻边，高度为200mm，对于同一规定有冲突，建造师的考试砍台应按150mm高计算。

【经典例题】17.（2016年一级真题）

【背景资料】填充墙砌体采用单排孔轻骨料混凝土小砌块，专用小砌块砂浆砌筑，现场检查中发现进场的小砌块产品期达到21d后，即开始浇水湿润，待小砌块表面现浮水后，开始砌筑施工，砌筑时将小砌块的底面朝上反砌于墙上，小砌块的搭接长度为块体长度的1/3，砌体的砂浆饱满度要求为：水平灰缝90%以上，竖向灰缝85%以上；墙体每天砌筑高度为1.5m，填充墙砌筑7d后进行顶砌施工，为施工方便，在部分墙体上留置了净宽度为1.2m的临时施工洞口，监理工程师要求对错误之处进行整改。

【问题】针对背景资料中填充墙砌体施工的不妥之处，写出相应的正确做法。

【答案】不妥一的正确做法：进场小砌块龄期不应小于28d。

不妥二的正确做法：小砌块不需浇水湿润，如遇天气干燥可适当喷水湿润。

不妥三的正确做法：单排孔小砌块的搭接长度应为块体长度的1/2。

不妥四的正确做法：竖向灰缝的砂浆饱满度不得低于90%。

不妥五的正确做法：填充墙梁口下最后3皮砖应在下部墙砌完14d后砌筑。

不妥六的正确做法：临时施工洞口净宽度不应超过1m。

三、钢结构施工技术

钢结构的连接方法：焊接、普通螺栓连接、高强度螺栓连接和铆接。

（一）焊接

1.焊接方法的分类如图1A413040-10所示。

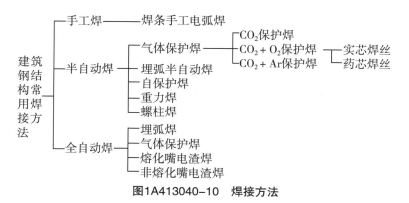

图1A413040-10　焊接方法

2.可焊性的技术要求：焊条手工电弧焊钢材碳当量越小，淬硬性越小，可焊性越好。

3.根据将熔化焊接头分为：对接接头、角接接头、T形及十字接头、搭接接头和塞焊接头等（接头形式如图1A413040-11所示）。

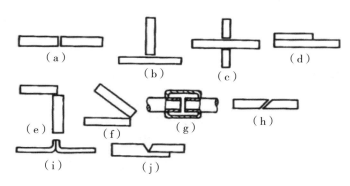

图1A413040-11　焊接接头

（a）对接接头；（b）T形接头；（c）十字接头；（d）搭接接头；（e）角接接头；（f）端接接头；（g）套管接头；（h）斜对接接头；（i）卷边接头；（j）锁底接头

4.焊工要求

（1）焊工（特殊工种）应经考试合格并取得资格证书，应在认可的范围内进行焊接作业，严禁无证上岗。

（2）焊接工艺评定试验要求：施工单位首次采用的钢材、焊接材料、焊接方法、接头形式、焊接位置、焊后热处理等各种参数及参数的组合，应在钢结构制作及安装前进行。

5.焊缝缺陷（见表1A413040-8）及原因分析

焊接缺陷原因分析　表1A413040-8

焊缝缺陷	缺陷分类	原因分析
裂纹	热裂纹	原因是母材抗裂性能差、焊接材料质量不好、焊接工艺参数选择不当、焊接内应力过大等;
	冷裂纹	主要原因是焊接结构设计不合理、焊缝布置不当、焊接工艺措施不合理,如焊前未预热、焊后冷却快等
孔穴	气孔	主要原因是焊条药皮损坏严重、焊条和焊剂未烘烤、母材有油污或锈和氧化物、焊接电流过小、弧长过长、焊接速度太快等
	弧坑缩孔	主要原因是焊接电流太大且焊接速度太快、熄弧太快,未反复向熄弧处补充填充金属等
固体夹杂	夹渣	主要原因是焊接材料质量不好、焊接电流太小、焊接速度太快、熔渣密度太大、阻碍熔渣上浮、多层焊时熔渣未清除干净等
	夹钨	主要原因是氩弧焊时钨极与熔池金属接触
未熔合和未焊透		主要原因是焊接电流太小、焊接速度太快、坡口角度间隙太小、操作技术不佳等
形状缺陷	咬边	主要原因是焊接工艺参数选择不当,如电流过大、电弧过长等
	焊瘤	主要原因是焊接工艺参数选择不正确、操作技术不佳、焊件位置安放不当
	其他缺陷	主要有电弧擦伤、飞溅、表面撕裂等

(二)螺栓连接

钢结构中使用的连接螺栓一般分为普通螺栓和高强度螺栓两种。

普通螺栓与高强螺栓的相关技术对比见表1A413040-9。

普通螺栓与高强螺栓的相关技术对比　表1A413040-9

技术项目	普通螺栓	高强螺栓
分类	有六角螺栓、双头螺栓和地脚螺栓等	摩擦连接、张拉连接和承压连接等
扩孔要求	严禁气割扩孔	严禁气割扩孔,扩孔数量应征得设计同意,修整后或扩孔后的孔径不应超过1.2倍螺栓直径
拆下可重复使用	是	否
紧固检验	螺栓拧紧后,外露丝扣不应少于2扣	高强度螺栓长度应以螺栓连接副终拧后外露2~3扣丝为标准计算,应在构件安装精度调整后进行拧紧
螺母与垫圈	每个螺栓头侧放置的垫圈不应多于两个,螺母侧垫圈不应多于1个,并不得采用大螺母代替垫圈	高强度大六角头螺栓连接副由一个螺栓、一个螺母和两个垫圈组成,扭剪型高强度螺栓连接副由一个螺栓、一个螺母和一个垫圈组成
紧固顺序及时限	螺栓的紧固次序应从中间开始,对称向两边进行。螺栓的紧固施工以操作者的手感及连接接头的外形控制为准,对大型接头应采用复拧,即两次紧固方法	同一接头中,高强度螺栓连接副的初拧、复拧、终拧应在24h内完成。高强度螺栓连接副初拧、复拧和终拧原则上应以接头刚度较大的部位向约束较小的方向、螺栓群中央向四周的顺序进行
复验要求	无	摩擦型需要复验抗滑移系数

（三）钢结构的涂装

钢结构涂装的相关技术要求

1.涂料的分类及顺序：钢结构涂装工程通常分为防腐涂料（油漆类）涂装和防火涂料涂装两类，施工要求是先刷防腐后刷防火涂料。

2.防腐涂料和防火涂料的涂装油漆工属于特殊工种。施涂时，操作者必须有特殊工种作业操作证。

【经典例题】18.（2016年一级真题）下列钢结构防火涂料类别中，不属于按使用厚度进行分类的是（　　　）类。

A.B　　　　B.CB　　　　C.H　　　　D.N

【答案】D

（四）钢结构单层厂房安装

安装厂房具体的要求：

1.对于柱子、柱间支撑和吊车梁一般采用单件流水法吊装，即一次性将柱子安装并校正后再安装柱间支撑、吊车梁等。

2.钢柱安装，一般钢柱的刚性较好，吊装时通常采用一点起吊。

3.屋盖系统安装吊点必须选择在上弦节点处。

4.高层建筑柱子定位轴线每节都从地面控制线上引。为了防止误差积累柱子每节都从地面控制线上引。

（五）压型金属板安装

压型钢板按图纸放线安装、调直、压实并点焊牢靠，要求如下：

1.波纹对直，以便钢筋在波内通过。

2.与梁搭接在凹槽处，以便施焊。

3.每凹槽处必须焊接牢靠，每凹槽焊点不得少于一处，焊接点直径不得小于1cm。

四、混凝土预应力工程施工技术

1.预应力混凝土的分类

按预加应力的方式可分为先张法预应力混凝土和后张法预应力混凝土。

（1）先张法特点是：先张拉预应力筋后，再浇筑混凝土；预应力是靠预应力筋与混凝土之间的黏结力传递给混凝土，并使其产生预压应力；

（2）后张法特点是：先浇筑混凝土，达到一定强度后，再在其上张拉预应力筋；预应力是靠锚具传递给混凝土，并使其产生预压应力。

2.预应力筋

按材料可分为：钢丝、钢绞线、钢筋、非金属预应力筋等。金属类预应力筋下料应采用砂轮锯或切断机切断，不得采用电弧切割。

3.预应力筋用锚具、夹具和连接器按锚固方式不同，可分为：

夹片式（单孔与多孔夹片锚具）支撑式（墩头锚具、螺母锚具等）锥塞式（钢质锥形锚具等）握裹式（挤压锚具、压花锚具等）四类。

4.预应力损失

（1）张拉阶段瞬间损失：包括孔道摩擦损失、锚固损失、弹性压缩损失等。

（2）张拉以后长期损失：包括预应力筋应力松弛损失和混凝土收缩徐变损失等。

5.后张法预应力（有粘结）施工

（1）预应力筋张拉时，混凝土强度必须符合设计要求；当设计无具体要求时，不低于设计的混凝土立方体抗压强度标准值的75%。

（2）对后张法预应力结构构件，断裂或滑脱的预应力筋数量严禁超过同一截面预应力筋总数的3%，且每束钢丝不得超过一根。

（3）预应力筋张拉完毕后应及时进行孔道灌浆。宜用52.5级硅酸盐水泥或普通硅酸盐水泥调制的水泥浆，水灰比不应大于0.45，强度不应小于30N/mm²。

6.无粘结预应力施工

（1）无粘结预应力筋的张拉应严格按设计要求进行。通常，在预应力混凝土楼盖中的张拉顺序是先张拉楼板、后张拉楼面梁。

板中的无粘结筋可依次张拉，梁中的无粘结筋可对称张拉。

（2）当曲线无粘结预应力筋长度超过35m时，宜采用两端张拉。当长度超过70m时，宜采用分段张拉。

【经典例题】19.采用先张法生产预应力混凝土构件，放张时，混凝土的强度一般不低于设计强度标准值的（　　）。

A.50%　　　　　　　B.70%
C.75%　　　　　　　D.80%

【答案】C

【嗨·解析】这里有两个75%，结合后面安全部分还提到了混凝土预制构件强度至少到75%才能运输，这三个75%从机理来讲都是一样的。

【经典例题】20.（2016年一级真题）无黏结预应力施工包含的工序有（　　）。

A.预应力筋下料

B.预留孔道

C.预应力筋张拉

D.孔道灌浆

E.锚头处理

【答案】ACE

🔊 嗨·点评　此题接近现场知识，无粘结预应力施工是采用成品预应力筋，成品预应力筋是直接浇筑在混凝土中，不需要预留孔道及后期灌浆。

五、钢-混凝土组合结构施工技术

（一）型钢混凝土组合结构的特点与应用

1.型钢混凝土组合结构的混凝土强度等级不宜小于C30。

2.型钢混凝土组合结构具有下述优点：

①减小构件截面。

②缩短工期。

③有良好的抗震性能及耐久性。

④耐久性和耐火性。

【经典例题】21.（2015年真题）关于型钢混凝土组合结构特点的说法，错误的是（　　）。

A.抗震性能好

B.型钢不受含钢率的限制

C.构件截面大

D.承载能力高

【答案】C

（二）型钢混凝土结构施工

型钢混凝土结构施工应满足的技术要求：

1.安装柱的型钢骨架时，先在上下型钢骨架连接处进行临时连接，纠正垂直偏差后再进行焊接或高强度螺栓固定，然后在梁的型钢骨架安装后，再次观测和纠正因荷载增加、焊接收缩或螺栓松紧不一而产生的垂直偏差。

2.焊缝质量应满足一级焊缝质量等级要求。

3.模板与混凝土浇筑要求：

（1）型钢混凝土结构与普通钢筋混凝土结构的区别在于型钢混凝土结构中有型钢骨架，在混凝土未硬化之前，型钢骨架可作为钢结构来承受荷载，为此，施工中可利用型钢骨架来承受混凝土的重量和施工荷载，为降低模板费用和加快施工创造了条件。

（2）型钢混凝土结构外包的混凝土外壳（混凝土保护层厚度），要满足受力和耐火双重要求。

六、网架结构施工技术

网架结构是由多根杆件按照一定的网格形式通过节点连接而成的空间结构。构成网架的基本单元有三角锥、三棱体、正方体、截头四角锥等。

1.网架的优缺点

优点：具有空间受力、重量轻、刚度大、抗震性能好、外形美观；

缺点：汇交于节点上的杆件数量较多，制作安装较平面结构复杂。

2.网架的节点形式

（1）焊接空心球节点。

（2）螺栓球节点。

（3）板节点、毂节点、相贯节点等。

3.网架的安装方法及适用范围见表1A413040-10。

网架的安装条件及适用范围　表1A413040-10

安装方法	适用条件
高空散装法	适用于全支架拼装的网格空间结构，尤其适用于螺栓连接、销轴连接等非焊接连接的结构
分条或分块安装法	适用于分割后刚度和受力状况改变较小的网架，分条或分块的大小应根据起重能力而定
滑移法	适用于能设置平行滑轨的各种空间网格结构，尤其适用于必须跨越施工（不允许搭设支架）或场地狭窄、起重运输不便等情况
整体吊装法	适用于中小型网架，吊装时可在高空平移或旋转就位
整体提升法	适用于各种类型的网架，结构在地面整体拼装完毕后用提升设备提升至设计标高、就位
整体顶升法	适用于支点较少的多点支承网架

4.采用吊装或提升、顶升的安装方法时，其吊点的位置和数量的选择，应考虑下列因素：

（1）宜与网架结构使用时的受力状况相接近。

（2）吊点的最大反力不应大于起重设备的负荷能力。

（3）各起重设备的负荷宜接近。

5.各种方法的安装要点：

（1）高空散装法要根据测量控制网对基础轴线、标高或柱顶轴线、标高进行技术复核。

（2）高空滑移法：

①高空滑移法可用于建筑平面为矩形、梯形或多边形等平面；

②支承情况可为周边简支或点支承与周边支承相结合等情况；

③当建筑平面为矩形时滑轨可设在两边圈梁上，实行两点牵引；

④当跨度较大时，可在中间增设滑轨，实行三点或四点牵引，这时网架不会因分条后加大网架挠度，或者当跨度较大时，也可采取加反梁办法解决；

⑤高空滑移法适用于现场狭窄、山区等地区施工；也适用于跨越施工；如车间屋盖的更换、轧钢、机械等厂房内设备基础、设备与屋面结构平行施工。

1A413050 建筑工程防水工程施工技术

一、地下防水工程施工技术

（一）地下防水工程的一般要求

1.地下工程的防水等级分为四级（等级及具体要求见表1A413050-1）。防水混凝土的环境温度不得高于80℃。

2.地下防水工程施工前，编制防水工程施工方案。

3.施工队伍具备相应资质，施工人员有执业资格证书。

防水等级标准节选　　表1A413050-1

防水等级	标准节选
一级	不允许渗水结构表面无湿渍
二级	不允许漏水结构表面可有少量湿渍
三级	有少量漏水点，不得有线流和漏泥沙
四级	有漏水点，不得有线流和漏泥沙

（二）防水混凝土的材料及施工要求

1.试配要求的抗渗水压值应比设计值提高0.2MPa，即设计图纸要求混凝土抗渗等级采用P6，则在实验室试配时要采用P8做试验。

2.用于防水混凝土的水泥品种宜采用硅酸盐水泥、普通硅酸盐水泥，采用其他品种水泥时应经试验确定。

3.混凝土胶凝材料总量不宜小于320kg/m³，其中水泥用量不宜少于260kg/m³，砂率宜为35%~40%，水胶比不得大于0.50；防水混凝土采用预拌混凝土时，入泵坍落度宜控制在120~160mm。

4.防水混凝土应分层连续浇筑，厚度不得大于500mm。

5.防水混凝土的构造要求：

（1）防水混凝土的抗压强度和抗渗性能必须符合设计要求，防水混凝土的变形缝、施工缝、后浇带、穿墙管道、埋设件等设置和构造必须符合设计要求。

（2）墙体水平施工缝不应留在剪力最大处或底板与侧墙的交接处，应留在高出底板表面不小于300mm的墙体上，如图1A413050-1所示。

（3）地下室外墙穿墙管必须采取止水措施，单独埋设的管道可采用套管式穿墙防水。当管道集中多管时，可采用穿墙群管的防水方法。

（4）防水混凝土养护不应少于14d。

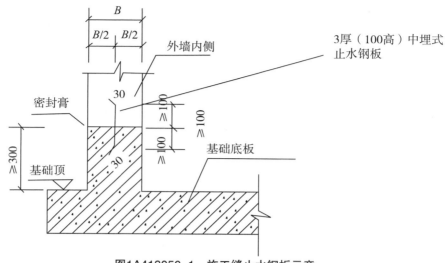

图1A413050-1 施工缝止水钢板示意

6.施工缝的施工应符合如下规定：

（1）水平施工缝浇筑混凝土前，应将其表面浮浆和杂物清除，然后铺设净浆或涂刷混凝土界面处理剂、水泥基渗透结晶型防水涂料等材料，再铺30～50mm厚的1:1水泥砂浆，并应及时浇筑混凝土。

（2）垂直施工缝浇筑混凝土前，应将其表面清理干净，再涂刷混凝土界面处理剂或水泥基渗透结晶型防水涂料，并应及时浇筑混凝土。

（3）遇水膨胀止水条（胶）应与接缝表面密贴；选用的遇水膨胀止水条（胶）应具有缓胀性能，7d的净膨胀率不宜大于最终膨胀率的60%，最终膨胀率宜大于220%。

采用中埋式止水带或预埋式注浆管时，应定位准确、固定牢靠。

（三）水泥砂浆防水层施工

1.部位：可用于结构的迎水面或背水面，不能用于受持续振动或温度高于80℃的地下工程防水。

2.环境：水泥砂浆防水层不得在雨天、五级及以上大风中施工。冬期施工时，气温不应低于5℃。夏季不宜在30℃以上或烈日照

射下施工。

3.养护：水泥砂浆养护温度不宜低于5℃，养护时间不得少于14d。

🔊 **嗨·点评** 关于风力要求总结如下：凡是与安全有关担心出安全事故的，都是要求风力大于等于6级风停止作业，其他都是与质量有关的，如此处的5级风要求，后面幕墙部分提到高层建筑测量风力不超过4级。

【经典例题】 1.（2015年一级真题）关于防水混凝土施工的说法，正确的有（　　）。

A.应连续浇筑，少留施工缝

B.宜采用调频机械分层振捣密实

C.施工缝宜留置在受剪力较大部位

D.养护时间不少于7d

E.冬期施工入模温度不应低于5℃

【答案】 ABE

【嗨·解析】 防水混凝土施工一般采用应连续浇筑，少留施工缝的方法增大防渗漏的可靠性，一般采用调频机械分层振捣密实。C选项施工缝一般宜留在剪力较小处，D选项养护时间不少于14d，E选项施工入模温度要求不低于5℃。

【经典例题】 2.（2014年真题）地下

工程水泥砂浆防水层的养护时间至少应为（　　）。

　　A.7d　　　B.14d　　　C.21d　　　D.28d

【答案】B

（四）地下卷材防水层施工要求

1.用于经常处于地下水环境，且受侵蚀介质作用或受振动作用的地下工程。

2.冷粘法、自粘法施工的环境气温不宜低于5℃，热熔法、焊接法施工的环境气温不宜低于−10℃。

3.卷材防水层应铺设在混凝土结构的迎水面上。

🔊 **嗨·点评** 卷材及涂料等柔性防水材料一般只用于结构的迎水面，因为柔性材料是与结构粘接在一起，若用于背水面则容易因渗水引起脱落。而刚性防水与基层结合的原理不同，因此可用于结构的迎水面或背水面。

4.结构底板垫层混凝土部位的卷材可采用空铺法或点粘法施工，侧墙采用外防外贴法的卷材及顶板部位的卷材应采用满粘法施工。铺贴立面卷材防水层时，应采取防止卷材下滑的措施。

5.采用外防外贴法铺贴卷材防水层时，应符合下列规定：

（1）先铺平面，后铺立面，交接处应交叉搭接；

（2）临时性保护墙宜采用石灰砂浆砌筑，内表面宜做找平层。

🔊 **嗨·点评** 此处为室外地面以下，之所以可以采用石灰砂浆理由是此处并非结构，只是防水的临时性保护。

6.采用外防内贴法铺贴卷材防水层时，应符合下列规定：

（1）混凝土结构的保护墙内表面应抹厚度为20mm的1∶3水泥砂浆找平层，然后铺贴卷材。

（2）卷材宜先铺立面，后铺平面；铺贴立面时，应先铺转角，后铺大面。

（五）涂料防水层施工

1.无机防水涂料用于结构主体的迎水面或背水面，有机防水涂料宜用于迎水面。

2.涂料防水层严禁在雨天、雾天、五级及以上大风时施工，不得在施工环境温度低于5℃及高于35℃或烈日暴晒时施工。

3.采用有机防水涂料时，基层阴阳角处应做成圆弧；在转角处、变形缝、施工缝、穿墙管等部位应增加胎体增强材料和增涂防水涂料，宽度不应小于500mm。胎体增强材料的搭接宽度不应小于100mm，上下两层和相邻两幅胎体的接缝应错开1/3幅宽且上下两层胎体不得相互垂直铺贴。

二、屋面防水工程施工技术

（一）屋面防水等级和设防要求

屋面防水工程应根据建筑物的类别、重要程度、使用功能要求确定防水等级和设防要求。

等级和设防要求应符合表1A413050-2的规定。

等级和设防要求应符合表　表1A413050-2

防水等级	设防要求	建筑类别
Ⅰ级	两道防水设防	重要建筑和高层建筑
Ⅱ级	一道防水设防	一般建筑

（二）屋面防水基本要求

1.屋面防水应以防为主，以排为辅。

（1）混凝土结构层宜采用结构找坡，坡度不应小于3%。

（2）当采用材料找坡时，坡度宜为2%。找坡层最薄处厚度不宜小于20mm。

（3）檐沟、天沟纵向找坡不应小于1%。

2.保温层上的找平层水泥应留设分格缝，缝宽宜为5~20mm，纵横缝的间距不宜大于6m。

3.胎体增强材料长边搭接宽度不应小于50mm，短边搭接宽度不应小于70mm；上下层胎体增强材料不得相互垂直铺设。

（三）卷材防水层屋面施工

1.倒置式防水屋面常规做法流程如图1A413050-2所示。

结构清理及放线→材料找坡→清理验收→找平层（分缝）→结合层施工（沥青油）→附加层施工→验收→防水层施工→保温层施工→面层施工（分缝）。

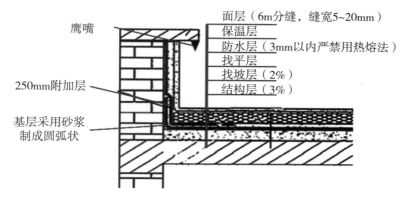

图1A413050-2　倒置式防水屋面常规做法流程

2.卷材防水层铺贴顺序和方向（如图1A413050-3所示）。

（1）卷材防水层施工时，应先进行细部构造处理，然后由屋面最低标高向上铺贴。

（2）檐沟、天沟卷材施工时，宜顺檐沟、天沟方向铺贴，搭接缝应顺流水方向。

（3）卷材宜平行屋脊铺贴，上下层卷材不得相互垂直铺贴。

3.立面或大坡面铺贴卷材时，应采用满粘法，并宜减少卷材短边搭接。

4.卷材搭接缝

（1）平行屋脊的搭接缝应顺流水方向。

（2）同一层相邻两幅卷材短边搭接缝错开不应小于500mm。

（3）上下层卷材长边搭接缝应错开，且不应小于幅宽的1/3。

5.厚度小于3mm的高聚物改性沥青防水卷材，严禁采用热熔法施工。

6.机械固定法铺贴卷材应符合下列规定：

（1）卷材应采用专用固定件与结构层机械连接牢固。

（2）固定件应设置在卷材搭接缝内，外露固定件应用卷材封严。

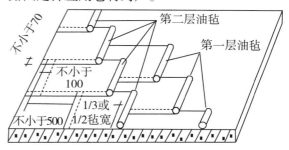

图1A413050-3　卷材防水层铺贴

【经典例题】3.（2015年二级真题）关于卷材防水层搭接缝的做法，正确的有（　　）。

A.平行屋脊的搭接缝顺流水方向搭接

B.上下层卷材接缝对齐

C.留设于天沟侧面

D.留设于天沟底部

E.搭接缝口用密封材料封严

【答案】ACE

【嗨·解析】B选项上下层卷材应错缝搭接，

D选项接缝应留设于天沟侧面（见下图）。

天沟侧面的
水平接缝

（四）涂膜防水层屋面施工

涂膜防水层施工工艺：

（1）水乳型及溶剂型防水涂料宜选用滚涂或喷涂施工。

（2）反应固化型防水涂料宜选用刮涂或喷涂施工。

（3）热熔型防水涂料宜选用刮涂施工。

（4）聚合物水泥防水涂料宜选用刮涂法施工。

（5）所有防水涂料用于细部构造时，宜选用刷涂或喷涂施工。

（五）檐口、檐沟、天沟、水落口等细部的施工

1.屋面檐口：卷材防水屋面檐口800mm范围内的卷材应满粘。

2.檐沟和天沟：檐沟和天沟的防水层下应增设附加层，附加层伸入屋面的宽度不应小于250mm。

3.水落口周围：水落口周围直径500mm范围内坡度不应小于5%，防水层和附加层伸入水落口杯内不应小于50mm，并应粘结牢固。

【经典例题】4.（2016年一级真题）关于屋面卷材防水施工要求的说法，正确的有（　　）。

A.先施工细部，再施工大面

B.平行屋脊搭接缝应顺流方向

C.大坡面铺贴应采用满粘法

D.上下两层卷材垂直铺贴

E.上下两层卷材长边搭接缝错开

【答案】ABCE

三、室内防水工程施工技术

室内防水工程指的是建筑室内厕浴间、厨房、浴室、水池、游泳池等防水工程。

（一）施工流程

防水材料进场复试→技术交底→清理基层→结合层→细部附加层→防水层→试水试验。

（二）防水混凝土施工

1.养护时间不得少于14d。

2.防水混凝土冬期施工时，其入模温度不应低于5℃。

（三）防水水泥砂浆施工

防水砂浆施工环境温度不应低于5℃，养护温度不应低于5℃，养护时间不应小于14d。

（四）涂膜防水层施工

1.施工环境温度：溶剂型涂料宜为0～35℃，水乳型涂料宜为5～35℃。

2.铺贴胎体增强材料时应充分浸透防水涂料，胎体材料长短边搭接不应小于50mm，相邻短边接头应错开不小于500mm。

3.防水层施工完毕验收合格后，应及时做保护层。

（五）卷材防水层施工

1.以粘贴法施工的防水卷材，其与基层应采用满粘法铺贴。

2.防水卷材施工宜先铺立面，后铺平面。

【经典例题】5.（2015年一级真题）室内防水施工过程包括：1.细部附加层；2.防水层；3.结合层；4.清理基层。正确的施工流程是（　　）。

A.1234　　B.4123　　C.4312　　D.4213

【答案】C

【嗨·解析】防水施工的正确做法是首先清理基层，之后做结合层目的是让防水层与结构层更贴合，再次是细部附加层，最后做大面防水。

1A413060 建筑装饰装修工程施工技术

一、抹灰工程施工技术

（一）抹灰工程的作用

抹灰工程主要有两大功能：

一是防护功能，保护墙体不受风、雨、雪的侵蚀，增加墙面防潮、防风化、隔热的能力，提高墙身的耐久性能、热工性能；一般针对外墙。

二是美化功能，改善室内卫生条件，净化空气，美化环境，提高居住舒适度。一般针对内墙。

（二）抹灰工程分类

【经典例题】1.下列抹灰工程的功能中，属于防护功能的有（　　　）。

A.保护墙体不受风雨侵蚀

B.增加墙体防潮、防风化能力

C.提高墙面隔热能力

D.改善室内卫生条件

E.提高居住舒适度

【答案】ABC

【嗨·解析】改善室内卫生条件及提高居住舒适度属于抹灰的美化功能。

（三）材料及施工环境技术要求

1.抹灰用砂浆的技术要求：

（1）水泥：强度等级≥32.5MPa，凝结时间及安定性合格，不同种水泥不得混用。

（2）砂：砂子宜选用中砂。细砂也可以使用，但特细砂不宜使用。

（3）石灰膏：抹灰用的石灰膏的熟化期不应少于15d。

2.抹灰施工环境要求：室内抹灰的环境温度，一般不低于5℃。

（四）施工工艺要求

1.抹灰施工的工艺流程：

基层处理→浇水湿润→抹灰饼→墙面充筋→分层抹灰→设置分格缝→保护成品。

2.抹灰厚度要求：

（1）非常规抹灰的加强措施：当抹灰总厚度大于或等于35mm时，应采取加强措施。

（2）抹灰构造各层厚度宜为5~7mm，抹石灰砂浆和水泥混合砂浆时宜为7~9mm。

（3）内墙普通抹灰层平均总厚度控制在20mm。

3.防裂控制：当采用加强网时，加强网与各基体的搭接宽度不应小于100mm（如图1A413060-1所示）。加强网应绷紧、钉牢。

图1A413060-1　墙体加强网

【经典例题】2.关于抹灰工程的施工做法，正确的有（　　　）。

A.对不同材料基体交接处的加强措施项目进行隐蔽验收

B.抹灰用的石灰膏的熟化期最大不少于7d

C.设计无要求时，室内墙、柱面的阳角用1∶2水泥砂浆做暗护角（见下图）

D.水泥砂浆抹灰层在干燥条件下养护

E.当抹灰总厚度大于35mm时，采取加强网措施

【答案】ACE

【嗨·解析】B选项抹灰用的石灰膏的熟化

期最大应不少于15d，砌筑用抹灰不少于7d。D选项水泥砂浆抹灰层在湿润条件下养护。

二、墙面及轻质隔墙工程施工技术

（一）饰面板（砖）工程

1.饰面板（砖）工程分类

饰面板一般适用于内墙和高度不大于24m、抗震设防烈度不大于7度的外墙。

饰面砖一般适用于内墙和高度不大于100m、抗震设防烈度不大于8度、采用满粘法施工的外墙。

2.施工环境要求

湿作业施工现场环境温度不应低于5℃。

采用有机胶粘剂粘贴时，不宜低于10℃。

3.材料技术要求

（1）饰面板（砖）工程所有材料进场时应对品种、规格、外观和尺寸进行验收。

其中室内花岗石、瓷砖、水泥、外墙陶瓷面砖应进行复验：

①室内用花岗石、瓷砖的放射性。

②粘贴用水泥的凝结时间，安定性和抗压强度。

③外墙陶瓷面砖的吸水率。

④寒冷地面外墙陶瓷砖的抗冻性。

（2）采用湿作业法施工的天然石材饰面板应进行防碱背涂处理。

4.瓷砖饰面施工工艺

（1）工艺流程

基层处理→抹底层砂浆→排砖及弹线→浸砖→镶贴面砖→填缝与清理。

（2）施工工艺

①基层处理：清、润、刷。"凸剔凹补"。

②抹底层砂浆：用水泥砂浆打底，厚度不应大于20mm，超过20mm时应采取加强措施。

③排砖及弹线。

④浸砖：浸泡砖时，将面砖清扫干净，放入净水中浸泡2h以上，取出待表面晾干或擦干净后方可使用。

⑤镶贴面砖：粘贴应自下而上进行。抹3～8mm厚水泥基粘结材料结合层，要刮平，且砂浆要饱满，亏灰时，取下重贴，并随时用靠尺检查平整度，同时保证缝隙宽度一致。

⑥填缝与清理：贴完经自检无空鼓、不平、不直后，用棉纱擦干净。

【经典例题】3.饰面板（砖）材料进场时，现场应验收的项目有（　　　　）。

　A.品种　　　　　　　B.规格

　C.强度　　　　　　　D.尺寸

　E.外观

【答案】ABDE

【嗨·解析】饰面板（砖）材料进场时应进行外观检验，检验的项目不包括强度检验。

（二）裱糊及软包工程施工环境要求

1.新建筑物的混凝土或抹灰基层墙面在刮腻子前应涂刷抗碱封闭底漆。

2.旧墙面在裱糊前应清除疏松的旧装修层，并刷涂界面剂。

3.水泥砂浆找平层已抹完，经干燥后含水率不大于8%，木材基层含水率不大于12%。

（三）轻质隔墙工程

1.轻质隔墙的分类

轻质隔墙主要有（如图1A413060-2所示）：骨架隔墙、板材隔墙、玻璃隔墙。

玻璃隔墙主要为空心玻璃砖。

空心玻璃砖　　　　　　板材隔墙　　　　　　骨架隔墙

图1A413060-2　轻质隔墙

【经典例题】4.（2016年二级真题）下列隔墙类型中，属于轻质隔墙的有（　　）。

A.空心砌块墙　　　　B.板材隔墙

C.骨架隔墙　　　　　D.玻璃隔墙

E.加气混凝土墙

【答案】BCD

【嗨·解析】根据装饰装修工程施工质量验收规范轻质隔墙的分项工程有板材隔墙、骨架隔墙及玻璃隔墙。

2.施工工艺

（1）轻钢龙骨罩面板施工

施工流程如图1A413060-3所示。

弹线→安装天地龙骨→安装竖龙骨→安装通贯龙骨→机电管线安装→安装横撑龙骨→门窗等洞口制作→安装罩面板（一侧）→安装填充材料（岩棉）→安装罩面板（另一侧）

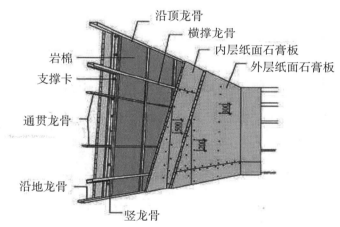

岩棉
支撑卡
通贯龙骨
沿地龙骨
竖龙骨

沿顶龙骨
横撑龙骨
内层纸面石膏板
外层纸面石膏板

图1A413060-3　施工工艺

（2）施工工艺

①弹线：设计有混凝土地枕带时，应先对楼地面基层进行清理，并涂刷界面处理剂一道。浇筑C20素混凝土地枕带，上表面应平整，两侧面应垂直。

②安装天地龙骨：轻钢龙骨与建筑基体表面接触处，应在龙骨接触面的两边各粘贴一根通长的橡胶密封条，或根据设计要求采用密封胶或防火封堵材料。

③安装通贯龙骨（当采用有通贯龙骨的隔墙体系时）通贯横撑龙骨的设置：低于3m的隔断墙安装1道；3~5m高度的隔断墙安装2~3道。

④机电管线安装：按照设计要求，隔墙中设置有电源开关插座、配电箱等小型或轻型设备末端时应预装水平龙骨及加同固定构件。消火栓、挂墙卫生洁具必须由机电安装单位另行安装独立钢支架，严禁消火栓、挂

墙卫生洁具等重量大的末端设备直接安装在轻钢龙骨隔墙上。

⑤安装罩面板（一侧）

a.罩面板安装，宜竖向铺设，其长边（包封边）接缝应落在竖龙骨上。曲面墙体罩面时，罩面板宜横向铺设。

b.自攻螺钉的间距为：沿板周边应不大于200mm；板材中间部分应不大于300mm，双层石膏板内层板钉距板边400mm，板中600mm；自攻螺钉与石膏板边缘的距离应为10～15mm。自攻螺钉进入轻钢龙骨内的长度，以不小于10mm为宜。

c.安装填充材料（岩棉）

当设计有保温或隔声材料时，应按设计要求的材料铺设。铺放墙体内的玻璃棉、矿棉板、岩棉板等填充材料，应固定并避免受潮。安装时尽量与另一侧纸面石膏板同时进行，填充材料应铺满铺平。

⑥安装罩面板（另一侧）

a.装配的板缝与对面的板缝不得布在同一根龙骨上。

b.除踢脚板的墙端缝之外，纸面石膏板墙的丁字或十字相接的阴角缝隙，应使用石膏腻子嵌满并粘贴接缝带（穿孔纸带或玻璃纤维网格胶带）。

c.隔墙两面有多层罩面板时，应交替封板，不可一侧封完再封另一侧，避免单侧受力过大造成龙骨变形。

【经典例题】5.关于轻质隔墙工程的施工做法，正确的是（　　）。

A.当有门洞口时，墙板安装从墙的一端向另一端顺序安装

B.抗震设防区的内隔墙安装采用刚性连接

C.在板材隔墙上直接剔凿打孔，并采取保护措施

D.在设备管线安装部位安装加强龙骨

【答案】D

3.玻璃砖隔墙施工

（1）固定金属型材框用的镀锌钢膨胀螺栓直径不得小于8mm，间距≤500mm；

（2）钢筋每端伸入金属型材框的尺寸不得小于35mm。用钢筋增强的室内空心玻璃砖隔断的高度不得超过4m；

（3）两玻璃砖之间的砖缝不得小于10mm，且不得大于30mm。

4.板材隔墙施工

（1）胶粘剂配置

加气混凝土隔墙胶粘剂一般采用建筑胶聚合砂浆。

GRC（玻璃纤维增强水泥复合材料）空心混凝土隔墙胶粘剂一般采用建筑胶粘剂。

增强水泥条板、轻质混凝土条板、预制混凝土板等则采用丙烯酸类聚合物液状胶粘剂。

（2）隔墙板安装顺序应从门洞口处向两端依次进行，门洞两侧宜用整块板；无门洞的墙体，应从一端向另一端顺序安装。

三、吊顶工程施工技术

（一）吊顶施工环境要求

1.标高验收：施工前应按设计要求对房间的净高、洞口标高和吊顶内的管道、设备及其支架的标高进行交接检验。

2.设备管道试压：对吊顶内的管道、设备的安装及水管试压进行验收。

（二）施工工艺

1.暗龙骨吊顶施工流程：（如图1A413060-4所示）

放线→画龙骨分档线→安装水电管线→安装主龙骨→安装副龙骨→安装罩面板→安装压条。

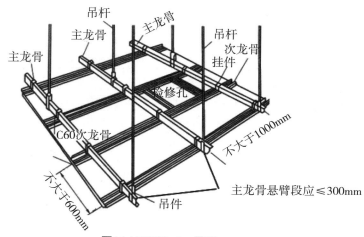

图1A413060-4　吊顶

2.暗龙骨施工工艺：

（1）吊杆要求（表1A413060-1）

吊杆要求　表1A413060-1

吊杆	材料选用	特殊要求
不上人吊顶	不小于直径4mm镀锌钢丝、6mm钢筋、M6全牙吊杆或直径不小于2mm的镀锌低碳退火钢丝	（1）当吊杆长度大于1500mm时，应设置反向支撑，间距不宜大于3600mm，距墙不应大于1800mm，并应相邻对称设置。当吊杆长度大于2500mm时，应设置钢结构转换层。 （2）吊杆距主龙骨端部距离不得超过300mm，否则应增加吊杆 （3）吊杆不得直接吊挂在设备或设备的支架上
上人吊顶	不小于直径8mm钢筋或M8全牙吊杆	

（2）龙骨和饰面板要求（表1A413060-2）

龙骨和饰面板要求　表1A413060-2

材料	技术要求
主龙骨	（1）主龙骨应选用U形或C形高度在5mm及以上型号的上人龙骨，壁厚应大于1.2mm。 （2）主龙骨宜平行房间长向安装。主龙骨的悬臂段不应大于300mm，否则应增加吊杆。 （3）跨度大于15m以上的吊顶，应在主龙骨上，每隔15m加一道大龙骨，并垂直主龙骨焊接牢固
次龙骨	（1）次龙骨应紧贴主龙骨安装。 （2）次龙骨间距300~600mm
饰面板	（1）纸面石膏板的长边（即包封边）应沿纵向次龙骨铺设。 （2）固定次龙骨的间距.一般不应大于600mm，在南方潮湿地区，间距应适当减小，以300mm为宜。 （3）安装双层石膏板时，面层板与基层板的接缝应错开，不得在一根龙骨上

【经典例题】6.（2016年一级真题）下列暗龙骨吊顶工序的排序中，正确的是（　　）。

①安装主龙骨；②安装副龙骨；③安装水电管线；④安装压条；⑤安装罩面板

A.①③②④⑤　　　　B.①②③④⑤
C.③①②⑤④　　　　D.③②①④⑤

【答案】C

四、地面工程施工技术

（一）建筑地面工程划分（表1A413060-3）

建筑地面工程划分　表1A413060-3

地面工程的划分	举例
整体面层	水泥混凝土面层、水泥砂浆面层、水磨石面层、自流平面层、塑胶面层等
板块面层	砖面层、大理石面层、塑料板面层、地毯面层等
木、竹面层	实木地板、实木集成地板、实木复合地板层等

（二）施工工艺

1.石材地面工艺流程

基层处理→放线→试拼石材→铺设结合层砂浆→铺设石材→养护→勾缝。

当大石材面层铺贴完应进行养护，养护时间不得小于7d。

2.瓷砖地面工艺流程

基底处理→放线→浸砖→铺设结合层砂浆→铺砖→养护→勾缝→检查验收。

（1）瓷砖铺贴前应在水中充分浸泡，以保证铺贴后不致吸走灰浆中水分而粘贴不牢。浸水后的瓷砖应阴干备用，阴干的时间一般3~5h。

（2）当砖面层铺贴完24h内应进行养护，养护时间不得小于7d。

3.竹、木面层工艺流程（略）

五、涂饰工程施工技术

1.涂饰工程施工环境要求：

（1）水性涂料涂饰工程施工的环境温度应在5~35℃之间，并注意通风换气和防尘。

（2）涂饰工程应在抹灰、吊顶、细部、地面湿作业及电气工程等已完成并验收合格后进行。其中新抹的砂浆常温要14d以上，现浇混凝土常温要求21d以上，方可涂饰建筑涂料，否则会出现粉化或色泽不均匀等现象。

（3）基层应干燥，混凝土及抹灰面层的含水率应在10%（涂刷溶剂型涂料时8%）以下，基层的pH值不得大于10。

2.施工工艺要求

乳胶漆施工的工艺要求（即先干后刷/刮）

工艺流程要求：

（1）基层处理——将墙面起皮及松动处清除干净。

（2）刮腻子——刮腻子：刮腻子遍数可由墙面平整程度决定，通常为三遍。

（3）刷底漆——刷底漆：涂刷顺序是先刷天花后刷墙面，墙面是先上后下。

（4）刷面漆——刷面漆（1~3遍）：操作要求同底漆，使用前充分搅拌均匀。（需待前一遍漆膜干燥后）。

六、幕墙工程施工技术

（一）幕墙的分类（见图1A413060-5和表1A413060-4）

幕墙的分类　表1A413060-4

分类方式	内容
按面板分类	玻璃幕墙（隐框、半隐框、明框）、金属幕墙、石材幕墙
按支撑情况分类	框支式和点支式
框支式按施工情况分类	构件式和单元式

隐框玻璃幕墙　　　单元玻璃幕墙　　　全玻璃幕墙　　　点支撑玻璃幕墙

图1A413060-5　玻璃幕墙

（二）建筑幕墙施工准备工作

1.平板型预埋件加工要求：

（1）锚板宜采用Q235、Q345级钢，锚筋采用HRB400(带肋)或HPB300（光圆），严禁使用冷加工钢筋。

（2）锚筋长度不允许有负偏差。

（3）锚板尺寸、槽口尺寸及锚筋长度不允许有负偏差。

（4）预埋件表面及槽内应进行防腐处理。

2.连接部位的主体结构混凝土强度等级不应低于C20。

3.外露在结构构件的预埋件锚板表面，在焊接幕墙连接件后，应涂刷防腐涂料。

4.对高层建筑的测量应在风力不大于4级时进行，以保证施工安全和测量数据的准确。

5.锚栓不得布置在混凝土保护层中，锚固深度不得包括混凝土的饰面层或抹灰层。

6.每个连接节点不应少于2个锚栓。

7.锚栓直径应通过承载力计算确定，并不应小于10mm。

8.有明确耐火极限要求的幕墙，不应使用化学锚栓。

9.后加锚栓施工后，应按5‰比例随机抽样进行现场承载力试验，锚栓的极限承载力应大于设计值的一倍。必要时，还应进行极限拉拔试验。

【经典例题】7.（2014年二级真题）关于建筑幕墙预埋件制作的说法，正确的是（　　）。

A.不得采用HRB400级热轧钢筋制作的锚筋

B.可采用冷加工钢筋制作的锚筋

C.直锚筋与锚板应采用T形焊焊接

D.应将锚筋弯成L形与锚板焊接

【答案】C

【嗨·解析】AC选项锚筋应该采用热轧钢筋，锚筋应采用T形焊接（见下图）。

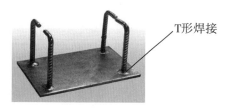

T形焊接

（三）玻璃幕墙工程施工方法和技术要求

1.半隐框、隐框玻璃幕墙玻璃板块制作要求

（1）加工好的玻璃板块，随机进行剥离试验，以判断硅酮结构密封胶与铝框的粘结强度及结构胶的固化程度。

（2）应在温度20℃、湿度50%以上的干净室内养护。

单组分硅酮结构密封胶固化需：14~21d；双组分硅酮结构密封胶固化需：7~10d。

（3）每块玻璃下端应设置两个铝合金或不锈钢托条。托条应能承受该分格玻璃的自重，其长度不应小于100mm，厚度不应小于2mm，高不应超出玻璃外表面，托条上应设置衬垫（见图1A413060-6）。托条应在玻璃板块制作时设置。

（4）加工好的玻璃板块，按1%比例随机进行抽样剥离试验。

图1A413060-6　隐框幕墙节点

【经典例题】8.关于玻璃幕墙玻璃板块制作，正确的有（　　　）。

A.注胶前清洁工作采用"两次擦"的工艺进行

B.室内注胶时温度控制在15~30℃间，相对湿度30%~50%。

C.阳光控制镀膜中空玻璃的镀膜面朝向室内

D.加工好的玻璃板块随机抽取1%进行剥离试验

E.板块打注单组分硅酮结构密封胶后进行7~10d的室内养护

【答案】AD

2.构件式玻璃幕墙安装

（1）立柱安装的要求

①铝合金立柱通常是一层楼高为一整根（见图1A413060-7），接头应有一定空隙，每根之间通过活动接头连接。

②铝合金立柱与钢镀锌连接件（支座）接触面之间应加防腐隔离柔性垫片，以防止不同金属接触产生双金属腐蚀。

③立柱应先与连接件（角码）连接，然后连接件再与主体结构预埋件连接。立柱与主体结构连接必须具有一定的适应位移能力。

立柱上、下柱之间应留有不小于15mm的缝隙。

（2）玻璃面板安装：幕墙开启窗的开启角度不宜大于30°，开启距离不宜大于300mm。

（3）密封胶嵌缝

①密封胶的施工厚度应大于3.5mm，一般控制在4.5mm以内。

②密封胶在接缝内应两对面粘结，不应三面粘结。

③不宜在夜晚、雨天打胶；

④严禁使用过期的密封胶；硅酮结构密封胶与硅酮耐候密封胶的性能不同，二者不能互换。硅酮结构密封胶不宜作为硅酮耐候密封胶使用。（要满足相容性）

图1A413060-7　隐框幕墙龙骨

3.全玻幕墙安装

全玻幕墙是由玻璃肋和玻璃面板构成的玻璃幕墙。

（1）全玻幕墙面板玻璃厚度不宜小于10mm；夹层玻璃单片厚度不应小于8mm；玻璃肋截面厚度不应小于12mm，截面高度不应小于100mm。

（2）当幕墙玻璃高度超过4m（玻璃厚度10mm、12mm），5m（玻璃厚度15mm），6m（玻璃厚度19mm）时，全玻幕墙应悬挂在主体结构上。

（3）所有钢结构焊接完毕后，应进行隐蔽工程验收，验收合格后再涂刷防锈漆。

（4）吊挂玻璃的夹具不得与玻璃直接接触。

（5）全玻幕墙玻璃面板的尺寸一般较大，宜采用机械吸盘安装。

（6）全玻幕墙允许在现场打注硅酮结构密封胶。

（7）不能采用酸性硅酮结构密封胶嵌缝。

（8）全玻幕墙的板面不得与其他刚性材料直接接触。板面与装修面或结构面之间的空隙不应小于8mm，且应采用密封胶密封。

4.点支承玻璃幕墙的制作安装

（1）点支承玻璃幕墙的面板应采用钢化玻璃或由钢化玻璃合成的夹层玻璃和中空玻璃；玻璃肋应采用钢化夹层玻璃。

（2）玻璃支承孔边与板边的距离不宜小于70mm。

（3）玻璃面板之间的空隙宽度不应小于10mm，且应采用硅酮耐候密封胶嵌缝。

5.单元式玻璃幕墙

（1）单元式玻璃幕墙主要特点

①生产工厂化程度高。

②可以缩短工期，特别对缩短高层和超高层建筑的施工工期、提前发挥投资效益十分有利。

③可以采用多种不同材料的骨架和面板，可以采用风格各异的构图组合。

④对现场施工组织和施工技术要求较高，施工中应严格执行，不能随意更改。

⑤单元式玻璃幕墙还存在单方材料消耗量大、造价高，幕墙的接缝、封口和防渗漏技术要求高。

（2）幕墙构件加工制作的技术要点

①单元式玻璃幕墙板块加工前应对主体结构进行测量，掌握预埋件位置、主体结构垂直度、水平度和平整度等数据，对需要调整的板块规格和后置埋件，应通过设计变更程序，确定后方可实施。

②单元板块的构件连接应牢固。

③隐框单元式玻璃幕墙组件的硅酮结构密封胶不宜外露。

（3）幕墙安装施工要点

①应依照安装顺序先出后进的原则，按板块的编号排列放置。

②板块不得直接叠层堆放，以防止板块变形。

③未经工程所在地建设主管部门批准，

不得使用自制吊装机具。

④单元板块起吊和就位时，吊点不应少于2个。

⑤单元板块就位时，应先将其挂到主体结构的挂点上，并应进行隐蔽工程验收。

⑥单元板块采用悬挂方式固定时，挂钩连接部位的接触面应设置柔性垫片。

（四）金属与石材幕墙工程施工方法和技术要求

（1）石材幕墙的石板，厚度不应小于25mm。

（2）单块花岗石石板面积不宜大于1.5m²。

（3）幕墙用单层铝板厚度不应小于2.5mm。

（4）金属与石材幕墙的骨架最常用的是钢管或型钢。

（5）幕墙构架立柱应采用螺栓与角码连接，并再通过角码与预埋件或钢构件连接。立柱可每层设一个支承点，也可设两个支承点。

（6）上下立柱之间应有不小于15mm的缝隙。

（7）幕墙钢构件施焊后，其表面应采取有效的防腐措施。

（8）石材幕墙的面板与骨架的连接有钢销式、通槽式、短槽式、背栓式、背挂式等方式。其中钢销式为薄弱连接，允许其在非抗震设计或6度、7度抗震设计幕墙中应用，幕墙高度不宜大于20m，单块石板面积不宜大于1.0m²（其他连接方式的石材幕墙单块面积不宜大于1.5m²）。

【经典例题】 9.《建筑装饰装修工程质量验收规范》GB 50210—2001规定，幕墙构架立柱的连接金属角码与其他连接件的连接应采用（　　）连接。

A.铆接　　　　　　　　B.螺栓

C.双面焊　　　　　　　D.单面焊

【答案】 B

【嗨·解析】 见下图。

埋件及焊缝

螺栓连接及柔性垫片

（9）幕墙节能工程使用保温材料的安装应注意四点：

①保证保温材料的燃烧性能等级必须满足设计和有关文件的要求；

②要求保温材料的厚度不小于设计值；

③要求安装牢固；

④保温材料在安装过程中应采取防潮、防水措施。

（10）幕墙节能工程应增加对下列材料的性能进行复验：

①保温材料的导热系数、密度；

②幕墙玻璃的可见光透射比、传热系数、遮阳系数、中空玻璃露点；

③隔热型材的抗拉强度、抗剪强度。

（五）建筑幕墙防火、防雷构造、成品保护和清洗的技术要求

（1）防火层应采用厚度不小于1.5mm的镀锌钢板承托，不得采用铝板。

（2）同一幕墙玻璃单元不应跨越两个防火分区。

（3）使用不同材料的防雷连接应避免产生双金属腐蚀。

（4）防雷连接的钢构件在完成后都应进行防锈油漆。

（5）清洗作业时，不得在同一垂直方向的上下面同时作业。

（6）幕墙外表面的检查、清洗作业不得在风力超过5级和雨（雪）、雾天气及气温超过35℃或低于5℃下进行。

（7）建筑幕墙与各楼层楼板间的缝隙隔离的主要防火构造：

①采用不燃材料封堵，填充材料可采用岩棉或矿棉，其厚度不应小于100mm；

②防火层应采用厚度不小于1.5mm的镀锌钢板承托，不得采用铝板；

③承托板与主体结构、幕墙结构及承托板之间的缝隙应采用防火密封胶密封。

（8）幕墙工程中有关安全和功能的检测项目：

①硅酮结构胶的相容性试验；

②后置埋件的现场拉拔试验；

③幕墙的抗风压性能、空气渗透性能、雨水渗透性能及平面变形性能。

【经典例题】10.（2016年真题）

【背景资料】某高层钢结构工程，建筑面积28000m²，地下一层，地上十二层，外围护结构为玻璃幕墙和石材幕墙，外墙保温材料为新型保温材料；屋面为现浇钢筋混凝土板，防水等级为I级。采用卷材防水。在施工过程中，发生了下列事件：

事件：施工中，施工单位对幕墙与各楼层楼板间的缝隙防火隔离处理进行了检查，对幕墙的抗风压性能、空气渗透性能、雨水渗漏性能，平面变形性能等有关安全和功能检测项目进行了见证取样或抽样检查。

【问题】事件中，建筑幕墙与各楼层楼板间的缝隙隔离的主要防火构造做法是什么？幕墙工程中有关安全和功能的检测项目有哪些？

【答案】（1）建筑幕墙与各楼层间缝隙隔离的主要构造做法：

①幕墙与结构间的缝隙采用不燃材料封堵。

②防火层采用镀锌钢板承托。

③承托板与主体结构、幕墙结构间缝隙采用防火密封胶密封。

（2）幕墙工程有关安全和功能的检测项目有：

①硅酮结构胶的相容性试验。

②幕墙后置埋件的现场拉拔强度。

章节练习题

一、单项选择题

1. 普通砂浆的稠度越大，说明砂浆的（　　）。
   - A.保水性越好
   - B.粘结力越强
   - C.强度越小
   - D.流动性越大

2. 施工期间最高温度为25℃，砌筑用普通水泥砂浆拌成后最迟必须在（　　）内使用完毕。
   - A.1h
   - B.2h
   - C.3h
   - D.4h

3. 关于涂料防水的说法，不正确的是（　　）。
   - A. 有机防水涂料宜用于结构主体的背水面
   - B. 无机防水涂料可用于结构主体的背水面
   - C. 防水涂料应分层涂刷或喷涂，涂层应均匀，不得漏刷漏涂
   - D. 防水涂料施工前，基层阴阳角应做成圆弧形

4. 当无圈梁和梁垫时，板、次梁与主梁交叉处，其钢筋的绑扎位置正确的是（　　）。
   - A.主梁筋在上，次梁筋居中，板筋在下
   - B.主梁筋居中，次梁筋在下，板筋在上
   - C.主梁筋在下，次梁筋在上，板筋居中
   - D.主梁筋在下，次梁筋居中，板筋在上

5. 混凝土施工缝宜留在结构受（　　）较小且便于施工的部位。
   - A.荷载
   - B.弯矩
   - C.剪力
   - D.压力

二、多项选择题

1. 饰面板（砖）工程应对下列材料及其性能指标进行复验（　　）。
   - A.室内用花岗石的放射性
   - B. 粘贴用水泥的凝结时间、安定性和抗压强度
   - C.外墙陶瓷面砖的吸水率
   - D.寒冷地外墙陶瓷面砖的抗冻性
   - E.外墙陶瓷面砖的粘贴强度

2. 关于混凝土条形基础施工的说法，正确的有（　　）。
   - A.宜分段分层连续浇筑
   - B.一般不留施工缝
   - C.各段层间应相互衔接
   - D.每段浇筑长度应控制在4~5m
   - E.不宜逐段逐层呈阶梯形向前推进

3. 控制大体积混凝土裂缝的常见措施有（　　）。
   - A.选用水化热大的水泥
   - B.降低水胶比
   - C.降低混凝土入模温度
   - D.提高水泥用量
   - E.采用二次抹面工艺

4. 关于钢筋混凝土工程雨期施工的说法，正确的有（　　）。
   - A. 对水泥和掺合料应采取防水和防潮措施
   - B. 对粗、细骨料含水率进行实时监测
   - C. 浇筑板、墙、柱混凝土时，可适当减小坍落度
   - D. 应选用具有防雨水冲刷性能的模板脱模剂
   - E. 钢筋焊接接头可采用雨水急速降温

5. 关于先张法施工正确的有（　　）。
   - A. 先浇筑混凝土后，再张拉预应力筋
   - B. 先张拉预应力筋后，再浇筑混凝土
   - C. 预应力是靠预应力筋与混凝土之间的粘结力传递给混凝土，并使其产生预压应力
   - D. 台座应有足够的强度、刚度和稳定性
   - E. 在先张法中，施加预应力宜采用两端张拉工艺，张拉控制应力和程序按图纸设计要求进行。

6. 下列砌体工程部位中，不得设置脚手眼的有（　　）。
   - A. 120mm厚墙、料石清水墙和独立柱
   - B. 240mm厚墙
   - C. 宽度为1.2m的窗间墙

D. 过梁上与过梁成60°角的三角形范围及过梁净跨度1/2的高度范围内

E. 梁或梁垫下及其左右500mm范围内

7. 关于泵送混凝土施工的说法，正确的有（　　　）。

A. 混凝土泵可以将混凝土一次输送到浇筑地点

B. 混凝土泵车可随意设置

C. 泵送混凝土配合比设计可以同普通混凝土

D. 混凝土泵送应能连续工作

E. 混凝土泵送输送管宜直，转弯宜缓

三、案例分析题

【2013年二级案例一（节选）】某房屋建筑工程，建筑面积6000m²，钢筋混凝土独立基础，现浇钢筋混凝土框架结构。填充墙采用蒸压加气混凝土砌块砌筑。根据《建筑工程施工合同（示范文本）》和《建设工程监理合同（示范文本）》，建设单位分别与中标的施工总承包单位和监理单位签订了施工总承包合同和监理合同。

在合同履行过程中，发生了以下事件：

事件一：主体结构分部工程完成后，施工总承包单位向项目监理机构提交了该子分部工程验收申请报告和相关资料。监理工程师审核相关资料时，发现欠缺结构实体检验资料，提出了"结构实体检验应在监理工程师旁站下，由施工单位项目经理组织实施"的要求。

事件二：监理工程师巡视第四层填充墙砌筑施工现场时，发现加气混凝土砌块填充墙体直接从结构楼面开始砌筑，砌筑到梁底并间歇2d后立即将其砌齐挤紧。

【问题】（1）根据现行国家标准《混凝土结构工程施工质量验收规范》GB 50204—2015，指出事件一中监理工程师要求中的错误之处，并写出正确做法。

（2）根据现行国家标准《砌体工程施工

质量验收规范》GB 50203—2011，指出事件二中填充墙砌筑过程中的错误做法，并分别写出正确做法。

参考答案及解析

一、单项选择题

1.【答案】D

【解析】普通砂浆的稠度越大，砂浆的流动性越大。

2.【答案】C

【解析】现场拌制的砂浆应随拌随用，拌制的砂浆应在3h内使用完毕；当施工期间最高气温超过30℃时，应在2h内使用完毕。

3.【答案】A

【解析】无机防水涂料宜用于结构主体的背水面，有机防水涂料可用于结构主体的迎水面。

4.【答案】D

【解析】主梁、次梁、楼板交叉处钢筋正确的摆放位置：板的钢筋在上，次梁的钢筋居中，主梁的钢筋在下。

5.【答案】C

【解析】施工缝的位置应在混凝土浇筑之前确定，并宜留置在结构受剪力较小且便于施工的部位。

二、多项选择题

1.【答案】ABCD

【解析】应对下列材料及其性能指标进行复验：

（1）室内用花岗石的放射性；

（2）粘贴用水泥的凝结时间、安定性和抗压强度；

（3）外墙陶瓷面砖的吸水率；

（4）寒冷地区外墙陶瓷面砖的抗冻性。

2.【答案】ABC

【解析】根据基础深度宜分段分层连续

浇筑混凝土，一般不留施工缝。各段各层应相互衔接，每段间浇筑长度控制在2000~3000mm距离，做到逐段逐层呈阶梯形向前推进。

3.【答案】BCE

【解析】选择A，应选用水化热小的水泥；选择D，在保证混凝土强度的前提下，应减少水泥用量。

4.【答案】ABCD

【解析】雨天施焊应采取遮蔽措施，焊接后未冷却的接头应避免遇雨急速降温。

5.【答案】BCD

【解析】选项A.先张拉预应力筋后，再浇筑混凝土；选项E在先张法中，施加预应力宜采用一端张拉工艺，张拉控制应力和程序按图纸设计要求进行。

6.【答案】ADE

【解析】不得在下列墙体或部位设置脚手眼：

（1）120mm厚墙、清水墙、料石墙、独立柱和附墙柱；

（2）过梁上与过梁成60°角的三角形范围及过梁净跨度1/2的高度范围内；

（3）宽度小于1m的窗间墙；

（4）门窗洞口两侧石砌体300mm，其他砌体200mm范围内；转角处石砌体600mm，其他砌体450mm范围内；

（5）梁或梁垫下及其左右500mm范围内；

（6）设计不允许设置脚手眼的部位；

（7）轻质墙体；

（8）夹心复合墙外叶墙。

7.【答案】ADE

【解析】选项B混凝土泵或泵车设置处，应场地平整、坚实，具有通车行走条件。混凝土泵或泵车应尽可能靠近浇筑地点，浇筑时由远至近进行。

选项C泵送混凝土宜掺用适量粉煤灰或其他活性矿物掺合料，掺粉煤灰的泵送混凝土配合比设计，必须经过试配确定，并应符合相关规范要求。

三、案例分析题

【答案】（1）监理工程师要求中的错误之处和正确做法分别如下：

错误一：监理工程师旁站

正确做法：监理工程师应见证

错误二：项目经理组织实施

正确做法：监理单位组织实施。

（2）错误之处有：

错误一：加气混凝土砌块填充墙体直接从结构楼面开始砌筑。

正确做法：墙底部应砌筑烧结普通砖或多孔砖，或普通混凝土小型空心砌块，或现浇混凝土坎台，高度不宜小于150mm。

错误二：填充墙砌筑到梁底并间歇2d后立即将其补齐挤紧。

正确做法：填充墙砌至接近梁底时，应至少间隔14d后将其补砌挤紧。

1A420000 建筑工程项目施工管理

一、本章近三年考情

	年份	2014 年		2015 年		2016 年	
节		选择题	案例题	选择题	案例题	选择题	案例题
1A420010 项目施工进度控制方法的应用		3	6	1	4		5
1A420020 项目施工进度计划的编制与控制					3		
1A420030 项目质量计划管理		1					
1A420040 项目材料质量控制			6				
1A420050 项目施工质量管理		2					
1A420060 项目施工质量验收				2	3	3	
1A420070 工程质量问题与处理			5				5
1A420080 工程安全生产管理			4				
1A420090 工程安全生产检查				2			5
1A420100 工程安全生产隐患防范			4		5		5
1A420110 常见安全事故类型及其原因			4	1			
1A420120 职业健康与环境保护控制		4	8	3		1	
1A420130 造价计算与控制			6				4
1A420140 工程价款计算与调整					3		
1A420150 施工成本控制							
1A420160 材料管理			4		6		
1A420170 施工机械设备管理						2	
1A420180 劳动力管理		4			3		
1A420190 施工招标投标管理			6			1	
1A420200 合同管理			8		3		6
1A420210 施工现场平面布置			5		6		
1A420220 施工临时用电		2			3	1	

本章近三年考试真题分值统计　　　　　　　　　　　　　（单位：分）

续表

节 ＼ 年份	2014 年		2015 年		2016 年	
	选择题	案例题	选择题	案例题	选择题	案例题
1A420230 施工临时用水						4
1A420240 施工现场防火		3	3			6
1A420250 项目管理规划					1	
1A420260 项目综合管理控制				3		

二、本章节学习提示

　　第二章为建筑工程项目施工管理，包含26个目次，从八大方面阐述：分别为进度、质量、安全、成本、物资、合同、现场、综合，是每年案例题最主要的出题范围。一级建造师案例共五道题目，第一题固定考查进度相关问题，第二题固定考查质量验收问题，第三题固定考查安全、现场以及与法律法规结合的综合问题，第四题固定考查造价计算、会计与成本等相关问题。近年来出题越来越全面，每年考题对于第二章的各个目次基本都会涉及，尤其在安全生产隐患防范、材料及劳动力管理和临水、临电防火管理这些知识点上会结合实际工程经验考查案例，既来源于教材又高于教材，再加上安全管理的相关规定相对琐碎和枯燥，与质量验收超纲题目并称为一建通关的两座大山。

1A420010 项目施工进度控制方法的应用

本节知识体系

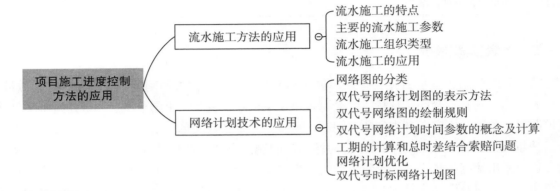

项目施工进度控制方法的应用

流水施工方法的应用
- 流水施工的特点
- 主要的流水施工参数
- 流水施工组织类型
- 流水施工的应用

网络计划技术的应用
- 网络图的分类
- 双代号网络计划图的表示方法
- 双代号网络图的绘制规则
- 双代号网络计划时间参数的概念及计算
- 工期的计算和总时差结合索赔问题
- 网络计划优化
- 双代号时标网络计划图

核心内容讲解

一、流水施工方法的应用

（一）流水施工的特点

流水施工的特点：

（1）科学利用工作面，争取时间，合理压缩工期；

（2）工作队实现专业化施工，有利于工作质量和效率的提升；

（3）工作队及其工人、机械设备连续作业，同时使相邻专业工作队的开工时间能够最大限度地搭接，减少窝工和其他支出，降低建造成本；

（4）单位时间内资源投入量较均衡，有利于资源组织与供给。

（二）主要的流水施工参数

1.工艺参数

用以表达流水施工在施工工艺方面进展状态的参数，通常包括施工过程和流水强度两个参数。

（1）施工过程数（用n表示）——也称工序，如模板工程、钢筋工程、混凝土工程。施工过程可以是单位工程、分部工程，也可以是分项工程。

（2）流水强度——流水施工的某施工过程（专业工作队）在单位时间内所完成的工程量，也称为流水能力或生产能力。

2.空间参数

施工段（用M表示）——施工对象在空间上划分的若干个区段。可以是在施工区（段），也可以是多层的施工层数。

3.时间参数

时间参数包括：流水节拍、流水步距和工期。

（1）流水节拍（用t表示）——某个作业队（或某个施工过程）在一个施工段上所需要的工作时间。

（2）流水步距（用K表示）——两个相邻的作业队（或施工过程）相继投入工作的最小时间间隔，流水步距受到技术间歇（用G表示）和提前介入（C）的影响。

流水步距的数目取决于参加流水施工的作业队数，如果作业队数为n个，则流水步距的总数为$n-1$个。

如某钢筋混凝土工程，有模板工程、钢筋工程、混凝土工程三道工序，则模板与钢筋工程之间，钢筋与混凝土工程之间有流水步距，即有两个流水步距。

（3）工期（用T表示）——从第一个专业队进入流水作业开始，到最后一个专业队完成最后一个施工过程的最后一段工作并退出流水作业为止的整个持续时间。由于一项工程往往由许多流水组组成，所以，这里所说的是流水组的工期，而不是整个工程的总工期。

（4）流水施工参数在横道图中的表达（如图1A420010-1所示）：

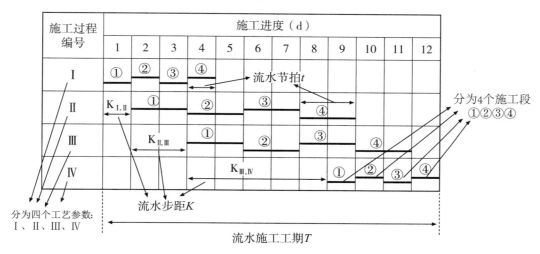

图1A420010-1　流水施工横道图

【经典例题】1.（2014年一级真题）下列参数中，属于流水施工参数的有（　　　）。

A.技术参数　　　　　B.空间参数

C.工艺参数　　　　　D.设计参数

E.时间参数

【答案】BCE

（三）流水施工组织类型

1.流水施工组织的类型

流水施工类型 { 无节奏流水施工；等节奏流水施工；异节奏流水施工 { 等步距异节奏流水（成倍节奏）；异步距异节奏流水 }

2.各流水施工组织形式的特点

（1）无节奏流水施工特点：

①各施工过程在各施工段的流水节拍不全相等；

②相邻施工过程的流水步距不尽相等；

③专业工作队数等于施工过程数；

④各专业工作队能够在各施工段上连续作业，但有的施工过程间可能有间隔时间。

（2）等节奏流水施工特点：

①所有施工过程在各个施工段上的流水节拍均相等；

②相邻施工过程的流水步距相等，且等于流水节拍；

③专业工作队数等于施工过程数，即每一个施工过程成立一个专业工作队，由该队完成相应施工过程所有施工任务；

④各个专业工作队在各施工段上能够连续作业，各施工过程之间没有空闲时间。

（3）等步距异节奏流水施工特点：

①同一施工过程在其各个施工段上的流水节拍均相等，不同施工过程的流水节拍不等，其值为倍数关系；

②相邻施工过程的流水步距相等，且等于流水节拍的最大公约数；

③专业工作队数大于施工过程数，部分或全部施工过程按倍数增加相应专业工作队；

④各个专业工作队在各施工段上能够连续作业，各施工过程间没有间隔时间。

（4）异步距异节奏流水施工特点：

①同一施工过程在各个施工段上流水节拍均相等，不同施工过程之间的流水节拍不尽相等；

②相邻施工过程之间的流水步距不尽相等；

③专业工作队数等于施工过程数；

④各个专业工作队在各施工段上能够连续作业，各施工过程间没有间隔时间。

三种流水施工组织见图1A420010-2（a、b、c、d）

施工过程编号	等节奏流水施工（t全部相等，且$k=t$）														
	1	2	3	4	5	6	7	8	9	10	11	12	13	14	15
挖基槽 I	①		②		③		④								
作垫层 II	$K_{I,II}$		①		②		③		④						
砌基础 III			$K_{II,III}$		①		②		③		④				
回填土 IV					$K_{III,IV}$		①		②		③		④		

(a)

施工过程编号	无节奏流水施工														
	1	2	3	4	5	6	7	8	9	10	11	12	13	14	15
挖基槽 I	①	②		③	④										
作垫层 II	$K_{I,II}$	①		②		③		④							
砌基础 III		$K_{II,III}$		①		②			③	④					
回填土 IV			$K_{III,IV}$				①	②	③		④				

(b)

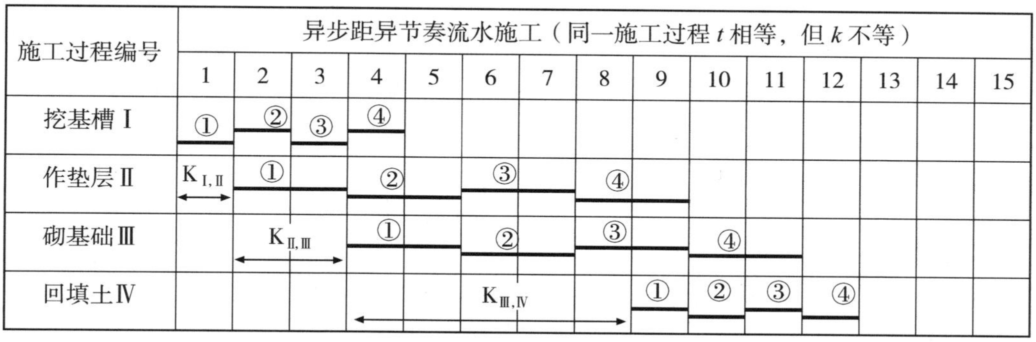

施工过程编号	异步距异节奏流水施工（同一施工过程 t 相等，但 k 不等）														
	1	2	3	4	5	6	7	8	9	10	11	12	13	14	15
挖基槽 I	①	②	③	④											
作垫层 II	$K_{I,II}$	①		②		③		④							
砌基础 III		$K_{II,III}$		①		②		③		④					
回填土 IV				$K_{III,IV}$				①	②	③	④				

(c)

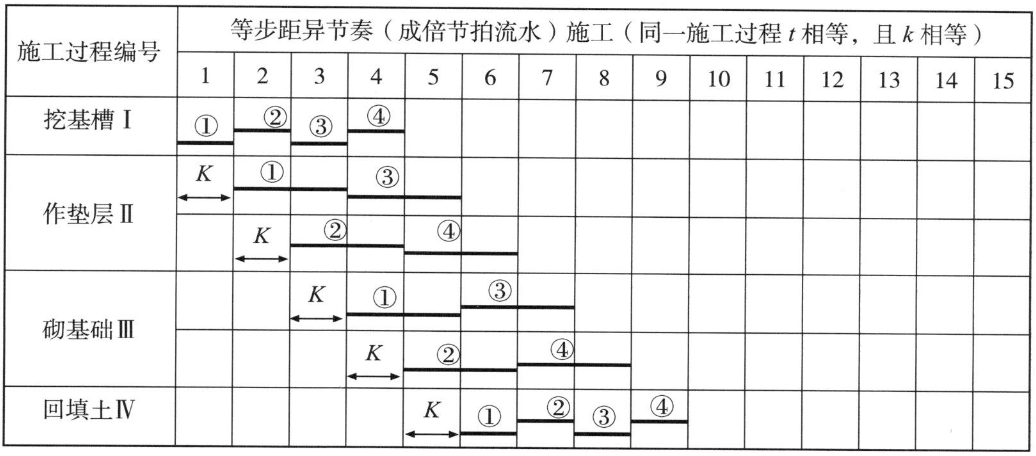

施工过程编号	等步距异节奏（成倍节拍流水）施工（同一施工过程 t 相等，且 k 相等）														
	1	2	3	4	5	6	7	8	9	10	11	12	13	14	15
挖基槽 I	①	②	③	④											
作垫层 II	K	①		③											
		K	②		④										
砌基础 III			K	①		③									
				K	②		④								
回填土 IV					K	①	②	③	④						

(d)

图1A420010-2　流水施工组织图

（a）等节奏流水施工；（b）无节奏流水施工；（c）异步距异节奏流水施工；（d）等步距异节奏施工

（四）流水施工的应用

1. 等节奏流水施工（流水节拍与流水步距相等）

【经典例题】2.某工程共有8根柱子，每根柱子进行3道工序，施工过程和施工时间见表：

施工过程	①	②	③	④	⑤	⑥	⑦	⑧
扎钢筋	4	4	4	4	4	4	4	4
支模板	4	4	4	4	4	4	4	4
浇混凝土	4	4	4	4	4	4	4	4

【问题】判断背景资料适合何种组织形式的流水施工，并计算工期。

【嗨·解析】（1）根据背景资料本工程属于等节奏流水。

（2）工期计算步骤如下：

①从背景资料中提取参数：$M=8$，$n=3$，$t=4d$

②根据等节奏流水施工流水步距与流水节拍相等的特点：$K=t=4d$

③流水工期 T

$T=(M+n-1)\cdot K=(8+3-1)\times 4=40d$

【答案】（1）本工程适合采用等节奏流水施工。

（2）流水工期为：$T=(M+n-1)\times K=(8+3-1)\times 4=40d$。

2. 异步距异节奏流水施工（成倍节拍流水）

【经典例题】3.某工程包括五个结构形式与建造规模完全一样的单体建筑，由四个施工过程组成：土方开挖、基础施工、地上结构、二次结构。见下表。

施工过程	流水节拍（周）
土方开挖	2
基础施工	2
地上结构	6
二次砌筑	4

【问题】根据背景资料要求采用成倍节拍流水施工，计算工期并绘制横道图。

【嗨·解析】根据背景资料，给出的表格为简化表格，由于空间参数$M=5$，因此表格应表述见下表：

施工过程	流水节拍（周）				
	单体1	单体2	单体3	单体4	单体5
土方开挖	2	2	2	2	2
基础施工	2	2	2	2	2

续表

施工过程	流水节拍（周）				
地上结构	6	6	6	6	6
二次砌筑	4	4	4	4	4

【答案】（1）根据背景资料可提取的参数$M=5$，$t_1=2$，$t_2=2$，$t_3=6$，$t_4=4$

（2）采用提取公因式法求解成倍节拍的流水步距及专业工作队数：

$K=\min（2,2,6,4）=2$

$N_1=t_1/K=2/2=1$

$N_2=t_2/K=2/2=1$

$N_3=t_3/K=6/2=3$

$N_4=t_4/K=4/2=2$

（3）计算工期

$T=(M+N-1)\cdot K=[5+(1+1+3+2)-1]\times 2=22$周

（3）根据所有参数绘制成倍节拍流水施工横道图见下图：

过程	专业队数	施工进度（周）										
		2	4	6	8	10	12	14	16	18	20	22
土方开挖	I	①	②	③	④	⑤						
基础施工	II		①	②	③	④	⑤					
地上结构	III₁				①				④			
	III₂					②				⑤		
	III₃						③					
二次砌筑	IV₁						①		③		⑤	
	IV₂							②		④		

5个流水施工段

$M=5$，施工队$N=3$时横道图的绘制

3.无节奏流水施工

【经典例题】4. 某拟建工程由甲、乙、丙三个施工过程组成；该工程共划分成四个施工流水段，每个施工过程在各个施工流水段上的流水节拍见下表所示。按相关规范规定，施工过程乙完成后其相应施工段至少要养护2d，才能进入下道工序。为了尽早完工，施工过程乙在施工过程甲完成之前1d提前插入施工。

流水节拍（d） 工序	甲	乙	丙
施工一段	2	3	4
施工二段	4	2	2
施工三段	3	3	1
施工四段	2	3	3

甲：2 4 3 2

乙：3 2 3 3

丙：4 2 1 3

累加过程

甲 2　　2+4　　2+4+3　　2+4+3+2

乙 3　　3+2　　3+2+3　　3+2+3+3

丙 4　　4+2　　4+2+1　　4+2+1+3

累加结果：

甲：2　6　9　11

乙：3　5　8　11

丙：4　6　7　10

【问题】（1）该工程应采用何种流水施工模式。

（2）计算各施工过程间的流水步距和总工期。

（3）试编制该工程流水施工计划横道图。

【嗨·解析】将背景资料中的表格转换为下表。

②错位相减取最大值，得流水步距

$$\begin{array}{r} 2\ \ 6\ \ 9\ \ 11 \\ -\quad\ \ \ 3\ \ 5\ \ 8\ \ 11 \\ \hline 2\ \ 3\ \ 4\ \ 3\ \ -11 \end{array}$$

所以：$K_{甲,乙}=4$

$$\begin{array}{r} 3\ \ 5\ \ 8\ \ 11 \\ -\quad\ \ \ 4\ \ 6\ \ 7\ \ 10 \\ \hline 3\ \ 1\ \ 2\ \ 4\ \ -10 \end{array}$$

$K_{乙,丙}=4$

工序	流水节拍(d)			
	施工一段	施工二段	施工三段	施工四段
甲	2	4	3	2
乙	3	2	3	3
丙	4	2	1	3

③总工期

工期 $T=\sum K+\sum t_n+\sum G-\sum C$ =（4+4）+（4+2+1+3）+2-1=19d

（3）流水施工横道图绘制如下图所示。

【答案】（1）根据工程特点，该工程只能组织无节奏流水施工。

（2）求各施工过程之间的流水步距：

①各施工过程流水节拍的累加数列

嗨·点评 步距会因提前介入或间歇而发生调整。提前介入会引起工期提前，间歇会引起工期延误。

【经典例题】5.（2016年一级真题）装修施工单位将地上标准层（F6~F20）划分为三个施工段组织流水施工，各施工段上均包含三道施工工序，其流水节拍见下表（单位：周）：

流水节拍		施工过程		
		工序1	工序2	工序3
施工段	F6~F10	4	3	3
	F11~F15	3	4	6
	F16~F20	5	4	3

【问题】绘制标准层装修的流水施工横道图。

【答案】首先应对背景中的表格进行转换，见下表。

流水节拍		施工过程		
		F6~F10	F11~F15	F16~F20
施工过程	工序1	4	3	5
	工序2	3	4	4
	工序3	3	6	3

（1）列出各工序流水节拍累加数列

工序1：4　7　12

工序2：3　7　11

工序3：3　9　12

（2）计算流水步距

K_{12}　4　7　12　　　　　　　　　K_{23}　3　7　11

　－　　3　7　11　　　　　　　　　　　－　　3　9　12

　　　4　4　5　－11　　　　　　　　　　　3　4　2　－12

取$K_{12}=5$周　　　　　　　　　　取$K_{23}=4$周

（3）流水工期

$T=\sum K+\sum t_n=（5+4）+（3+6+3）=21$周

（4）绘制横道图

施工过程	施工进度（周）																				
	1	2	3	4	5	6	7	8	9	10	11	12	13	14	15	16	17	18	19	20	21
工序①																					
工序②																					
工序③																					

【经典例题】6.某综合办公楼工程，某施工总承包单位与建设单位签订施工总承包合同，在施工过程中发生了下列事件：

事件：H工作开始前，为了缩短工期，施工总承包单位将原施工方案中H工作的流水施工调整为成倍节拍流水施工，原施工方案中H工作异节奏流水施工横道图如下图（H工作包括三道工序：PRQ）。（时间单位：月）

施工工序	施工进度（月）										
	1	2	3	4	5	6	7	8	9	10	11
P	Ⅰ		Ⅱ		Ⅲ						
R					Ⅰ	Ⅱ	Ⅲ				
Q							Ⅰ		Ⅱ		Ⅲ

【问题】事件中，流水施工调整后，H工作相邻工序的流水步距为多少个月？工期可缩短多少个月？按照上图格式绘制出调整后H工作的施工横道图？

【答案】（1）H工作相邻工序的流水步距为1个月。

$$K \mid \frac{t_1 \quad t_2 \quad t_3}{N_1 \quad N_2 \quad N_3} \qquad 1 \mid \frac{2 \quad 1 \quad 2}{2 \quad 1 \quad 2}$$

$M=3$　$N=2+1+2=5$　$K=1$

（2）工期为：$T=(M+N-1)\cdot K=7$个月

缩短了 11-7=4 个月

（3）绘制横道图：

施工工序	专业队	施工进度（月）						
		1	2	3	4	5	6	7
P	P$_Ⅰ$							
	P$_Ⅱ$							
R	R$_Ⅰ$							
Q	Q$_Ⅰ$							
	Q$_Ⅱ$							

二、网络计划技术的应用

（一）网络图的分类

网络计划包括：双代号网络计划、双代号时标网络计划、单代号网络计划及单代号搭接网络计划四类，一级建造师考试对于网络计划的考查只包括双代号网络计划、双代号时标网络计划两类。

（二）双代号网络计划图的表示方法

1.工艺关系 ①$\xrightarrow[D_{i-j}]{A}$①

① ①——①节点编号必须小指大，可以不连续

例如：①——③，③—×→①

②A 表示工作名称

③D_{i-j}——表示工作接续时间

2.组织关系 ①┈┈▶①

① ①┈┈▶①节点编号必须小指大，可以不连续（例如：①┈┈▶③，③┈×▶①）

②无工作名称

③┈┈▶表示逻辑关系，不占用时间

例如：

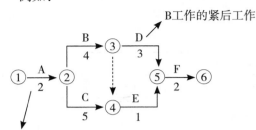

B工作的紧前工作

（三）双代号网络图的绘制规则

双代号网络图的绘制规则应遵循：

（1）逻辑关系

①严禁出现循环回路；

②一个起始节点和一个终点节点。

（2）绘制规则

①严禁出现双箭头和无箭头的箭线；

②节点编号不重复，必须小节点号指向大节点号；

③箭线上不能分叉，尽量不出现交叉；

④箭头节点编号大于箭尾节点编号，编号可以不连续，但一定不能重复。

🔊 **嗨·点评** 起点节点只有外向箭线；终点节点只有内向箭线；中间节点同时有内向箭线和外向箭线。

【经典例题】7.已知各工作之间的逻辑关系见下表，则可按下述步骤绘制其双代号网络图

工作	A	B	C	D
紧前工作	—	—	A、B	B

【答案】如图（c）所示。

【嗨·解析】1.绘制工作箭线A和工作箭线B，如下图（a）所示。

2.按前述原则（2）中的情况①绘制工作箭线C，如下图（b）所示。

3.按前述原则（1）绘制工作箭线D后，将工作箭线C和D的箭头节点合并，以保证网络图只有一个终点节点。当确认给定的逻

辑关系表示正确后，再进行节点编号。上表给定逻辑关系所对应的双代号网络图如下图（c）所示。

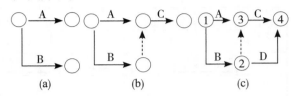

（a）　　　　　（b）　　　　　（c）

绘图过程

【经典例题】8.已知各工作之间的逻辑关系见下表，则可按下述步骤绘制其双代号网络图。

工作	A	B	C	D	E
紧前工作	—	—	A	A、B	B

【答案】如图（c）所示。

【嗨·解析】1.绘制工作箭线A和工作箭线B，如下图（a）所示。

2.按前述原则（1）分别绘制工作箭线C和工作箭线E，如下图（b）所示。

3.按前述原则（2）中的情况④绘制工作箭线D，并将工作箭线C、工作箭线D和工作箭线E的箭头节点合并，以保证网络图的终点节点只有一个。当确认给定的逻辑关系表达正确后，再进行节点编号。上表给定逻辑关系所对应的双代号网络图如下图（c）所示。

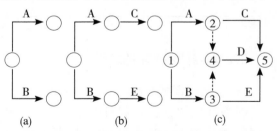

（a）　　　　　（b）　　　　　（c）

【经典例题】9.某工程项目合同工期为18个月，施工合同签订以后，施工单位编制了一份初始进度计划网络图（单位：月）如下图。

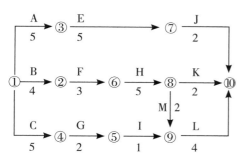

施工过程中，发生了如下事件：

事件一：由于该工程涉及某专利技术，进度计划网络图中的工作C、工作H和工作J需要共用一台特殊履带吊装起重机械，而且按上述顺序依次施工，为此需要对初始网络图作调整。

【问题】1.绘出事件一中调整后的进度计划网络图。找出调整后网络图的关键线路（工作表示），并计算总工期。

2.按事件一的网络图，如果各项工作均按最早开始时间安排，特殊起重机械的租赁时间为多长？其中闲置时间多长？

【答案】1.调整后的进度计划网络图如下。

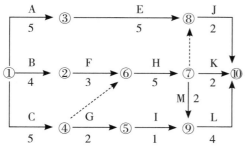

调整后进度计划网络图的关键线路（工作表示）：B→F→H→M→L。总工期为：4+3+5+2+4=18个月。

2.（1）如果各项工作均按最早时间开始，起重机械的租赁时间为14个月。

（2）其中，设备闲置2个月。

（四）双代号网络计划时间参数的概念及计算

1.时间参数的概念

（1）工期

工期泛指完成一项任务所需要的时间。在网络计划中，工期一般有以下三种：

①计算工期。计算工期是根据网络计划时间参数计算而得到的工期，用T_c表示；

②要求工期。要求工期是任务委托人所提出的指令性工期，用T_r表示；

③计划工期。计划工期是指根据要求工期和计算工期所确定的作为实施目标的工期，用T_p表示。

注：当已规定了要求工期时，计划工期不应超过要求工期，即$T_p \leq T_r$，当未规定要求工期时，可令计划工期等于计算工期，即$T_p = T_c$，此时关键工作总时差为"0"。

（2）总时差和自由时差

①工作的总时差是指在不影响总工期的前提下，本工作可以利用的机动时间。

②工作的自由时差是指在不影响其紧后工作最早开始时间的前提下，本工作可以利用的机动时间。

③从总时差和自由时差的定义可知，对于同一项工作而言，自由时差不会超过总时差。当工作的总时差为零时，其自由时差必然为零。

表示方法：

ES	LS	TF	E=Early	L=Late	S=Starting
EF	LF	FF	F=finish	T=Total	F=Free

【经典例题】10.在某工程网络计划中，工作M的最早开始时间和最迟开始时间分别为第12d和第18d，其持续时间为5d。工作M有3项紧后工作，它们的最早开始时间分别为第21d、第24d和第28d，则工作M的自由时差为（　　）d。

A.3　　　　B.4　　　　C.11　　　　D.16

【答案】B

【嗨·解析】

（1）已知

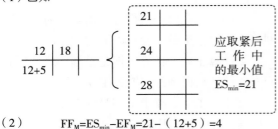

（2）　　　$FF_M = ES_{min} - EF_M = 21 - (12+5) = 4$

【经典例题】11.（2014年二级真题）某装饰装修工期进度计划网络图（如下图所示），经监理工程师确认后按此图组织施工。

【问题】针对该施工的进度计划网络图，列式计算工作C和工作F时间参数，并确定该网络图的计算工期（单位：周）和关键线路（用节点表示）。

【答案】C工作自由时差 $= ES_F - EF_C = 8 - 6 = 2$ 周；

F工作的总时差 $= LS_F - ES_F = 9 - 8 = 1$ 周

（或者 $= EF_E - EF_F = 12 - 11 = 1$ 周）

计算工期：14周。

关键线路：①→②→③→⑤→⑥→⑦→⑨→⑩

🔊 嗨·点评　本题目要求列式计算C、F

工作的时间参数，难点在列式，应结合管理教材相关内容学习。考生回答此类问题要注意写单位。

（五）工期的计算和总时差结合索赔问题

1.标号法确定工期和关键线路

标号法是一种快速寻求网络计划计算工期和关键线路的方法。标号法利用按节点计算法的基本原理，对网络计划中的每一个节点进行标号，然后利用标号值确定网络计划的计算工期和关键线路。

下面说明标号法的计算过程。其计算结果如下图所示。

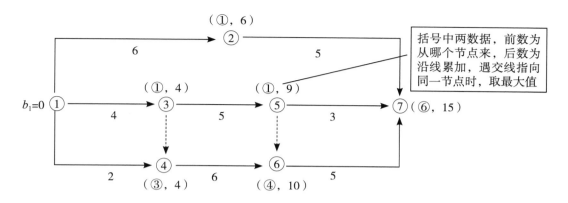

括号中两数据，前数为从哪个节点来，后数为沿线累加，遇交线指向同一节点时，取最大值

◀) 嗨·点评 标号法计算工期及确定关键线路要点口诀：沿线累加，逢圈取大；逆线累减，逢圈取小。

2.总时差结合索赔问题的应用

【经典例题】12.某综合楼工程，地下1层，地上10层，钢筋混凝土框架结构，建筑面积28 500m²，某施工单位与建设单位签订了工程施工合同，合同工期约定为20个月。施工单位根据合同工期编制了该工程项目的施工进度计划，并且绘制出施工进度网络计划如下图所示（单位：月）。

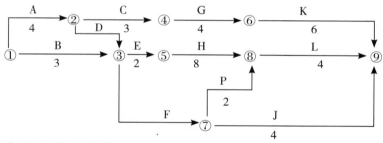

在工程施工中发生了如下事件。

事件一：因建设单位修改设计，致使工作K停工2个月；

事件二：因不可抗力原因致使工作F停工1个月。

【问题】1.指出该网络计划的计划工期，关键线路，并指出由哪些关键工作组成。

2.针对本案例上述各事件，施工单位是否可以提出工期索赔的要求？并分别说明理由。

【答案】1.用标号法标出如下图。

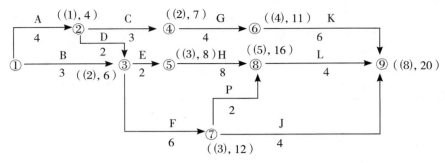

工期为20个月

关键线路是：①→②→③→⑤→⑧→⑨

该网络计划的关键工作为：A、D、E、H、L。

2.通过图形计算K工作和F工作的总时差：

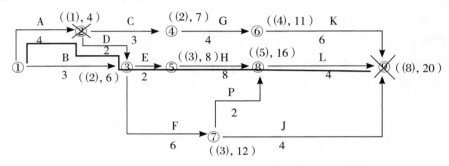

（1）通过图形可以看到K工作所在线路C、G、K与关键线路D、E、H、L形成一个封闭的圈，组成圈的两条线路之间的差即为工作K的总时差，即（D+E+H+L）－（C+G+K）=（2+2+8+4）－（3+4+6）=3个月。

（2）F工作比较复杂，通过F工作的线路会形成两个圈：E、H与F、P构成的圈①，以及F、J与E、H、L构成的圈②，圈①两条线路之间的差为2，圈②两条线路之间的差为4，应取小值。因此F工作的总时差是2个月。

（3）总时差结合索赔问题的判断

根据总时差的概念工期索赔判断的流程见右图。

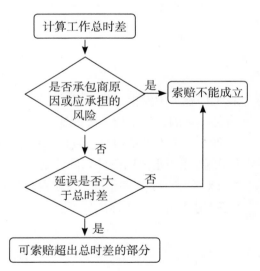

根据流程判断两事件的索赔结果为：

事件一：索赔不成立，因为K停工2个月小于K的总时差；

事件二：索赔不成立，因为F停工1个月小于F的总时差；

◀) 嗨·点评 关于工期索赔的问题，经常会考到标号法。

（六）网络计划优化

网络计划表示的逻辑关系通常有两种：

一是工艺关系，由工艺技术要求的工作先后顺序关系；二是组织关系，施工组织时按需要进行的工作先后顺序安排。

通常情况下，网络计划优化时，只能调整工作间的组织关系。

1.工期优化

工期优化也称时间优化，其目的是当网络计划计算工期不能满足要求工期时，通过不断压缩关键线路上的关键工作的持续时间等措施，达到缩短工期，满足要求的目的。

工期优化的原则：

（1）缩短持续时间对质量和安全影响不大的工作；

（2）有备用资源的工作；

（3）缩短持续时间所需增加的资源、费用最少的工作。

2.资源优化

通常分两种模式："资源有限、工期最短"的优化，"工期固定、资源均衡的优化"的优化。

3.费用优化

费用优化的目的是在一定的限定条件下，寻求工程总成本最低时的工期安排。

优化应从以下几个方面进行考虑：

（1）在既定工期的前提下，确定项目的最低费用；

（2）在既定的最低费用限额下完成项目计划，确定最佳工期；

（3）若需要缩短工期，则考虑如何使增加的费用最小；

（4）若新增一定数量的费用，则可给工期缩短到多少。

【经典例题】 13.某单位工程，施工进度计划网络图如下图所示，施工过程中由于设计变更导致G停工2个月，由于不可抗力的暴雨导致D拖延1个月。

上述事件发生后，为保证不延长总工期，承包商需通过压缩工作G的后续工作的持续时间来调整施工进度计划。根据分析，后续工作的费用是：工作H为2万元/月，工作I为2.5万元/月，工作J为3万元/月。

【问题】 根据背景，工作G、D拖延对总工期的影响分别是多少？说明理由。根据上述情况，提出承包商施工进度计划调整的最优方案，并说明理由。

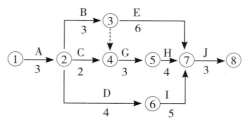

施工进度计划（单位：月）

【答案】 1.工作G的拖延使总工期延长2个月。

理由：工作G为关键线路，总时差为0，它的拖延将延长总工期。

工作D的拖延对总工期没有影响。

理由：工作D有1个月的总时差，因此D工作的拖延对总工期没有影响。

2.压缩最优方案：各压缩I工作和J工作1个月。

理由：调整的方案包括三种：

方案一：压缩J工作的2个月，增加费用=3万元/月×2个月=6万元。

方案二：各压缩I工作和J工作1个月，增加费用=2.5万元/月×1个月+3万元/月×1个月=5.5万元。

方案三：是压缩 I 工作2个月，同时压缩 H工作1个月，其增加的费用为2.5万元/月×2个月+2万元/月×1个月=7万元。

方案二费用最低，因此，各压缩 I 工作和 J 工作1个月是最优方案。

（七）双代号时标网络计划图

1. 双代号时标网络计划图的编制原则

（1）时标网络计划宜按各项工作的最早开始时间编制。为此，在编制时标网络计划时应使每一个节点和每一项工作（包括虚工作）尽量向左靠，直至不出现从右向左的逆向箭线为止。

（2）时标网络计划图的时间坐标分为：工作日时间坐标（见表1A420010）和计算时间坐标（见图1A420010-3）。

时标网络计划　表1A420010

日历	单位（d）							
时间单位	1	2	3	4	5	6	7	8

图1A420010-3　计算时间坐标图

2. 时标网络计划中时间参数的判定

（1）关键线路的判断

时标网络计划中的关键线路可从网络计划的终点节点开始，逆着箭线方向进行判定。始终不出现波形线的线路即为关键线路。

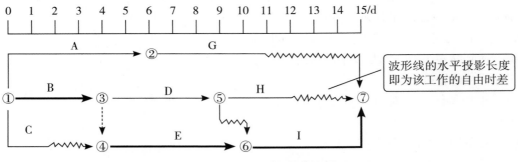

图1A420010-4　关键线路图

图1A420010-4中虚线为关键线路寻找轨迹，没有波形线的工作组成的线路为关键线路。本例中关键线路为BEI。

（2）自由时差与总时差的判定

①自由时差就是该工作箭线中波形线的水平投影长度。例如图1A420010-4中H工作自由时差是3d。

②总时差的判定方法可参考双代号网络计划中关于总时差计算的方法。

3. 前锋线比较法

前锋线比较法是通过绘制某个检查时刻工程项目实际进度前锋线，进行工程实际进度与计划进度比较的方法，它主要适用于时标网络计划。其实际进度与计划进度之间的关系可能存在以下三种情况如图1A420010-5所示。

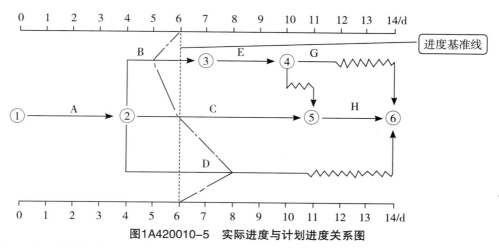

图1A420010-5　实际进度与计划进度关系图

（1）工作实际进展位置点落在检查日期的左侧，表明该工作实际进度拖后，拖后的时间为二者之差；例如B工作实际进度在基准线左侧，表明延误1d。

（2）工作实际进展位置点与检查日期重合，表明该工作实际进度与计划进度一致；例如C工作进度正常。

（3）工作实际进展位置点落在检查日期的右侧，表明该工作实际进度超前，超前的时间为二者之差。例如D工作超前2d。

【经典例题】14.某工程双代号时标网络计划执行到第3周末和第9周末时，检查其实际进度如下图前锋线所示，检查结果表明（　　　　）。

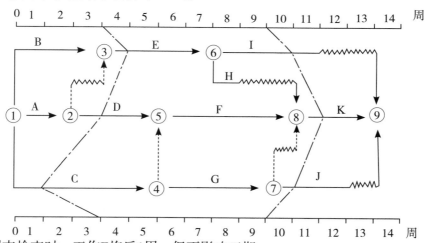

A.第3周末检查时，工作E拖后1周，但不影响工期

B.第3周末检查时，工作C拖后2周，将影响工期2周

C.第3周末检查时，工作D进度正常，不影响工期

D.第9周末检查时，工作J拖后1周，但不影响工期

E.第9周末检查时，工作K提前1周，不影响工期

【答案】B、C

【解析】如下图所示。

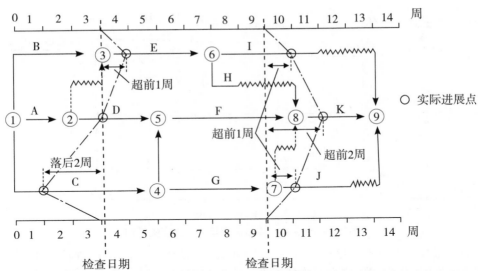

【经典例题】15.某工程项目时标网络计划如下图所示。该计划执行到第6周末检查实际进度时，发现工作A和B已经全部完成，工作D、E分别完成计划任务量的20％、50％，工作C尚需3周完成，试分析目前各个工作及总工期是否延误。

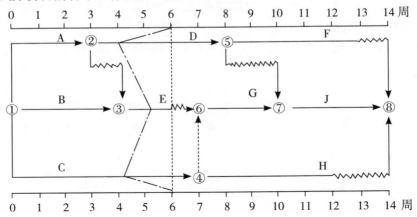

【答案】根据第6周末实际进度的检查结果绘制前锋线，如上图所示。通过比较可以看出：

（1）工作D实际进度拖后2周，将使其后续工作F的最早开始时间推迟2周，并使总工期延长1周，因D工作只有1周总时差；

（2）工作E实际进度拖后1周，既不影响总工期，也不影响其后续工作的正常进行，因E工作有1周总时差；

（3）工作C实际进度拖后2周，将使其后续工作G、H、J的最早开始时间推迟2周。由于工作G、J开始时间的推迟，从而使总工期延长2周。

综上所述，如果不采取措施加快进度，该工程项目的总工期将延长2周。

章节练习题

一、单项选择题

1. 下列流水施工的基本组织形式中,其专业工作队数大于施工过程数的是(　　　)。
   A.等节奏流水施工
   B.异步距异节奏流水施工
   C.等步距异节奏流水施工
   D.无节奏流水施工

2. 当计算工期不能满足合同要求时,应首先压缩(　　　)的持续时间。
   A.关键工作
   B.非关键工作
   C.总时差最长的工作
   D.持续时间最长的工作

3. 关于流水步距的说法,正确的是(　　　)。
   A.第一个专业队与其他专业队开始施工的最小间隔时间
   B.第一个专业队与最后一个专业队开始施工的最小间隔时间
   C.相邻专业队相继开始施工的最小间隔时间
   D.相邻专业队相继开始施工的最大间隔时间

4. 属于流水施工中空间参数的是(　　　)。
   A.流水强度   B.施工队数
   C.操作层数   D.施工过程数

二、多项选择题

下列参数中,不属于流水施工参数的有(　　　)。
   A.技术参数   B.空间参数
   C.工艺参数   D.设计参数
   E.时间参数

三、案例分析题

1.【2011年二级案例一(节选)】

【背景资料】某广场地下车库工程,建筑面积18000m²。建设单位和某施工单位根据《建设工程施工合同(示范文本)》GF—99—0201签订了施工承包合同,合同工期140d。施工单位将施工作业划分为A、B、C、D四个施工过程,分别由指定的专业班组进行施工,每天一班工作制,组织无节奏流水施工,流水施工参数见下表:

流水施工参数表

流水节拍（天） 施工段数 ／ 施工过程	A	B	C	D
Ⅰ	12	18	25	12
Ⅱ	12	20	25	13
Ⅲ	19	18	20	15
Ⅳ	13	22	22	14

【问题】(1)列式计算A、B、C、D四个施工过程之间的流水步距分别是多少d?

(2)列式计算流水施工的计划工期是多少d?能否满足合同工期的要求?

2.【2013年二级案例一(节选)】

【背景资料】(略)在合同履行过程中,发生了以下事件:

事件:施工总承包单位按要求向项目监理机构提交了室内装饰工程的时标网络计划图(如下图所示),经批准后按此组织实施。

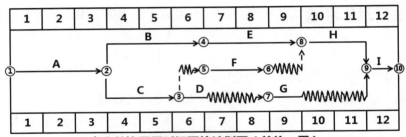

室内装饰工程时标网络计划图（单位：周）

【问题】 事件中，室内装饰工程的工期为多少d？并写出该网络计划的关键线路（用节点表示）。

参考答案及解析

一、单项选择题

1.**【答案】** C

【解析】 流水施工的基本组织形式中，只有等步距异节奏流水施工其专业工作队数大于施工过程数。

2.**【答案】** A

【解析】 工期优化也称时间优化，其目的是当网络计划计算工期不能满足要求工期时，通过不断压缩关键线路上的关键工作的持续时间等措施，达到缩短工期，满足要求的目的，故A选项正确。

3.**【答案】** C

【解析】 流水步距是指两个相邻的专业队进入流水作业的时间间隔。这个时间间隔一般取最小时间间隔，故C选项正确。

4.**【答案】** C

【解析】 空间参数指组织流水施工时，表达流水施工在空间布置上划分的个数。可以是施工区（段），也可以是多层的施工层数。故C选项正确。

二、多项选择题

【答案】 AD

【解析】 流水施工参数包括：工艺参数、时间参数、空间参数。故AD选项不属于流水施工参数。

三、案例分析题

1.**【答案】**（1）列出各施工过程流水节拍的累加数列：

A施工过程：12　24　43　56

B施工过程：18　38　56　78

C施工过程：25　50　70　92

D施工过程：12　25　40　54

各累加数列错位相减取最大值，得流水步距：

$$K_{AB}=\quad 12\quad 24\quad 43\quad 56$$
$$\qquad\qquad 18\quad 38\quad 56\quad 78$$
$$-\quad\ 12\quad 6\quad 5\quad 0\quad -78$$

$K_{AB}=12$　K_{BC} 和 K_{CD} 同理；$K_{BC}=18$　$K_{CD}=52$

因此 $K_{AB}=12$ 天，$K_{BC}=18$ 天，$K_{CD}=52$ 天。

（2）总工期 $T=\sum K+\sum t_n+\sum G=12+18+52+12+13+15+14=136$ 天。

因此，能满足合同工期要求。

2.**【答案】** 室内装饰工程的工期为84d（12周）。

关键线路为：①→②→④→⑧→⑨→⑩。

1A420020 项目施工进度计划的编制与控制

本节知识体系

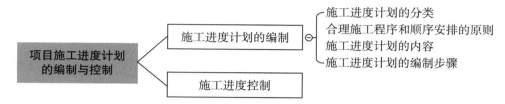

核心内容讲解

一、施工进度计划的编制

（一）施工进度计划的分类

施工进度计划按编制对象不同可分为四类，其特点和组织编制者见表1A420020-1。

施工进度计划分类及编制人　表1A420020-1

进度计划分类	编制对象	特点	编制人
施工总进度计划	一个建设项目或一个建筑群体	综合性强，关注控制性多，关注作业性少	总承包企业总工领导编制
单位工程进度计划	一个单位工程	作业性较强，是进度控制的直接依据	项目经理组织，项目技术负责人领导编制
分阶段工程进度计划	工程阶段目标	实施过程的进度控制文件	专业工程师或负责分部分项工长进行编制
分部分项工程进度计划	分部分项工程	具体实施操作其施工过程进度控制	

（二）合理施工程序和顺序安排的原则

1.安排施工程序的同时，首先安排其相应的准备工作。

2.首先进行全场性工程的施工，然后按照工程排队的顺序，逐个地进行单位工程的施工。

3.三通工程应先场外后场内，由远而近，先主干后分支，排水工程要先下游后上游。

4.先地下后地上和先深后浅的原则。

5.主体结构施工在前，装饰工程施工在后。

6.既要考虑施工组织要求的空间顺序，又要考虑施工工艺要求的工种顺序；必须在满足施工工艺的要求条件下，尽可能地利用工作面，使相邻两个工种在时间上合理地和最大限度地搭接起来。

（三）施工进度计划的内容

施工总进度计划及单位工程进度计划的内容详见表1A420020-2。

施工进度计划分类及内容　表1A420020-2

按编制对象分类	包含内容
施工总进度计划	（1）编制说明； （2）施工总进度计划表（图）； （3）分期（分批）实施工程的开、竣工日期及工期一览表； （4）资源需要量及供应平衡表等
单位工程进度计划	（1）工程建设概况； （2）工程施工情况； （3）单位工程进度计划，分阶段进度计划，单位工程准备工作计划，劳动力需用量计划，主要材料、设备及加工计划，主要施工机械和机具需要量计划，主要施工方案及流水段划分，各项经济技术指标要求等

（四）施工进度计划的编制步骤

单位工程进度计划的编制步骤

（1）收集编制依据；

（2）划分施工过程、施工段和施工层；

（3）确定施工顺序；

（4）计算工程量；

（5）计算劳动量或机械台班需用量；

（6）确定持续时间；

（7）绘制可行施工进度计划图；

（8）优化并绘制正式施工进度计划图。

二、施工进度控制

项目进度控制的目标：确保项目按既定工期目标实现，或在实现项目目标的前提下适当缩短工期。

施工进度控制的有关内容见表1A420020-3。

施工进度控制的项目及内容　表1A420020-3

项目	内容
施工进度控制程序	事前控制、事中控制和事后控制
施工进度计划实施监测的方法	横道计划比较法，网络计划法，实际进度前锋线法，S形曲线法、香蕉型曲线比较法等
项目进度报告的内容主要包括	（1）进度执行情况的综合描述； （2）实际施工进度； （3）资源供应进度； （4）工程变更、价格调整、索赔及工程款收支情况； （5）进度偏差状况及导致偏差的原因分析； （6）解决问题的措施； （7）计划调整意见
进度计划的调整方法及特点	（1）关键工作调整法：最常用的方法之一； （2）改变工作间的逻辑关系法：在允许改变关系的前提下，效果明显； （3）剩余工作重新编制法：当采用其他方法不能解决时可采用； （4）非关键工作调整：为了更充分地利用资源，降低成本； （5）资源调整：若资源供应发生异常，或某些工作只能由某特殊资源来完成时，应进行资源调整

章节练习题

一、单项选择题

1. 施工总进度计划的内容中不包括（　　　）。
   A. 编制说明
   B. 施工总进度计划表
   C. 资源需要量及供应平衡表
   D. 工程性质、规模、繁简程度

2. 下列单位工程进度计划的编制步骤正确的是（　　　）①确定施工顺序；②计算工程量；③收集编制依据；④划分施工过程、施工段和施工层。
   A.①②③④　　　　　　　B.①②④③
   C.③④①②　　　　　　　D.③④②①

二、多项选择题

1. 进度计划的调整方法包括（　　　）。
   A.关键工作调整法
   B.非关键工作调整法
   C.剩余工作重新编制法
   D.改变工作关系法
   E.资源调整法

2. 项目进度报告的内容主要包括（　　　）。
   A. 进度执行情况的综合描述
   B. 资源供应进度
   C. 价格调整
   D. 索赔及工程款收支情况
   E.设计变更

3. 下列文件中，属单位工程进度计划应包括的内容有（　　　）。
   A.工程建设概况
   B.建设单位可能提供的条件和水电供应情况
   C.施工现场条件和勘察资料
   D.分阶段进度计划
   E.主要施工方案及流水段划分

三、案例分析题

1.【2015年二级案例三（节选）】

【背景材料】某新建办公楼工程，建筑面积18600m²，地下二层，地上四层，层高4.5m，筏形基础，钢筋混凝土框架结构。

在施工过程中，发生了下列事件：

事件一：工程开工前，施工单位按规定向项目监理机构报送施工组织设计。监理工程师审核时，发现"施工进度计划"部分仅有"施工进度计划表"一项内容。认为该部分内容缺项较多，要求补充其他必要内容。

【问题】事件一中，还应补充的施工进度计划内容有哪些？

2.【2015年一级案例一（节选）】

【背景资料】（略）

事件一：监理工程师在审查施工组织总设计时，发现其总进度计划部分仅有网络图和编制说明。监理工程师认为该部分内容不全，要求补充完整。

【问题】事件一中，施工单位对施工总进度计划还需要补充哪些内容？

参考答案及解析

一、单项选择题

1.【答案】D

【解析】施工总进度计划的内容应包括：编制说明，施工总进度计划表（图），分期（分批）实施工程的开、竣工日期及工期一览表，资源需要量及供应平衡表等。

2.【答案】C

【解析】单位工程进度计划的编制步骤
（1）收集编制依据；
（2）划分施工过程、施工段和施工层；
（3）确定施工顺序；
（4）计算工程量；

（5）计算劳动量或机械台班需用量；

（6）确定持续时间；

（7）绘制可行施工进度计划图；

（8）优化并绘制正式施工进度计划图。

二、多项选择题

1.【答案】ABCE

【解析】进度计划的调整，一般有以下几种方法：

（1）关键工作的调整——本方法是进度计划调整的重点，也是最常用的方法之一。

（2）改变某些工作间的逻辑关系——此种方法效果明显，但应在允许改变关系的前提下才能进行。

（3）剩余工作重新编制进度计划——当采用其他方法不能解决时，应根据工期要求，将剩余工作重新编制进度计划。

（4）非关键工作调整——为了更充分地利用资源，降低成本，必要时可对非关键工作的时差作适当调整。

（5）资源调整——若资源供应发生异常，或某些工作只能由某特殊资源来完成时，应进行资源调整，在条件允许的前提下将优势资源用于关键工作的实施，资源调整的方法实际上也就是进行资源优化。

2.【答案】ABCD

【解析】项目进度报告的内容主要包括：进度执行情况的综合描述；实际施工进度，资源供应进度；工程变更、价格调整、索赔及工程款收支情况；进度偏差状况及导致偏差的原因分析；解决问题的措施；计划调整意见。

3.【答案】ADE

【解析】选项B、C属单位工程进度计划的编制依据。故ADE选项正确。

三、案例分析题

1.【答案】事件一中还应补充的内容有：编制说明、资源需要量、资源供应平衡表。

2.【答案】还需补充：分期实施工程的开、竣工日期及工期一览表，资源需要量及供应平衡表。

1A420030 项目质量计划管理

本节知识体系

项目质量计划管理 —— 项目质量计划编制 —— 项目质量计划编制依据
　　　　　　　　　　　　　　　　　　　　　　　项目质量计划编制要求

核心内容讲解

项目质量管理应贯穿项目管理的全过程，坚持"计划、实施、检查、处理"（PDCA）循环工作方法，持续改进施工过程的质量控制。

项目质量管理应遵循的程序：（1）明确项目质量目标；（2）编制项目质量计划；（3）实施项目质量计划；（4）监督检查项目质量计划的执行情况；（5）收集、分析、反馈质量信息并制定预防和改进措施。

一、项目质量计划编制依据

（1）工程承包合同、设计图纸及相关文件；

（2）企业的质量管理体系文件及其对项目部的管理要求；

（3）国家和地方的法律、法规、技术标准、规范及有关施工操作规程；

（4）项目管理实施规划或施工组织设计、专项施工方案。

二、项目质量计划编制要求

（1）项目质量计划应在项目策划过程中编制，经审批后作为对外质量保证和对内质量控制的依据。

（2）项目质量计划是将质量保证标准、质量管理手册和程序文件的通用要求与项目质量联系起来的文件，应保持与现行质量文件要求的一致性。

（3）质量计划应体现从检验批、分项工程、分部工程到单位工程的过程控制，且应体现从资源投入到完成工程质量最终检验和试验的全过程管理与控制要求。

（4）项目质量计划应由项目经理组织编写，须报企业相关管理部门批准并得到发包方和监理方认可后实施。

（5）施工企业应对质量计划实施动态管理，及时调整相关文件并监督实施。

章节练习题

一、单项选择题

施工项目质量计划应由（　　　）主持编制。

A.项目总工　　　　　　B.公司质量负责人

C.项目经理　　　　　　D.公司技术负责人

二、多项选择题

1. 项目质量管理应贯穿项目管理的全过程，坚持（　　　）循环工作方法，持续改进施工过程的质量控制。

A.计划　　　　　　　　B.检查

C.实施　　　　　　　　D.控制

E.处理

2. 项目质量管理应遵循的程序包括：①明确项目质量目标；②实施项目质量计划；③监督检查项目质量计划的执行情况；④收集、分析、反馈质量信息并制定预防和改进措施；⑤编制项目质量计划，顺序正确的是（　　　）。

A.①⑤②③④　　　　　B.⑤①②③④

C.④①⑤②③　　　　　D.①④⑤②③

3. 项目质量计划编制的依据包括（　　　）。

A.工程承包合同、设计图纸及相关文件

B.工程项目需用的主要资源

C.企业的质量管理体系文件及其对项目部的管理要求

D.国家和地方相关的法律、法规、技术标准、规范及有关施工操作规程

E.项目管理实施规划或施工组织设计、专项施工方案

参考答案及解析

一、单项选择题

【答案】C

【解析】施工项目质量计划应由项目经理主持编制

二、多项选择题

1.【答案】ABCE

【解析】项目质量管理应贯穿项目管理的全过程，坚持"计划、实施、检查、处理"（PDCA）循环工作方法，持续改进施工过程的质量控制。

2.【答案】A

【解析】项目质量管理应遵循的程序

（1）明确项目质量目标；

（2）编制项目质量计划；

（3）实施项目质量计划；

（4）监督检查项目质量计划的执行情况；

（5）收集、分析、反馈质量信息并制定预防和改进措施。

3.【答案】ACDE

【解析】项目质量计划编制依据

（1）工程承包合同、设计图纸及相关文件；

（2）企业的质量管理体系文件及其对项目部的管理要求；

（3）国家和地方相关的法律、法规、技术标准、规范及有关施工操作规程；

（4）施工组织设计、专项施工方案。

1A420040 项目材料质量控制

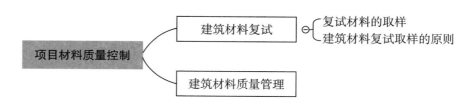

一、建筑材料复试

（一）复试材料的取样

材料进场管理流程

工程所用原材料、半成品或成品构件等从进场到施工使用应按照相应的管理流程。如图1A420040所示。

- 提供资料：出厂合格证、材质报告单、备案证明资料
- 外观检验：品种、规格、尺寸、数量、型号
- 见证取样：建设单位或监理工程师见证下，试验员送检
- 监理工程师签字
- 工程正式使用

图1A420040　材料进场管理流程图

（二）建筑材料复试取样的原则

1.同一厂家生产的同一品种、同一类型、同一生产批次的进场材料应根据相应规范要求取样复试。

2.应在建设单位或监理人员见证下，由项目试验员在现场取样，送至试验室进行试验。

3.进场材料的检测试样，必须从施工现场随机抽取，严禁在现场外取样。试样应有唯一性标识，试样交接时，应对试样外观、数量等进行检查确认。

4.见证人应由该工程建设单位书面确认，有现场的建设或监理单位人员1～2名担任，对试样的代表性及真实性负有法定责任。

5.结构材料

对于例如钢筋、水泥、混凝土、砌块结构材料的复试项目、检验批容量及特殊规定。

（1）钢筋

1）复试要求

①屈服强度、抗拉强度、伸长率和弯曲性能（成型钢筋可不测）、重量偏差，应做复验。

②焊接、机械连接结构应进行力学性能检验。

③当钢筋脆断、焊接性能不良或力学性能显著不正常应进行化学成分检验及其他专项检验。

2）检验批容量

钢筋原材的检验批量是60t，成型钢筋及

调直钢筋检验批量为30t。

3）钢筋检验批容量扩大的相关规定：

①获得认证得钢筋、成型钢筋；

②同一厂家、同一牌号、同一规格的钢筋，连续三批均一次检验合格；

③同一厂家、同一类型、同一钢筋来源得成型钢筋，连续三批进场检验均一次检验合格时。

（2）水泥

1）复试要求

抗压强度、抗折强度、安定性、凝结时间。

2）抽样原则

同一生产厂家、同一等级、同一品种、同一批号且连续进场的水泥，袋装不超过200t为一批，散装不超过500t为一批检验。

3）使用时效

当水泥出厂超过三个月（快硬硅酸盐水泥超过一个月）时，应进行复验，并按复验结果使用。

（3）石子

筛分析、含泥量、泥块含量、含水率、吸水率及石子的非活性骨料检验。

（4）砂

筛分析、泥块含量、含水率、吸水率及非活性骨料检验。

（5）预拌混凝土

1）材料要求

检查预拌混凝土出场合格证书及配套的水泥、砂、石子、外加剂掺合料原材复试报告和合格证、混凝土配合比单、混凝土试件强度报告。

2）取样方法

①每拌制100m³或不超过100m³的同配比取样不得少于一次。

②当一次连续浇筑超过1000m³时，同一配合比每200m³取样不得少于一次。

③每层楼、同一配合比取样不得少于一次。

④每一次取样应至少留置一组标准养护试件，同条件养护试件的留置组数应根据实际需要确定。

⑤用于检验混凝土强度的试件应在浇筑地点随机抽取。

【经典例题】（2016年二级真题）某学校活动中心工程，现浇钢筋混凝土框架结构，地上六层，地下二层，采用自然通风。

在施工过程中，发生了下列事件：

事件：主体结构施工过程中，施工单位对进场的钢筋按国家现行有关标准抽样检验了抗拉强度、屈服强度、结构施工至四层时，施工单位进场一批72t Φ18螺纹钢筋，在此前因同厂家、同牌号的该规格钢筋已连续三次进场检验均一次检验合格，施工单位对此批钢筋仅抽取一组试件送检，监理工程师认为取样组数不足。

【问题】事件中，施工单位还应增加哪些钢筋原材检测项目？通常情况下钢筋原材检验批量最大不宜超过多少t？监理工程师的意见是否正确？并说明理由。

【答案】施工单位还应增加：伸长率、弯曲性能、单位长度重量偏差。

通常情况下钢筋原材检验批量最大不宜超过60t；

监理工程师的意见不正确，根据现行国家标准《混凝土结构工程施工质量验收规范》GB50204规定同一厂家、同一牌号、同一项目、同一规格的钢筋已连续三次进场检验均一次检验合格，批量可扩大一倍，可以120t一批次检验，因此施工单位72t一批次检验正确。

6.装饰装修及功能材料的复验项目及特殊规定见表1A420040-1。

装饰装修及功能材料的复验项目   表1A420040-1

材料名称	复验项目	备注
天然花岗岩石材或瓷质砖	应对不同批次，不同产品进行放射性复验	室内使用面积大于200m²必须复验，室外及小面积使用无需复验
饰面砖	（1）外墙陶瓷需要进行吸水率及抗冻性能复验； （2）粘贴水泥的复验； （3）后置埋件的现场拉拔强度、样板件的粘接强度试验	外墙陶瓷砖的抗冻性只在寒冷地区需要检验
人造木板或饰面人造木板	应对不同产品、不同批次材料的游离甲醛含量或游离甲醛释放量分别进行抽查复验	室内使用面积大于500m²时必须检验
保温材料	导热系数、密度、抗压强度或压缩强度、燃烧性能	

有关安全和功能的检测项目见表1A420040-2。

有关安全和功能的检测项目   表1A420040-2

项次	子分部工程	检测项目
1	门窗工程	（1）建筑外墙金属窗的抗风压性能、空气渗透性能和雨水渗漏性能； （2）建筑外墙塑料窗的抗风压性能、空气渗透性能和雨水渗漏性能（三性）
2	饰面板（砖）工程	（1）饰面板后置埋件的现场拉拔强度； （2）饰面砖样板件的粘结强度
3	幕墙工程	（1）硅酮结构胶的相容性试验； （2）幕墙后置埋件的现场拉拔强度； （3）幕墙的抗风压性能、空气渗透性能、雨水渗漏性能及平面变形性能（四性）
4	防水工程	24h蓄水实验

二、建筑材料质量管理

建筑材料的质量控制的四个环节及相关规定见表1A420040-3。

建筑材料的质量控制的四个环节及相关规定   表1A420040-3

质量控制环节	相关规定
材料采购	各省市及地方建设行政管理部门对钢材、水泥、预拌混凝土、砂石、砌体材料、石材、胶合板实行备案证明管理
材料进场试验检验	（1）质量验证包括材料品种、型号、规格、数量、外观检查和见证取样； （2）业主采购的物资，项目的验证不能取代业主对其采购物资的质量责任
过程保管	（1）专人管理并建立材料管理台账，进行收、发、储、运等环节的技术管理； （2）要严格按照施工平面布置图的位置要求堆放，分类码放，标识清晰并应采取防止材料受潮或淋湿的措施
材料使用	合理组织建立限额领料制度，减少过程中的浪费

章节练习题

一、单项选择题

下列关于复试材料取样的说法错误的是（　　　）。

A.同一厂家生产的同一品种、同一类型、同一生产批次的进场材料应进行抽样复试

B.项目应实行见证取样和送检制度

C.在建设单位或监理工程师的见证下见证取样

D.送检的检测试样，可以在现场外抽取

二、多项选择题

1.水泥复试内容有（　　　）。

A.抗压强度   B.抗折强度

C.安定性   D.凝结时间

E.耐久性

2.材料进场质量验证内容有（　　　）。

A.品种   B.型号

C.外观检查   D.见证取样

E.品质

3.建筑外墙塑料窗应进行复验的性能指标有（　　　）。

A.抗震性能   B.空气渗透性能

C.隔声性能   D.雨水渗漏性能

E.抗风压性能

4.根据有文件规定，各省市及地方建设行政管理部门对（　　　）实行备案证明管理。

A.钢材   B.水泥

C.预拌混凝土   D.砌体材料

E.玻璃制品

参考答案及解析

一、单项选择题

【答案】D

【解析】送检的检测试样，必须从进场材料中随机抽取，严禁在现场外抽取，应在施工现场取样。

二、多项选择题

1.【答案】ABCD

【解析】水泥复试内容：抗压强度、抗折强度、安定性、凝结时间。

2.【答案】ABCD

【解析】质量验证包括材料品种、型号、规格、数量、外观检查和见证取样。

3.【答案】BDE

【解析】建筑外墙塑料窗的检测项目包括抗风压性能、空气渗透性能和雨水渗漏性能。

4.【答案】ABCD

【解析】在我国，政府对大部分建材的采购和使用都有文件规定，各省市及地方建设行政管理部门对钢材、水泥、预拌混凝土、砂石、砌体材料、石材、胶合板实行备案证明管理。

1A420050 项目施工质量管理

本节知识体系

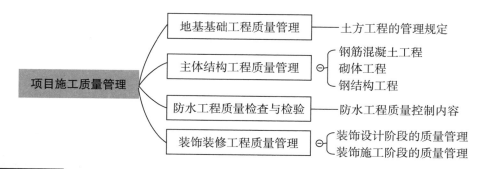

核心内容讲解

一、地基基础工程质量管理

土方工程主要包括土方的开挖、验槽及回填，相应的管理规定见表1A420050-1。

土方工程的质量管理规定　　表1A420050-1

检验项目	相关管理内容
土方开挖	开挖前检查定位放线、排水和降低地下水位系统
	开挖过程中应检查平面位置、水平标高、边坡坡度、压实度、排水和降低地下水位系统，并随时观测周围的环境变化
验槽内容	（1）核对基坑（槽）的位置、平面尺寸、坑底标高是否符合设计的要求，并检查边坡稳定状况，确保边坡安全； （2）核对基坑土质和地下水情况是否满足地质勘察报告和设计要求；有无破坏原状土结构或发生较大土质扰动的现象； （3）用钎探法或轻型动力触探等方法检查基坑（槽）是否存在软弱土下卧层及空穴、古墓、古井、防空掩体、地下埋设物等并确定其位置、深度、性状
土方回填	（1）回填土的材料要符合设计和规范的规定； （2）填土施工过程中应检查排水措施、每层填筑厚度、回填土的含水量控制（回填土的最优含水量和压实程度； （3）在夯实后，要对每层回填土的质量进行检验； （4）填方施工结束后应检查标高、边坡坡度、压实程度等

地基处理及桩基础的相关管理规定见表1A420050-2。

地基处理及桩基础的质量管理规定　表1A420050-2

检验项目	相关管理规定
灰土、砂和砂石地基工程	（1）施工过程中应检查：分层铺设的厚度、分段施工时上下两层的搭接长度、夯实时加水量、夯压遍数、压实系数； （2）施工结束后，应检验灰土、砂和砂石地基的承载力
重锤夯实或强夯地基工程	（1）施工前应检查夯锤质量、尺寸、落距控制手段、排水设施及被夯地基的土质； （2）施工中应检查落距、夯击遍数、夯点位置、夯击范围； （3）施工结束后，检查被夯地基的强度并进行承载力检验
混凝土灌注桩基础	检查桩位偏差、桩顶标高、桩底沉渣厚度、桩身完整性、承载力、垂直度、桩径、原材料、混凝土配合比及强度、泥浆配合比及性能指标、钢筋笼制作及安装、混凝土浇筑等

二、主体结构工程质量管理

（一）钢筋混凝土工程

钢筋混凝土工程中模板、钢筋、混凝土等分项工程应检查的内容见表1A420050-3。

钢筋混凝土子分部各分项质量控制内容　表1A420050-3

分部分项工程	应检查的项目
模板工程	过程应重点检查：施工方案是否可行及落实情况，模板的强度、刚度、稳定性平面位置及垂直、梁底模起拱，严格控制拆模时混凝土的强度和拆模顺序
钢筋工程	过程应重点检查：原材料进场合格证和复试报告、加工质量、钢筋连接试验报告及操作者合格证
混凝土工程	检查混凝土主要组成材料的合格证及复验报告、配合比、坍落度、冬季施工浇筑时入模温度、现场混凝土试块、养护方法及时间、后浇带的留置和处理等是否符合设计和规范要求
钢筋混凝土构件安装工程	构件的合格证、外观质量、尺寸偏差、结构性能、临时堆放方式等
预应力混凝土工程	应检查预应力筋张拉机具设备及仪表、预应力筋、锚具和连接器、孔道、张拉与放张、灌浆及封锚

（二）砌体工程

砌体结构应检查的项目及相关要求见表1A420050-4。

砌体子分部质量控制内容　表1A420050-4

项目	相关要求
砌体材料	检查产品的品种、规格、型号、数量、外观状况及产品的合格证、性能检测报告等，还包括相关项目的复试
砌筑砂浆	检查配合比、计量、搅拌质量、试块的制作、数量、养护及强度等
砌体	检查砌筑方法、皮数杆、灰缝、砂浆饱满度、砂浆粘结状况、块材的含水率、留槎、接槎、洞口、脚手眼、标高等

（三）钢结构工程

钢结构应检查的项目及相关要求见表1A420050-5。

钢结构子分部质量控制内容　表1A420050-5

项目	相关要求
原材料及成品进场	钢材、焊接材料、连接用紧固标准件、焊接球等的品种、规格、性能应符合相关要求
焊接工程	主要检查焊工合格证及其有效期和认可范围，焊接材料、焊钉（栓钉）烘焙记录，焊接工艺评定报告，焊缝外观、尺寸及探伤记录，焊缝预后热施工记录和工艺试验报告等
紧固件连接工程	（1）检查紧固件和连接钢材的品种、规格、型号、级别、尺寸、外观及匹配情况。 （2）查普通螺栓的拧紧顺序、拧紧情况、外露丝扣。 （3）检查高强度螺栓连接摩擦面抗滑移系数试验报告和复验报告、扭矩扳手标定记录、紧固顺序、转角或扭矩（初拧、复拧、终拧）、螺栓外露丝扣等。 （4）当普通螺栓作为永久性连接螺栓时且设计有要求或对其质量有疑义时，应检查螺栓实物复验报告
钢零件及钢部件加工	主要检查钢材切割面或剪切面的平面度、割纹和缺口的深度、边缘缺棱、型钢端部垂直度等
钢结构安装	检查钢结构零件及部件的制作质量、地脚螺栓及预留孔情况、安装平面轴线位置、标高、垂直度、平面弯曲、单元拼接长度与整体长度、支座中心偏移与高差、钢结构安装完成后环境影响造成的自然变形、节点平面紧贴的情况、垫铁的位置及数量等是否符合设计和规范要求
涂装工程	（1）检查防腐涂料、涂装遍数、间隔时间、涂层厚度及涂装前钢材表面处理应符合设计要求。 （2）检查防火涂料粘结强度、抗压强度、涂装厚度、表面裂纹宽度及涂装前钢材表面处理和防锈涂装等
其他	钢结构施工过程中，用于临时加固、支撑的钢构件，其原材、加工制作、焊接、安装、防腐等

三、防水工程质量检查与检验

防水工程质量控制内容见表1A420050-6。

防水工程质量控制内容　表1A420050-6

检查项目	检查要求
防水卷材	应检查所有卷材及其配套材料、防水涂料和胎体增强材料、刚性防水材料、聚乙烯丙纶及其粘结材料等材料的出厂合格证、质量检验报告和现场抽样复验报告
防水混凝土	应检查防水混凝土原材料（包括：掺合料、外加剂）的出厂合格证、质量检验报告、现场抽样试验报告、配合比、计量、坍落度
地下防水工程	（1）应检查防水层基层状况（包括平整度、转角圆弧等）、卷材铺贴（胎体增强材料铺设）的方向及顺序、附加层、搭接长度及搭接缝位置、转角处、变形缝、穿墙管道等细部做法。 （2）应检查防水混凝土模板及支撑、混凝土的浇筑
屋面防水工程	基层状况（包括干燥、干净、坡度、平整度、分格缝、转角圆弧等）、卷材铺贴（胎体增强材料铺设）的方向及顺序、附加层、搭接长度及搭接缝位置、泛水的高度、女儿墙压顶的坡向及坡度等
厨房、厕浴间	基层状况（包括干燥、干净、坡度、平整度、转角圆弧等）、涂膜的方向及顺序、附加层、涂膜厚度、防水的高度、管根处理、防水保护层、缺陷情况等

四、装饰装修工程质量管理

装饰装修工程的质量管理分为设计阶段和施工阶段的管理规定。

（一）装饰设计阶段的质量管理

1.当涉及主体和承重结构改动或增加荷载时，必须由原结构设计单位或具备相应资质的设计单位核查有关原始资料，对既有建筑结构的安全性进行核验、确认。

2.严禁未经设计确认和有关部门批准擅自拆改水、暖、电、燃气、通信等配套设施。

（二）装饰施工阶段的质量管理

1.施工人员应认真做好质量自检、互检及工序交接检查，做好记录。

2.图纸"三交底"：

$$施工主管 \xrightarrow{\text{交底}} 施工工长 \xrightarrow{\text{交底}} 班组长 \xrightarrow{\text{交底}} 施工工人$$

3.隐蔽工程验收：凡是隐蔽工程均应检查认证后方能掩盖。分项、分部工程完工后，应经检查认可，签署验收记录后，才允许进行下一工程项目施工。

章节练习题

多项选择题

1. 土方开挖前，工程质量检查的内容有（　　）。
   A.定位放线
   B.排水和降低地下水位系统
   C.平面位置
   D.水平标高
   E.场地情况

2. 土方开挖过程中，工程质量检查的内容有
   （　　）。
   A.定位放线
   B.排水和降低地下水位系统
   C.平面位置
   D.水平标高
   E.压实度

3. 填方施工结束后，工程质量查验的内容有
   （　　）。
   A.标高　　　　　　　B.边坡坡度
   C.压实程度　　　　　D.每层填筑厚度
   E.排水措施

参考答案及解析

多项选择题

1.【答案】AB
   【解析】土方开挖前，应检查定位放线、排水和降低地下水位系统。

2.【答案】CDE
   【解析】开挖过程中，应检查平面位置、水平标高、边坡坡度、压实度、排水和降低地下水位系统，并随时观测周围的环境变化。

3.【答案】ABC
   【解析】填方施工结束后应检查标高、边坡坡度、压实程度等是否满足设计或规范要求。

1A420060 项目施工质量验收

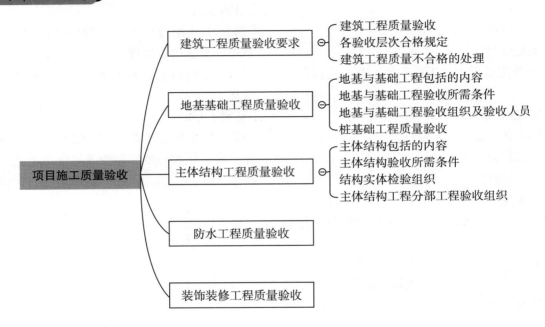

本节知识体系

项目施工质量验收
- 建筑工程质量验收要求
  - 建筑工程质量验收
  - 各验收层次合格规定
  - 建筑工程质量不合格的处理
- 地基基础工程质量验收
  - 地基与基础工程包括的内容
  - 地基与基础工程验收所需条件
  - 地基与基础工程验收组织及验收人员
  - 桩基础工程质量验收
- 主体结构工程质量验收
  - 主体结构包括的内容
  - 主体结构验收所需条件
  - 结构实体检验组织
  - 主体结构工程分部工程验收组织
- 防水工程质量验收
- 装饰装修工程质量验收

核心内容讲解

一、建筑工程质量验收要求

（一）建筑工程质量验收

包括工程施工质量的中间验收和工程的竣工验收两个方面。

各验收层次的验收权限及划分依据见表1A420060-1。

验收程序及划分依据　表1A420060-1

划分	组织验收人员	划分依据
单位工程	建设单位项目负责人	具备独立验收条件并具备独立使用功能的建筑物
分部工程	建设单位项目负责人或总监理工程师	按专业性质和工程部位划分为10个分部工程（见注释）
分项工程	专业监理工程师	按工种、工艺、材料和设备划分
检验批	专业监理工程师	按工程量、楼层、施工段、变形缝划分

注：按专业性质和工程部位划分为地基与基础、主体结构、建筑装饰装修、屋面、建筑给排水及供暖、通风与空调、建筑电气、智能建筑、建筑节能、电梯。

【经典例题】 1.（2015年二级真题）建筑工程质量验收划分时，分部工程的划分依据有（　　）。

A.工程量　　　　　B.专业性质

C.变形缝　　　　　D.工程部位

E.楼层

【答案】 BD

🔊**嗨·点评** 分部工程是按照专业性质和工程部位划分为10大分部工程，A、C、E选项是检验批的划分依据。

（二）各验收层次合格规定

1.检验批合格规定

（1）主控项目和一般项目的质量经抽样检验合格。

（2）具有完整的施工操作依据、质量检查记录。

检验批是工程验收的最小单位，是分项工程乃至整个建筑工程质量验收的基础。

2.分项工程合格规定

（1）分项工程所含的检验批均应符合合格质量的规定。

（2）分项工程所含的检验批的质量验收记录应完整。

3.分部（子分部）工程合格规定

（1）分部（子分部）工程所含工程的质量均应验收合格。

（2）质量控制资料应完整。

（3）地基与基础、主体结构和设备安装等分部工程有关安全及功能的检验和抽样检测结果应符合有关规定。

（4）观感质量验收应符合要求。

4.单位（子单位）工程合格规定

（1）单位（子单位）工程所含分部（子分部）工程的质量均应验收合格。

（2）质量控制资料应完整。

（3）单位（子单位）工程所含分部工程有关安全和功能的检测资料应完整。

（4）主要功能项目的抽查结果应符合相关专业质量验收规范的规定。

（5）观感质量验收应符合要求。

关于观感质量验收，由各个人的主观印象判断，检查结果并不是给出"合格"或"不合格"的结论，而是综合给出"好"、"不好"、"一般"等质量评价。

（三）建筑工程质量不合格的处理

1.经返工重做或更换器具、设备的检验批，应重新进行验收。

2.经有资质的检测单位检测鉴定能够达到设计要求的检验批，应予以验收。

3.经有资质的检测单位检测鉴定达不到设计要求、但经原设计单位核算认可能够满足结构安全和使用功能的检验批，可予以验收。

4.经返修或加固处理的分项、分部工程，虽然改变外形尺寸但仍能满足安全使用要求，可按技术处理方案和协商文件进行验收。

5.通过返修或加固处理仍不能满足安全使用要求的分部工程、单位（子单位）工程，严禁验收。

【经典例题】 2.某建筑公司承接一项综合楼任务，建筑面积100828m²，地下3层，地上26层，箱形基础，主体为框架结构。该项目地处城市主要街道交叉路口，是该地区的标志性建筑物。因此，施工单位在施工过程中加强了对工序质量的控制。在第10层混凝土部分试块检测时发现强度达不到设计要求，但实体经有资质的检测单位检测鉴定，强度达到了要求。由于加强了预防和检查，没有再发生类似情况。该楼最终顺利完工，达到验收条件后，建设单位组织了竣工验收。

【问题】1.第10层的质量问题是否需要处理？请说明理由。

2.如果第10层混凝土强度经检测达不到要求，施工单位应如何处理？

3.该综合楼工程质量验收合格应符合哪些规定？

【答案】1.第10层的混凝土不需要处理

混凝土试块检测强度不足后对工程实体混凝土进行的测试证明能够达到设计强度要求，故不需进行处理。

2.如果第10层实体混凝土强度经检测达不到设计强度要求，应按如下程序处理：

（1）施工单位应将试块检测和实体检测情况向监理单位和建设单位报告。

（2）由原设计单位进行核算；如经设计单位核算混凝土强度能满足结构安全和工程使用功能，可予以验收；如经设计单位核算混凝土强度不能满足要求，需根据混凝土实际强度情况制定拆除、重建、加固补强、结构卸荷、限制使用等相应的处理方案。

施工单位按批准的处理方案进行处理；

施工单位将处理结果报请监理单位进行检查验收报告；施工单位对发生的质量事故剖析原因，采取预防措施予以防范。

3.该综合楼工程质量验收合格的规定（单位工程合格要求）。

（1）单位（子单位）工程所含分部（子分部）工程的质量应验收合格。

（2）质量控制资料应完整。

（3）单位（子单位）工程所含分部工程有关安全和功能的检测资料应完整。

（4）主要功能项目的抽查结果应符合相关专业质量验收规范的规定。

（5）观感质量应符合要求。

二、地基基础工程质量验收

（一）地基与基础工程包括的内容

主要包括：地基、基础、基坑支护、地下水控制、土方、边坡、地下防水等子分部工程。

地基与基础工程的子分部工程及其分项工程的划分。（见表1A420060-2）

地基与基础工程的内容　表1A420060-2

序号	子分部工程名称	分项工程
1	地基	素土、灰土地基，砂和砂石地基，土工合成材料地基，粉煤灰地基，强夯地基，注浆地基，预压地基，砂石桩复合地基，高压旋喷注浆地基，水泥土搅拌桩地基，土和灰土挤密桩复合地基，水泥粉煤灰碎石桩复合地基，夯实水泥土复合地基
2	基础	无筋扩展基础，钢筋混凝土扩展基础，筏形与箱形基础，钢结构基础，钢管混凝土结构基础，型钢混凝土结构基础，钢筋混凝土预制桩基础，泥浆护壁成孔灌注桩基础，干作业成孔桩基础，长螺旋钻孔压灌桩基础，沉管灌注桩基础，钢桩基础，锚杆静压桩基础，岩石锚杆基础，沉井与沉箱基础
3	基坑支护	灌注桩排桩围护墙，板桩围护墙，咬合桩围护墙，型钢水泥土搅拌墙，土钉墙，地下连续墙，水泥土重力式挡墙内支撑，锚杆，与主体结构相结合的基坑支护
4	地下水控制	降水与排水，回灌
5	土方	土方开挖，土方回填，场地平整
6	边坡	喷锚支护，挡土墙，边坡开挖
7	地下防水	主体结构防水，细部构造防水，特殊施工法结构防水，排水，注浆

（二）地基与基础工程验收所需条件

地基与基础工程验收所需条件包括实体条件和资料条件。

1.工程实体要求

（1）基础墙面上的施工孔洞须按规定镶堵密实，并作隐蔽工程验收记录。

（2）混凝土结构工程模板应拆除并对其表面清理干净，混凝土结构存在缺陷处应整改完成。

（3）施工合同和设计文件规定的地基与基础分部工程施工的内容已完成，检验、检测报告（包括环境检测报告）应符合现行验收规范和标准的要求。

（4）地基与基础分部工程施工中，质监站发出整改（停工）通知书要求整改的质量问题都已整改完成，完成报告书已送质监站归档。

2.工程资料要求

（1）先有施工企业自检，出自评报告，并由项目经理和施工单位负责人签字盖章后交监理单位。

（2）监理单位出质量评估报告，由总监理工程师和监理单位负责人签字盖章。

（3）勘察设计单位相关人员签字。

（三）地基与基础工程验收组织及验收人员

1.由总监理工程师（建设单位项目负责人）组织验收。

2.五方参建单位负责人参加（包括：总监理工程师、建设单位项目负责人、设计单位项目负责人、勘察单位项目负责人、相应的设计及勘察人员、施工单位技术、质量负责人及项目经理、项目技术负责人等）。

（四）桩基础工程质量验收

（1）桩位的放样允许偏差如下：1）群桩20mm；2）单排桩10mm。

（2）桩基工程的桩位验收，除设计有规定外，应按下述要求进行：

1）当桩预设计标高与施工场地标高相同时，或桩基施工结束后，有可能对桩位进行检查时，桩基工程的验收应在施工结束后进行。

2）当桩顶设计标高低于施工场地标高，送桩后无法对桩位进行检查时，对打入桩可在每根桩桩顶沉至场地标高时，进行中间验收，待全部桩施工结束，承台或底板开挖到设计标高后，再做最终验收。对灌注桩可对护筒位置做中间验收。

（3）水下灌注时桩顶混凝土面标高至少要比设计标高超灌0.8~1.0m，桩底清孔质量按不同成桩工艺有不同的要求。每灌注50m³必须有1组试件，小于50m³的桩，每根桩必须有1组试件。

（4）工程桩应进行承载力检验。对于地基基础设计等级为甲级或地质条件复杂，成桩质量可靠性低的灌注桩，应采用静载荷试验的方法进行检验，检验桩数不应少于总数的1%，且不应少于3根；当总桩数少于50根时，不应少于2根。

（5）桩身质量应进行检验。对设计等级为甲级或地质条件复杂，成桩质量可靠性低的灌注桩，抽检数量不应少于总数的30%，且不应少于20根；其他桩基工程的抽检数量不应少于总数的20%，且不应少于10根；对混凝土预制桩及地下水位以上且终孔后经过核验的灌注桩，检验数量不应少于总桩数的10%，且不得少于10根。每个柱子承台下不得少于1根。

三、主体结构工程质量验收

（一）主体结构包括的内容

主体结构主要包括：混凝土结构、砌体结构、钢结构、钢筋混凝土结构、型钢混凝土结构、铝合金结构、木结构等子分部工程见表1A420060-3。

主体结构工程子分部工程及其分项工程的划分表　表1A420060-3

序号	子分部工程名称	分项工程
1	混凝土结构	模板，钢筋，混凝土，预应力，现浇结构，装配式结构
2	砌体结构	砖砌体，混凝土小型空心砌块砌体，石砌体，配筋砌体，填充墙砌体
3	钢结构	钢结构焊接，紧固件连接，钢零部件加工，钢构件组装及预拼装，单层钢结构安装，多层及高层钢结构安装，钢管结构安装，预应力钢索和膜结构，压型金属板，防腐涂料涂装，防火涂料涂装
4	钢管混凝土结构	构件现场拼装，构件安装，钢管焊接，构件连接，钢管内钢筋骨架，混凝土
5	型钢混凝土结构	型钢焊接，紧固件连接，型钢与钢筋连接，型钢构件组装及预拼装，型钢安装，模板，混凝土
6	铝合金结构	铝合金焊接，紧固件连接，铝合金零部件加工，铝合金构件组装，铝合金构件预拼装，铝合金框架结构安装，铝合金空间网格结构安装，铝合金面板，铝合金幕墙结构安装，防腐处理
7	木结构	方木与原木结构，胶合木结构，轻型木结构，木结构的防护

嗨·点评　混凝土属于分项工程，混凝土结构属于子分部工程，子分部一定包含"结构"两个字。

（二）主体结构验收所需条件

主体结构验收所需条件包括实体条件和资料条件。

1.工程实体条件

（1）主体分部验收前，墙面上的施工孔洞须按规定镶堵密实，并作隐蔽工程验收记录。未经验收不得进行装饰装修工程的施工。

（2）混凝土结构工程模板应拆除并对将表面清理干净，混凝土结构存在缺陷处应整改完成。

主体分部工程验收前，可完成样板间或样板单元的室内粉刷。

主体分部工程施工中，质监站发出整改（停工）通知书要求整改的质量问题都已整改完成，完成报告书已送质监站归档。

【经典例题】3.（2016年一级真题）根据现行国家标准《建筑工程施工质量验收统一标准》GB 50300，属于主体结构分部的有（　　）。

A.混凝土结构

B.型钢混凝土结构

C.铝合金结构

D.劲钢（管）混凝土结构

E.网架和索膜结构

【答案】ABC

2.工程资料要求

（1）施工单位自检，自评报告；

（2）监理质量评估报告；

（3）勘察、设计单位进行认可；

（4）有完整的主体结构工程档案资料，见证试验档案，监理资料；施工质量保证资料；管理资料和评定资料；

（5）主体工程验收通知书；

（6）工程规划许可证复印件（需加盖建设单位公章）；

（7）中标通知书复印件（需加盖建设单位公章）；

（8）工程施工许可证复印件（需加盖建设单位公章）；

（9）混凝土结构子分部工程结构实体混凝土强度验收记录；

（10）混凝土结构子分部工程结构实体钢筋保护层厚度验收记录。

（三）结构实体检验组织

1.对涉及混凝土结构安全的有代表性的

部位应进行结构实体检验。

结构实体检验应包括：混凝土强度、钢筋保护层厚度、结构位置与尺寸偏差以及合同约定的项目；必要时可检验其他项目。

2.结构实体检验应由监理单位组织施工单位实施，并见证实施过程。施工单位应制定结构实体检验专项方案，并经监理单位审核批准后实施。除结构位置与尺寸偏差实体检验项目外，应由具有相应资质的检测机构完成。

3.结构实体混凝土强度检验宜采用同条件养护试件方法，当未取得同条件养护试件强度或同条件养护试件强度不符合要求时，可采用回弹—取芯法进行检验。

（四）主体结构工程分部工程验收组织

1.分部工程应由总监理工程师（或建设单位项目负责人）组织施工单位项目负责人和项目技术负责人等进行验收。

2.设计单位项目负责人和施工单位技术、质量部门负责人应参加主体结构、节能分部工程的验收；地基与基础分部工程还应有勘察单位项目负责人参加。

3.参加验收的人员，除指定的人员必须参加验收外，允许其他相关人员共同参加验收。

四、防水工程质量验收

1.地下防水隐蔽工程验收记录的主要内容：

（1）防水层的基层；

（2）防水混凝土结构和防水层被掩盖的部位；

（3）施工缝、变形缝、后浇带等防水构造的做法；

（4）管道穿过防水层的封固部位；

（5）渗排水层、盲沟和坑槽；

（6）结构裂缝注浆处理部位；

（7）衬砌前围岩渗漏水处理部位；

（8）基坑的超挖和回填。

2.屋面防水工程隐蔽验收记录的主要内容：

（1）卷材、涂膜防水层的基层；

（2）密封防水处理部位；

（3）天沟、檐沟、泛水和变形缝等细部做法；

（4）卷材、涂膜防水层的搭接宽度和附加层；

（5）刚性保护层与卷材、涂膜防水层之间设置的隔离层。

3.室内防水隐蔽工程验收记录的主要内容：

（1）卷材、涂料、涂膜等防水层的基层；

（2）密封防水处理部位；

（3）管道、地漏等细部做法；

（4）卷材、涂膜等防水层的搭接宽度和附加层；

（5）刚柔防水各层次之间的搭接情况；

（6）涂料涂层厚度、涂膜厚度、卷材厚度。

五、装饰装修工程质量验收

1.建筑装饰装修工程分部分项划分见表1A420060-4。

建筑装饰装修工程的子分部工程及其分项工程的划分　表1A420060-4

项次	子分部工程	分项工程
1	建筑地面	基层铺设，整体面层铺设，板块面层铺设，木、竹面层铺设
2	抹灰	一般抹灰，保温层薄抹灰，装饰抹灰，清水砌体勾缝
3	外墙防水	外墙砂浆防水，涂膜防水，透气膜防水
4	门窗	木门窗安装，金属门窗安装，塑料门窗安装，特种门安装，门窗玻璃安装
5	吊顶	整体面层吊顶，板块面层吊顶，格栅吊顶

续表

项次	子分部工程	分项工程
6	轻质隔墙	板材隔墙，骨架隔墙，活动隔墙，玻璃隔墙
7	饰面板	石板安装，陶瓷板安装，木板安装，金属板安装，塑料板安装
8	饰面砖	外墙饰面砖粘贴，内墙饰面砖粘贴
9	幕墙	玻璃幕墙安装，金属幕墙安装，石材幕墙安装，陶板幕墙安装
10	涂饰	水性涂料涂饰，溶剂型涂料涂饰，美术涂饰
11	裱糊与软包	裱糊、软包
12	细部	橱柜制作与安装，窗帘盒和窗台板制作与安装，门窗套制作与安装，护栏和扶手制作与安装，花饰制作与安装

2. 检验批验收

1）检验批划分

装饰装修工程的检验批可根据施工及质量控制和验收需要按楼层、施工段、变形缝等进行划分。一般按楼层划分检验批，对于工程量较少的分项工程可统一划分为一个检验批。

2）合格条件

①质量控制资料：具有完整的施工操作依据、质量检查记录；

②主控项目：合格；

③一般项目：抽查样本的80%以上应合格。允许偏差的检验项目，其最大偏差不得超过规范规定允许偏差的1.5倍。

3. 建筑装饰装修分部工程由总承包单位施工时，按分部工程验收；由分包单位施工时，分包单位应将工程的有关资料移交总包单位。

4. 当建筑工程只有装饰装修分部工程时，该工程应作为单位工程验收。

章节练习题

一、多项选择题

1. 地基与基础分部工程验收时，必须参加的单位有（　　）。
   - A.施工单位
   - B.监理单位
   - C.设计单位
   - D.勘察单位
   - E.咨询单位

2. 下列验收类别中，属于过程验收的有（　　）。
   - A.检验批验收
   - B.分项工程验收
   - C.分部工程验收
   - D.单位工程验收
   - E.隐蔽工程验收

3. 建筑工程施工检验批质量验收合格的规定有（　　）。
   - A.主控项目和一般项目的质量经抽样检验合格
   - B.具有完整的施工操作依据、质量检查记录
   - C.质量控制资料应完整
   - D.观感质量验收应符合要求
   - E.主要功能项目的抽查结果应符合相关专业质量验收规范的规定

4. 建筑工程分项工程质量验收合格的规定有（　　）。
   - A.所包含的检验批均应符合合格质量的规定
   - B.所含的检验批的质量验收记录完整
   - C.质量控制资料完整
   - D.有关安全及功能的检验和抽样检测结果符合有关规定
   - E.观感质量验收符合要求

5. 建筑工程分部（子分部）工程质量验收合格的规定有（　　）。
   - A.所含分项工程的质量均应验收合格
   - B.质量控制资料应完整
   - C.观感质量验收应符合要求
   - D.主要功能项目的抽查结果应符合相关专业质量验收规范的规定

   - E.有关安全、节能、环境保护和主要使用功能的抽样检验结果应符合相应规定

6. 建筑工程单位（子单位）工程质量验收合格的规定有（　　）。
   - A.所含分部工程的质量均应验收合格
   - B.质量控制资料应完整
   - C.观感质量验收应符合要求
   - D.主要使用功能项目的抽查结果应符合相关专业质量验收规范的规定
   - E.地基与基础、主体结构和设备安装等分部工程有关安全及功能的检验和抽样检测结果应符合有关规定

7. 当建筑工程质量不符合要求时，相关处理规定说法正确的是（　　）。
   - A.经返工或返修的检验批，应重新进行验收
   - B.经有资质的检测单位检测鉴定能够达到设计要求的检验批，应予以验收
   - C.经有资质的检测单位检测鉴定达不到设计要求、但经原设计单位核算认可能够满足结构安全和使用功能的检验批，不予以验收
   - D.经返修或加固处理的分项、分部工程，虽然改变外形尺寸但仍能满足安全使用要求，可按技术处理方案和协商文件进行验收
   - E.经返修或加固处理仍不能满足安全或使用要求的分部工程及单位工程，严禁验收

8. 地基与基础工程内容包括（　　）。
   - A.地基
   - B.基坑支护
   - C.地下水控制
   - D.外墙防水
   - E.土方

二、案例分析题

1.【2013年二级案例二（节选）】某高校新建一栋办公楼和一栋实验楼，均为现浇钢筋混凝土框架结构。办公楼地下1层，地上11层，建筑檐高48m；实验楼六层，建筑檐高

22m。建设单位与某施工总承包单位签订了施工总承包合同。合同约定：（1）电梯安装工程由建设单位指定分包；（2）保温工程保修期限为10年。

施工过程中，发生了下列事件：

事件三：办公楼电梯安装工程早于装饰装修工程施工完，提前由总监理工程组织验收，总承包单位未参加。验收后电梯安装单位将电梯工程有关资料移交给建设单位。整体工程完成时，电梯安装单位已撤场，由监理组织，监理、设计、总承包单位参与进行了单位工程质量验收。

事件四：总承包单位在提交竣工验收报告的同时，还提交了《工程质量保修书》，其中保温工程保修期按《民用建筑节能条例》的规定承诺保修5年。建设单位以《工程质量保修书》不合格为由拒绝接收。

【问题】

（1）指出事件三中错误之处，并分别给出正确做法。

（2）事件四中，总承包单位、建设单位做法是否合理？

2.【2014年二级案例三（节选）】某新建办公楼，地下1层，筏形基础，地上12层，框架剪力墙结构，筏板基础混凝土强度等级C30，抗渗等级P6，总方量1980m³，由某商品混凝土搅拌站供应，一次性连续浇筑，在施工现场设置了钢筋加工区。

在合同履行过程中，发生了下列事件：

事件二：在筏板基础混凝土浇筑期间，试验人员随机选择了一辆正处于等候状态的混凝土运输车放料取样，并留置了一组标准养护抗压试件（3个）和一组标准养护抗渗试件（3个）。

事件三：框架柱箍筋采用 ϕ8盘圆钢筋经冷拉调直后制作，经测算，其中KZ1的钢筋每套下料长度为2350mm。

事件四：在工程竣工验收合格并交付使用一年后，屋面出现多处渗漏，建设单位通知施工单位立即进行免费维修。施工单位接到维修通知24小时后，以已通过竣工验收为由不到现场，并拒绝免费维修。经鉴定，该渗漏问题因施工质量缺陷所致，建设单位另行委托其他单位进行修理。

【问题】

（1）分别指出事件二中的不妥之处，并写出正确做法。本工程筏形基础混凝土应至少留置多少组标准养护抗压试件？

（2）事件三中，在不考虑加工损耗和偏差的前提下，列式计算100m长 ϕ8盘圆钢筋经冷拉调直后，最多能加工多少套KZ1的柱箍筋？

（3）事件四中，施工单位做法是否正确？说明理由。建设单位另行委托其他单位进行修理是否正确？说明理由。修理费应如何承担？

参考答案及解析

一、多项选择题

1.【答案】ABCD

【解析】地基与基础分部工程验收时，不包括咨询单位。

2.【答案】ABCE

【解析】建筑工程质量验收划分为：单位（子单位）工程、分部（子分部）工程、分项工程和检验批。其中、分部（子分部）工程、分项工程和检验批属于过程验收。（隐蔽工程）。

3.【答案】AB

【解析】检验批质量验收合格的规定

（1）主控项目的质量经抽样检验均应合格，一般项目的质量经抽样检验合格。

（2）具有完整的施工操作依据、质量检查记录。

检验批是工程验收的最小单位，是分项工程、分部工程、单位工程质量验收的基础。

4.【答案】AB

【解析】分项工程质量验收合格的规定

1）所含的检验批的质量均应验收合格。

2）所含的检验批的质量验收记录应完整。

5.【答案】ABCE

【解析】分部工程质量验收合格规定

1）所含分项工程的质量均应验收合格。

2）质量控制资料应完整。

3）有关安全、节能、环境保护和主要使用功能的抽样检验结果应符合相应规定。

4）观感质量验收应符合要求。

6.【答案】ABCD

【解析】单位工程质量验收合格的规定

1）所含分部工程的质量均应验收合格。

2）质量控制资料应完整。

3）所含分部工程有关安全、节能、环境保护和主要使用功能的检测资料应完整。

4）主要使用功能项目的抽查结果应符合相关专业质量验收规范的规定。

5）观感质量验收应符合要求。

7.【答案】ABDE

【解析】当建筑工程质量不符合要求时，应按下列规定进行处理

（1）经返工或返修的检验批，应重新进行验收。

（2）经有资质的检测单位检测鉴定能够达到设计要求的检验批，应予以验收。

（3）经有资质的检测单位检测鉴定达不到设计要求、但经原设计单位核算认可能够满足结构安全和使用功能的检验批，可予以验收。

（4）经返修或加固处理的分项、分部工程，虽然改变外形尺寸但仍能满足安全使用要求，可按技术处理方案和协商文件进行验收。

（5）经返修或加固处理仍不能满足安全或使用要求的分部工程及单位工程，严禁验收。

8.【答案】ABCE

【解析】地基与基础工程内容：地基、基础、基坑支护、地下水控制、土方、边坡、地下防水等子分部工程。

二、案例分析题

1.【答案】（1）事件三中：

错误一：电梯验收时总承包单位未参加不妥。

正确做法：分包工程验收时，施工总承包单位应参加验收。

错误二：验收后电梯安装单位将电梯工程有关资料移交给建设单位。

正确做法：验收后，电梯安装单位应将电梯工程有关资料移交总承包单位。

错误三：单位工程质量验收分包单位没有参加。

正确做法：单位工程验收时，电梯安装的分包单位应参加。

（2）事件四中：

错误一：施工总承包单位承诺保温工程保修期限为5年不合理。

正确做法：施工总承包合同中约定保温工程保修期限为10年，所以施工单位提交的《工程质量保修书》中保温工程的保修期限应该为10年。

错误二：建设单位拒绝接收合理。

施工单位提交竣工验收报告的同时，必须提交《工程质量保修书》。现总承包单位提交的《工程质量保修书》不符合合同约定，建设单位拒绝接受竣工验收报告是合理的。

2.【答案】（1）

1）不妥之一：试验人员随机选择了一辆正处于等候状态的混凝土运输车放料取样；

正确做法：应在混凝土浇筑地点随机取样。

不妥之处二：留置了一组标准养护抗压试件（3个）和一组标准养护抗渗试件（3个）；

正确做法：抗渗试件应为一组（6个）。

2）应至少留置10组标养抗压试件。（当一次连续浇筑超过1000m³时，同一配合比的混凝土每200m³取样不得少于一次）

（2）100m长的盘条圆钢筋经冷拉调直后最多能拉伸至104m〔（100×（1+4%）=104）〕

104÷2.35=44.55套，即44套。

（3）

1）施工单位做法不正确。

理由：保修期限内出现的质量缺陷，属于施工单位责任。施工单位接到保修通知后，应立即到达现场维修。

2）建设单位做法正确。

理由：施工单位不按工程质量保修书约定进行保修的，建设单位可以另行委托其他单位保修，由原施工单位承担相应责任。修理费由施工单位承担。

1A420070 工程质量问题与处理

本节知识体系

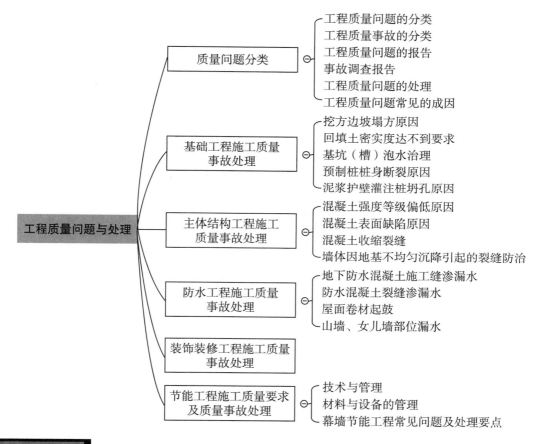

核心内容讲解

一、质量问题分类

（一）工程质量问题的分类

工程质量问题可分为工程质量缺陷、质量通病、质量事故。

1.工程质量缺陷：分为一般缺陷和严重缺陷，是指不符合规定的检验项或检验点；

2.工程质量通病：影响结构、功能和观感的质量损伤，例如局部漏浆、管线不直；

3.工程质量事故：参建单位违反法律或建设标准，产生结构安全、人身伤亡等。

（二）工程质量事故的分类

工程质量事故的分类及上报如图1A420070所示。

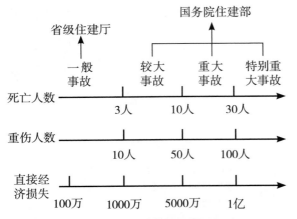

图1A420070　工程质量事故分类及上报

（三）工程质量问题的报告

1.工程质量问题发生后，事故现场有关人员应当立即向工程建设单位负责人报告；工程建设单位负责人接到报告后，应于1h内向事故发生地县级以上人民政府住房和城乡建设主管部门及有关部门报告，每级上报时间不得超过2h。事故发生之日起30d内，伤亡人数有变化的应及时补报。

【经典例题】 1.（2015年一级真题）自坍塌事故发生之日起（　　）天内，事故造成的伤亡人数发生变化的，应当及时补报。

A.7　　　　B.14　　　　C.15　　　　D.30

【答案】 D

2.事故报告应包括下列内容：

（1）事故发生的时间、地点、工程项目名称、工程各参建单位名称；

（2）事故发生的简要经过、伤亡人数（包括下落不明的人数）和初步估计的直接经济损失；

（3）事故的初步原因；

（4）事故发生后采取的措施及事故控制情况；

（5）事故报告单位、联系人及联系方式；

（6）其他应当报告的情况。

（四）事故调查报告

主要包括下列内容：

（1）事故项目及各参建单位概况；

（2）事故发生经过和事故救援情况；

（3）事故造成的人员伤亡和直接经济损失；

（4）事故项目有关质量检测报告和技术分析报告；

（5）事故发生的原因和事故性质；

（6）事故责任的认定和事故责任者的处理建议；

（7）事故防范和整改措施。

事故调查报告应当附有关证据材料。事故调查组成员应当在事故调查报告上签名。

（五）工程质量问题的处理

1.建设主管部门应当对事故相关责任者实施行政处罚。处罚权限不属本级的，应当在收到事故调查报告批复后15个工作日内，将事故材料及本级住房处理建议转送有权限主管部门。

2.建设主管部门应当对事故负有责任的有关单位分别给予罚款、停业整顿、降低资质等级、吊销资质证书其中一项或多项处罚，对事故负有责任的注册执业人员分别给予罚款、停止执业、吊销执业资格证书、终身不予注册其中一项或多项处罚。

（六）工程质量问题常见的成因

1.倾倒事故

（1）由于地基不均匀沉降或受到较大的外力而造成的建筑物或构筑物倾斜或倒塌。

（2）在砌筑过程中墙体失稳、倾倒。

（3）施工荷载超重，造成楼盖或墙体局部倒塌的情形。

2.边坡支护事故

（1）设计方案不合理、基坑降水措施不到位、土方开挖程序不合理等。

（2）由于边坡顶部承载力过重，边坡锚杆深度不够或预应力张力不到位，孔内水泥灌浆不饱满、边坡监测不到位等造成的边坡塌陷。

3.管理事故

（1）分部分项工程施工顺序不当。

（2）施工人员不看图纸，盲目施工，致使建筑物或预埋件定位错误。

（3）在施工过程中未严格按施工组织设计、方案和工序、工艺标准要求进行施工。

（4）对进场的材料、成品、半成品不按规定检查验收、存放、复试。

（5）未尽到总包责任，导致现场出现管理混乱，进而形成一定的经济损失。

【经典例题】2.下列质量问题常见成因中，属于管理事故成因的是（　　）。

A.预埋件偏位

B.不均匀沉降

C.防水材料质量不合格

D.分部分项工程施工顺序不当

【答案】D

【经典例题】3.某高层办公楼，总建筑面积137500 m²，地下3层，地上25层。业主与施工总承包单位签订了施工总承包合同，并委托了工程监理单位。

施工总承包单位完成桩基工程后，将深基坑支护工程的设计委托给了专业设计单位，并自行决定将基坑支护和土方开挖工程分包给了一家专业分包单位施工。专业设计单位根据业主提供的勘察报告完成了基坑支护设计后，即将设计文件直接给了专业分包单位。专业分包单位在收到设计文件后编制了基坑支护工程和降水工程专项施工组织方案，方案经施工总承包单位项目经理签字后即由专业分包单位组织了施工，专业分包单位在开工前进行了三级安全教育。

专业分包单位在施工过程中，由负责质量管理工作的施工人员兼任现场安全生产监督工作。土方开挖到接近基坑设计标高（自然地坪下8.5m）时，总监理工程师发现基坑四周地表出现裂缝立即向施工总承包单位发出书面通知，要求停止施工并要求立即撤离现场施工人员，查明原因后再恢复施工。但总承包单位认为地表裂缝属正常现象没有予以理睬。不久基坑发生了严重坍塌，并造成4名施工人员被掩埋，经抢救，3人死亡、1人重伤。

事故发生后，专业分包单位立即向有关安全生产监督管理部门上报了事故情况。经事故调查组调查，造成坍塌事故的主要原因是由于地质勘察资料中未表明地下存在古河道，基坑支护设计中未能考虑这一因素而造成的。事故造成直接经济损失80万元，于是专业分包单位要求设计单位赔偿事故损失80万元。

【问题】1.请指出上述整个事件中有哪些做法不妥？并写出正确的做法。

2.本起事故可定为哪种等级的事故？请说明理由。

3.这起事故中的主要责任者是谁？请说明理由。

【答案】1.整个事件中下列做法不妥：

（1）施工总承包单位自行决定将基坑支护和土方开挖工程分包给专业分包单位施工不妥。

正确做法是按合同规定的程序选择专业分包单位或得到业主同意后分包。

（2）专业设计单位将设计文件直接交给专业分包单位不妥。

正确做法是设计单位将设计文件提交给总承包单位，经总承包单位组织专家进行论证、审查同意后，由总承包单位交给专业分包单位实施。

（3）专业分包单位编制的基坑支护工程和降水工程专项施工组织方案经由施工总承包单位项目经理签字后即由专业分包单位组织施工不妥。

正确做法是专项施工组织方案应先经总承包单位技术负责人审核签字，再经总监理工程

师审核签字后再由专业分包单位组织施工。

（4）专业分包单位在施工过程中，由负责质量管理工作的施工人员兼任现场安全生产监督工作不妥。

按照建设工程安全生产管理条例规定，正确做法是在施工过程中安排专职安全生产管理人员负责现场安全生产监督工作。

（5）当基坑四周地表出现裂缝总承包单位收到监理单位要求停止施工的书面通知而不予理睬、拒不执行不妥。

正确做法是总承包单位在收到总监理工程师发出的停工通知后，应立即停止施工，查明原因，采取有效措施消除安全隐患。

（6）事故发生后，专业分包单位立即向有关安全生产监督管理部门上报事故情况的行为不妥。

正确做法是事故发生后专业分包单位应立即向总承包单位报告，由总承包单位立即向有关安全生产监督管理部门报告。

（7）工程质量安全事故造成经济损失后专业分包单位要求设计单位赔偿事故损失不妥。

正确做法是专业分包单位向总承包单位提出损失赔偿，由总承包单位再向业主提出损失赔偿要求。

2.本事故可定为较大事故。

3.这起事故的主要责任是施工总承包单位。因为当基坑四周地表出现裂缝，监理工程师书面通知总承包单位"停止施工，并要求撤离现场施工人员，查明原因"时，施工总承包单位拒不执行监理工程师指令，没有及时采取有效措施避免基坑严重坍塌安全事故的发生。

二、基础工程施工质量事故处理

（一）挖方边坡塌方原因

1.坡度不够；

2.降排水措施不到位；

3.边坡顶部堆载过大；

4.土质松软、开挖次序和方法不当。

（二）回填土密实度达不到要求

1.原因

（1）土的含水率过大或过小，因而达不到最优含水率下的密实度要求；

（2）填方土料不符合要求；

（3）碾压或夯实机具能量不够，达不到影响深度要求，使土的密实度降低。

2.治理

（1）将不合要求的土料挖出换土，或掺入石灰、碎石等夯实加固；

（2）因含水量过大而达不到密实度的土层，可采用翻松晾晒、风干，或均匀掺入干土等吸水材料，重新夯实；

（3）因含水量小或碾压机能量过小时，可采用增加夯实遍数，或使用大功率压实机碾压等措施。

（三）基坑（槽）泡水治理

（1）采取措施，将水引走排净；

（2）设置截水沟，防止水刷边坡；

（3）已被水浸泡扰动的土，采取排水晾晒后夯实；或抛填碎石、小块石夯实；或换土夯实（3∶7灰土）。

（四）预制桩桩身断裂原因

（1）桩身弯曲过大，桩尖偏离轴线大；

（2）桩入土后遇到大块坚硬障碍物，把桩尖挤向一侧；

（3）稳桩不垂直；

（4）相邻两节桩不在同一轴线上；

（5）预制桩的混凝土强度不足或者已经产生了裂纹未发现。

（五）泥浆护壁灌注桩坍孔原因

1.原因

（1）泥浆相对密度不够，起不到可靠的护壁作用；

（2）孔内水头高度不够或孔内出现承压

水，降低了静水压力；

（3）护筒埋置太浅，下端孔坍塌；

（4）在松散砂层中钻孔时，进尺速度太快或停在一处空转时间太长，转速太快；

（5）冲击（抓）锥或掏渣筒倾倒，撞击孔壁；

（6）用爆破处理孔内孤石、探头石时，炸药量过大，造成很大振动。

2.防治

（1）在松散砂土或流沙中钻进时，应控制进尺，选用较大密度的优质泥浆。

（2）如地下水位变化过大，应采取升高护筒，增大水头等措施。

（3）严格控制冲程高度和炸药用量。

（4）孔口坍塌时，应先探明位置，将砂和黏土（或砂砾和黄土）混合物回填到坍孔位置以上1~2m；如坍孔严重，应全部回填，等回填物沉积密实后再进行钻孔。

三、主体结构工程施工质量事故处理

（一）混凝土强度等级偏低原因

（1）原材料的材质不符合规定；

（2）混凝土配合比不当；

（3）拌制混凝土时投料计量有误；

（4）混凝土搅拌、运输、浇筑、养护不符合规范要求。

（二）混凝土表面缺陷（麻面、露筋、蜂窝、孔洞）原因

（1）模板表面不光滑、安装质量差，接缝不严、漏浆，模板表面污染未清除；

（2）木模板在混凝土入模之前没有充分湿润，钢模板隔离剂涂刷不均匀；

（3）钢筋保护层垫块厚度或放置间距、位置等不当；

（4）局部配筋、铁件过密，阻碍混凝土下料或无法正常振捣；

（5）混凝土坍落度、和易性不好；

（6）混凝土浇筑方法不当、不分层或分层过厚，布料顺序不合理等；

（7）混凝土浇筑高度超过规定要求，且未采取措施，导致混凝土离析；

（8）漏振或振捣不实；

（9）混凝土拆模过早。

（三）混凝土收缩裂缝

1.原因

（1）混凝土原材料质量不合格，如骨料含泥量大等；

（2）水泥或掺合料用量超出规范规定；

（3）混凝土水灰比、坍落度偏大，和易性差；

（4）混凝土浇筑振捣差，养护不及时或养护差。

2.防治措施

（1）选用合格的原材料；

（2）根据现场情况、图纸设计和规范要求，由有资质的试验室配制合适的混凝土配合比，并确保搅拌质量；

（3）确保混凝土浇筑振捣密实，并在初凝前进行二次抹压；

（4）确保混凝土及时养护，并保证养护质量满足要求。

（四）墙体因地基不均匀沉降引起的裂缝防治

（1）加强基础的钎探工作；

（2）合理设置沉降缝；

（3）提高上部结构的刚度，增强墙体抗剪强度；

（4）宽大窗口下部应设混凝土梁。

四、防水工程施工质量事故处理

（一）地下防水混凝土施工缝渗漏水

1.原因分析

（1）施工缝位置不当；

（2）在支模和绑钢筋的过程中，掉入缝

内的杂物没有及时清除。浇筑上层混凝土后，在新旧混凝土之间形成夹层；

（3）在浇筑上层混凝土时，未按规定处理施工缝，上、下层混凝土不能牢固粘结；

（4）钢筋过密，内外模板距离狭窄，混凝土浇捣困难，施工质量不易保证；

（5）下料方法不当，骨料集中于施工缝处；

（6）浇筑地面混凝土时，因工序衔接等原因造成新老接槎部位产生收缩裂缝。

2.治理

（1）根据渗漏、水压大小情况，采用促凝胶浆或氰凝灌浆堵漏；

（2）不渗漏的施工缝，可沿缝剔成八字形凹槽，将松散石子剔除，刷洗干净，用水泥素浆打底，抹1∶2.5水泥砂浆找平压实；

（二）防水混凝土裂缝渗漏水

1.原因分析

（1）混凝土搅拌不均匀，或水泥品种混用，收缩不一产生裂缝；

（2）设计中，对土的侧压力及水压作用考虑不周，结构缺乏足够的刚度；

（3）由于设计或施工等原因产生局部断裂或环形裂缝。

2.治理

（1）采用促凝胶浆或氰凝灌浆堵漏；

（2）对不渗漏的裂缝，可用灰浆或用水泥压浆法处理；

（3）对于结构所出现的环形裂缝，可采

用埋入式橡胶止水带、后埋式止水带、粘贴式氯丁胶片以及涂刷式氯丁胶片等方法。

（三）屋面卷材起鼓

1.原因分析

在卷材防水层中粘结不实的部位，窝有水分和气体；当其受到太阳照射或人工热源影响后，体积膨胀，造成鼓泡。

2.治理

（1）直径100mm以下的中、小鼓泡可用抽气灌胶法治理，并压上几块砖，几天后再将砖移去即成。

（2）直径100～300mm的鼓泡可先铲除鼓泡处的保护层，再用刀将鼓泡按斜十字形割开，放出鼓泡内气体，擦干水分，清除旧胶结料，用喷灯把卷材内部吹干，随后按顺序把旧卷材分片重新粘贴好，再新贴一块方形卷材（其边长比开刀范围大100mm），压入卷材下；最后，粘贴覆盖好卷材，四边搭接好，并重做保护层。上述分片铺贴顺序是按屋面流水方向先下再左右后上。

（3）直径更大的鼓泡用割补法治理。

（四）山墙、女儿墙部位漏水（略）

五、装饰装修工程施工质量事故处理

1.建筑装饰装修工程常见的施工质量缺陷：空、裂、渗、观感效果差等。装饰装修工程各分部（子分部）、分项工程施工质量缺陷详见表1A420070。

装饰装修工程常见质量问题　表1A420070

序号	分部（子分部）、分项工程名称	质量问题
1	地面工程	水泥地面：起砂、空鼓、倒泛水、渗漏等
		板块地面：天然石材地面色泽、纹理不协调，泛碱、断裂，地面砖爆裂拱起，板块类地面空鼓等
		木、竹地板地面：表面不平整、拼缝不严、地板起鼓等

续表

序号	分部（子分部）、分项工程名称	质量问题
2	抹灰工程	一般抹灰：抹灰层脱层、空鼓，面层爆灰、裂缝、表面不平整、接槎和抹纹明显等
		装饰抹灰：除一般抹灰存在的缺陷外，还存在色差、掉角、脱皮等
3	门窗工程	木门窗：安装不牢固、开关不灵活、关闭不严密、安装留缝、倒翘等
		金属门窗：划痕、碰伤、漆膜或保护层不连续；框与墙体之间连接不紧密
4	吊顶工程	（1）吊杆、龙骨和饰面材料安装不牢固。 （2）金属吊杆、龙骨的接缝不均匀，角缝不吻合，表面不平整、翘曲、有锤印；木质吊杆和龙骨不顺直、劈裂、变形。 （3）吊顶内填充的吸声材料无防散落措施。 （4）饰面材料表面不洁净、色泽不一致，有翘曲、裂缝及缺损
5	轻质隔墙工程	墙板材安装不牢固、脱层、翘曲，接缝有裂缝或缺损、表面不平整等
6	饰面板（砖）工程	安装（粘贴）不牢固、表面不平整、色泽不一致，裂痕和缺损、石材表面泛碱、接缝不顺直
7	涂饰工程	泛碱、咬色、流坠、疙瘩、砂眼、刷纹、漏涂、透底、起皮和掉粉
8	裱糊工程	拼接、花饰不垂直，花饰不对称，离缝或亏纸，相邻壁纸（墙布）搭缝，翘边、壁纸（墙布）空鼓，壁纸（墙布）死折，壁纸（墙布）色泽不一致、表面不平整
9	细部工程	橱柜制作与安装工程：变形、翘曲、损坏、面层拼缝不严密
		窗帘盒、窗台板、散热器罩制作与安装工程：窗帘盒安装上口下口不平、两端距窗洞口长度不一致；窗台板水平度偏差大于2mm，安装不牢固、翘曲；散热器罩翘曲、不平
		木门窗套制作与安装工程：安装不牢固、翘曲，门窗套线条不顺直、接缝不严密、色泽不一致
		护栏和扶手制作与安装工程：护栏安装不牢固、护栏和扶手转角弧度不顺、护栏玻璃选材不当等
		花饰制作与安装工程：条形花饰歪斜、单独花饰中心位置偏移、接缝不严、有裂缝等

2.质量问题产生的原因主要有：

（1）企业缺乏施工技术标准和施工工艺规程。

（2）施工人员素质参差不齐，缺乏基本理论知识和实践知识，不了解施工验收规范。质量控制关键岗位人员缺位。

（3）所用材料的规格、质量、性能等不符合设计要求。

（4）所采用的施工机具不能满足施工工艺要求。

（5）对施工过程控制不到位。

（6）工业化程度低。

（7）违背客观规律，盲目缩短工期和抢工期，盲目降低成本等。

六、节能工程施工质量要求及质量事故处理

（一）技术与管理

（1）承担建筑节能工程的施工企业应具备相应的资质。

（2）设计变更不得降低建筑节能效果。当设计变更涉及建筑节能效果时，应经原施工图设计审查机构审查，在实施前办理设计变更手续。

（3）建筑节能工程采用的新技术、新设备、新材料、新工艺，应按照有关规定进行评审、鉴定及备案。施工前应对新的或首次采用的施工工艺进行评价，并制定专门的施工技术方案。

（4）单位工程的施工组织设计应包括建筑节能工程施工内容。施工单位应对节能工程施工作业的人员进行技术交底。

（二）材料与设备的管理

1.必须符合设计要求及国家有关标准的规定。严禁使用国家明令禁止使用与淘汰的材料和设备。

2.材料和设备进场应遵守下列规定：

（1）对材料和设备进行检查验收，并经监理工程师（建设单位代表）确认，形成相应的验收记录；

（2）对材料和设备的质量证明文件进行核查，并应经监理工程师（建设单位代表）确认，纳入工程技术档案；

（3）对材料和设备应在施工现场见证抽样复验。

3.材料应符合国家有害物质限量的规定，不得对室内外环境造成污染。

4.节能保温材料在施工使用时的含水率应符合设计要求、工艺要求及施工技术方案要求。

（三）幕墙节能工程常见问题及处理要点

1.幕墙节能工程使用的保温隔热材料，其导热系数、密度、燃烧性能应符合设计要求。

2.幕墙玻璃的传热系数、遮阳系数、可见光透射比、中空玻璃露点应符合设计要求。

3.幕墙隔热型材的抗拉强度、抗剪强度应符合设计要求和相关产品标准的规定。

4.幕墙的气密性能应符合设计规定的等级要求。

【经典例题】4.（2015年一级真题）

【资料背景】某高层钢结构工程，建筑面积28000m²，地下1层，地上12层，外围护结构为玻璃幕墙和石材幕墙，外墙保温材料为新型保温材料；屋面为现浇钢筋混凝土板，防水等级为一级。采用卷材防水。在施工过程中，发生了下列事件：

事件：工程采用新型保温材料，按规定进行了材料评审，鉴定并备案，同时施工单位完成相应程序性工作后，经监理工程师批准投入使用。施工完成后，由施工单位项目负责人主持，组织总监理工程师、建设单位项目负责人、施工单位技术负责人。相关专业质量员和施工员进行了节能工程部分验收。

【问题】事件中，新型保温材料使用前还应有哪些程序性工程？节能分部工程的验收组织有什么不妥？

【答案】应该进行的程序性的工作：

（1）施工前应对新的施工工艺进行评价。

（2）制定专门的施工技术方案并且经过正规的审批流程。

不妥之处一：施工单位项目负责人组织验收不妥。

不妥之处二：设计单位节能设计人员应参加验收。

章节练习题

一、单项选择题

1. 以下关于室内防水工程施工质量要求说法不正确的是（　　）。

   A.材料检测报告，材料进现场的复试报告及其他存档资料符合设计及国家相关标准要求。

   B.涂膜防水层应均匀一致，不得有开裂、脱落、气泡、孔洞及收头不严密等缺陷

   C.防水细部构造处理应符合设计要求，施工完毕立即验收，并做隐蔽工程记录

   D.防水材料在无淋浴的情况下上卷高度应保证至少200mm

2. 工程质量问题发生后，事故现场有关人员应当立即向（　　）报告，并且在接到报告后（　　）内向事故发生地县级以上人民政府住房和城乡建设主管部门及有关部门报告。

   A.建设单位负责人，1h

   B.建设单位负责人，2h

   C.施工单位单位负责人，1h

   D.施工单位单位负责人，2h

二、多项选择题

属于工程质量事故报告内容的有（　　）。

   A.事故发生的时间、地点、工程项目名称、工程各参建单位名称

   B.事故发生的简要经过、伤亡人数和初步估计的直接经济损失

   C.事故的初步原因

   D.事故发生后采取的措施及事故控制情况

   E.事故发生的原因和事故性质

三、案例分析题

【背景资料】某新建办公楼工程，主楼建筑面积29600m²的，地上16层，地下1层，基础埋深4m，现浇混凝土框架-剪力墙结构。附楼建筑面积5000m²混合结构，地上3层。地下防水采用防水混凝土附卷材防水，屋面采用卷材防水，室内采用涂料防水。土方开挖采用放坡形式。预制桩地基，筏形基础。某施工总承包单位中标后成立了项目部组织施工。施工过程中发生如下事件：

事件一：土方开挖过程中，边坡局部塌方，使地基土受到扰动，承载力降低，严重了影响建筑物的安全。监理单位认为原因是基坑开挖坡度不够。要求清除塌方后作临时性支护措施。

事件二：施工建筑物建成后不久，发现在纵墙的两端出现斜裂缝，多数裂缝通过窗口的两个对角，裂缝向沉降较大的方向倾斜，并由下向上发展。裂缝集中在墙体下部，向上逐渐减少，裂缝宽度下大上小，其数量及宽度随时间而逐渐发展。经分析因地基不均匀下沉引起的墙体裂缝。

事件三：施工过程中，发现混凝土柱与设计的轴线位置有一定偏差，经过分析由于施工没有按照施工图纸进行施工放线。

事件四：一层电梯侧墙模板拆除后混凝土表面出现麻面、露筋、蜂窝、孔洞现象。项目部分析原因是表面不光滑、安装质量差、接缝不严、漏浆，模板表面污染未清除；本模板在混凝土入模之前没有充分湿润，钢模板隔离剂涂刷不均匀；钢筋保护层垫块厚度或放置间距、位置等不当。防治措施：模板使用前进行表面清理，保持表面清洁光滑，钢模应保证边框平直，组合后应使接缝严密，必要时可用胶带加强，浇混凝土前应充分湿润或均匀涂膜隔离剂。监理工程师认为分析不够，措施不全。

事件五：混凝土浇筑完毕28d之后，检测混凝土标准养护试块时发现部分试件强度不合格，比设计值便宜，在监理单位、建设单

位现场见证下进行结构实体强度检测，实际强度仍存在部分位置达不到设计要求值。

事件六：施工完毕后，发现池壁局部存在渗漏水，经查渗水部位为原施工过程中施工缝位置。

事件七：后期建筑屋面卷材施工正值盛夏，施工完毕后即发现屋面卷材起鼓，小的数十毫米，大小鼓泡成片串连，大的直径可达300mm以上。

【问题】（1）事件一中，事故原因、防治措施还包括哪些？

（2）事件二中，事故防治措施还有哪些？

（3）事件三中，事故原因还有哪些？

（4）事件四中，事故原因、防治措施还有哪些？

（5）事件五中，事故原因、防治措施还有哪些？

（6）事件六中，事故原因及防治措施还有哪些？

（7）事件七中，卷材起鼓应如何治理？

参考答案及解析

一、单项选择题

1.【答案】D

【解析】防水材料在无淋浴的情况下上卷高度应保证至少250mm。

2.【答案】A

工程质量问题发生后，事故现场有关人员应当立即向建设单位项目负责人报告，并且在接到报告后1h内向事故发生地县级以上人民政府住房和城乡建设主管部门及有关部门报告。

二、多项选择题

【答案】ABCD

【解析】事故报告应包括下列内容：

（1）事故发生的时间、地点、工程项目名称、工程各参建单位名称；

（2）事故发生的简要经过、伤亡人数（包括下落不明的人数）和初步估计的直接经济损失；

（3）事故的初步原因；

（4）事故发生后采取的措施及事故控制情况；

（5）事故报告单位、联系人及联系方式；

（6）其他应当报告的情况。

三、案例分析题

【答案】（1）

1）基坑（槽）开挖坡度不够或通过不同土层时，没有根据土的特性分别放成不同坡度，致使边坡失稳而塌方。

2）在有地表水、地下水作用的土层开挖时，未采取有效的降排水措施，造成涌砂、涌泥、涌水，内聚力降低，进而引起塌方。

3）边坡顶部堆载过大，或受外力振动影响，使边坡内剪切应力增大，边坡土体承载力不足，土体失稳而塌方。

4）土质松软，开挖次序、方法不当而造成塌方。

（2）因地基不均匀下沉引起的墙体裂缝防治措施：

1）加强基础坑（槽）钎探工作。对于较复杂的地基，在基坑（槽）开挖后应进行普遍钎探，待探出的软弱部位进行加固处理后，方可进行基础施工。

2）合理设置沉降缝。操作中应防止浇筑圈梁时将断开处浇在一起，或砖头、砂浆等杂物落入缝内，以免房屋不能自由沉降而发生墙体拉裂的现象。

3）提高上部结构的刚度，增强墙体抗剪强度。应在基础顶面（±0.000）处及各楼层门窗口上部设置圈梁，减少建筑物端部门窗数量。操作中严格执行规范规定，如砖浇水润湿，改善砂浆和易性，提高砂浆饱满度和砖层间的粘结（提高灰缝的砂浆饱满度，可以大大提高墙体的抗剪强度）。在施工临时间断处应尽量留置斜槎。当留置直槎时，也应加拉结筋，坚决消灭阴槎又无拉结筋的做法。

4）宽大窗口下部应考虑设混凝土梁，防止窗台处产生竖直裂缝。为避免多层房屋底层窗台下出现裂缝，除了加强基础整体性外，也可采取通长配筋的方法来加强；另外，窗台部位也不宜使用过多的半砖砌筑。

（3）混凝土柱、墙、梁等构件外形尺寸、轴线位置偏差大原因：

1）没有按施工图进行施工放线或误差过大。

2）模板的强度和刚度不足。

3）模板支撑基座不实，受力变形大。

（4）混凝土表面缺陷原因：

1）模板表面不光滑、安装质量差，接缝不严、漏浆，模板表面污染未清除。

2）木模板在混凝土入模之前没有充分湿润，钢模板隔离剂涂刷不均匀。

3）钢筋保护层垫块厚度或放置间距、位置等不当。

4）局部配筋、铁件过密，阻碍混凝土下料或无法正常振捣。

5）混凝土坍落度、和易性不好。

6）混凝土浇筑方法不当、不分层或分层过厚，布料顺序不合理等。

7）混凝土浇筑高度超过规定要求，且未采取措施，导致混凝土离析。

8）漏振或振捣不实。

9）混凝土拆模过早。

混凝土表面缺陷防治措施：

1）模板使用前应进行表面清理，保持表面清洁光滑，钢模应保证边框平直，组合后应使接缝严密，必要时可用胶带加强，浇混凝土前应充分湿润或均匀涂刷隔离剂。

2）按规定或方案要求合理布料，分层振

捣，防止漏振。

3）对局部配筋或铁件过密处，应事先制定处理措施，保证混凝土能够顺利通过，浇筑密实。

（5）混凝土强度等级偏低，不符合设计要求原因：

1）配置混凝土所用原材料的材质不符合国家标准的规定。

2）拌制混凝土时没有法定检测单位提供的混凝土配合比试验报告，或操作中未能严格按混凝土配合比进行规范操作。

3）拌制混凝土时投料计量有误。

4）混凝土搅拌、运输、浇筑、养护不符合规范要求。

混凝土强度等级偏低，不符合设计要求的防治措施：

1）拌制混凝土所用水泥、粗（细）骨料和外加剂等均必须符合有关标准规定。

2）必须按法定检测单位发出的混凝土配合比试验报告进行配制。

3）配制混凝土必须按质量比计量投料且计量要准确。

4）混凝土拌合必须采用机械搅拌，加料顺序为粗骨料－水泥－细骨料－水，并严格控制搅拌时间。

5）混凝土的运输和浇捣必须在混凝土初凝前进行。

6）控制好混凝土的浇筑和振捣质量。

7）控制好混凝土的养护。

（6）地下防水混凝土施工缝渗漏水原因和治理

原因分析

1）施工缝留的位置不当。

2）在支模和绑钢筋的过程中，掉入缝内的杂物没有及时清除。浇筑上层混凝土后，在新旧混凝土之间形成夹层。

3）在浇筑上层混凝土时，未按规定处理

施工缝，上、下层混凝土不能牢固粘结。

4）钢筋过密，内外模板距离狭窄，混凝土浇捣困难，施工质量不易保证。

5）下料方法不当，骨料集中于施工缝处。

6）浇筑地面混凝土时，因工序衔接等原因造成新老接槎部位产生收缩裂缝。

治理

1）根据渗漏、水压大小情况，采用促凝胶浆或氰凝灌浆堵漏。

2）不渗漏的施工缝，可沿缝剔成八字形凹槽，将松散石子剔除，刷洗干净，用水泥素浆打底，抹1:2.5水泥砂浆找平压实。

地下防水混凝土施工缝渗漏水原因都有哪些？都有哪些治理措施？

（7）屋面卷材起鼓治理

1）直径100mm以下的中、小鼓泡可用抽气灌胶法治理，并压上几块砖，几天后再将砖移去即可。

2）直径100～300mm的鼓泡可先铲除鼓泡处的保护层，再用刀将鼓泡按斜十字形割开，放出鼓泡内气体，擦干水分，清除旧胶结料，用喷灯把卷材内部吹干。随后按顺序把旧卷材分片重新粘贴好，再新贴一块方形卷材（其边长比开刀范围大100mm），压入卷材下；最后，粘贴覆盖好卷材，四边搭接好，并重做保护层。上述分片铺贴顺序是按屋面流水方向先下再左右后上。

3）直径更大的鼓泡用割补法治理。先用刀把鼓泡卷材割除，按上一做法进行基层清理，再用喷灯烘烤旧卷材槎口，并分层剥开，除去旧胶结料后，依次粘贴好旧卷材，上铺一层新卷材（四周与旧卷材搭接不小于100mm），然后贴上旧卷材。再依次粘贴旧卷材，上面覆盖第二层新卷材，最后粘贴卷材，周边压实刮平，重做保护层。

1A420080 工程安全生产管理

本节知识体系

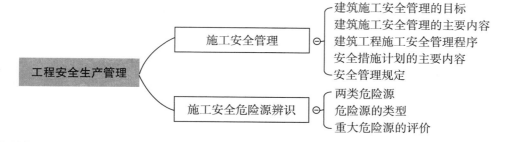

核心内容讲解

一、施工安全管理

安全生产管理是一个系统性、综合性的管理，在安全管理中必须坚持"安全第一，预防为主，综合治理"的方针。

（一）建筑施工安全管理的目标

安全管理目标应包括：生产安全事故控制指标、安全生产隐患治理目标以及安全生产、文明施工管理目标等，安全管理目标应量化。

（二）建筑施工安全管理的主要内容

（1）制定安全政策；

（2）建立、健全安全管理组织体系；

（3）安全生产管理计划和实施；

（4）安全生产管理业绩考核；

（5）安全管理业绩总结。

（三）建筑工程施工安全管理程序

（1）确定安全管理目标；

（2）编制安全措施计划；

（3）实施安全措施计划；

（4）安全措施计划实施结果的验证；

（5）评价安全管理绩效并持续改进。

（四）安全措施计划的主要内容

（1）工程概况；

（2）管理目标；

（3）组织机构与职责权限；

（4）规章制度；

（5）风险分析与控制措施；

（6）安全专项施工方案；

（7）应急准备与响应；

（8）资源配置与费用投入计划；

（9）教育培训；

（10）检查评价、验证与持续改进。

（五）安全管理规定

1.常见安全术语见表1A420080。

常见安全术语　表1A420080

	安全术语	具体内容
一	一方针	安全第一，预防为主，综合治理
二	二类危险源	能量意外释放、约束失效
三	三级教育	进公司（厂）、进项目部（车间）、进班组（注①）
	三同时	同时设计、同时施工、同时投入生产和使用
	三宝	安全帽、安全带、安全网
	三级配电	总配电箱、分配电箱、开关箱
	三违	违章作业、违章指挥、违反劳动纪律
四	四口	楼梯口、电梯口、预留洞口、通道口
	四不放过	原因不清不放过、责任人未受处理不放过、群众未受教育不放过，防范措施没落实不放过
	四性	及时性、全面性、高效性、客观性（预警体系建立的原则）
五	五临边	阳台周边、屋面周边、框架工程周边、卸料外侧边、跑道、斜道边
	五标志	指令、禁止、警告、电力安全、提示
	五牌一图	工程概况牌、管理人员名单及监督电话牌、消防保卫牌、安全生产牌、文明施工和环境保护牌及施工现场总平面图
六	六检查	日常巡回检查，专业性检查，季节性检查，节假日前后的检查，班组自检、交接检查，不定期检查（安全检查的方式）

公司级：安全生产的法律、法规、通用安全技术、职业卫生和安全文化的知识，本企业安全生产规章制度，劳动纪律和有关事故案例，企业主管领导负责。

项目部：工程项目概括、安全生产状况、规章制度、主要危险因素及安全事项、预防工伤事故和职业病的主要措施、典型事故案例及事故应急处理措施，项目经理实施。

班组：遵章守纪，岗位安全操作规程，工作衔接配合的安全事项，典型事故及发生事故后应采取的紧急措施，劳动防护用品的性能和使用，班组长实施。

2.有关安全管理的其他数字规定：

（1）专职安全员数量的相关规定：

项目总承包单位专职安全员的配备要求：

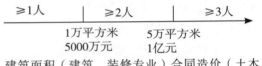

建筑面积（建筑、装修专业）合同造价（土木、线路、设备安装专业）

专业分包单位专职安全员的配备要求≥1人
劳务分包单位专职安全员的配备要求：

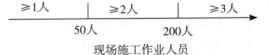

现场施工作业人员

（2）有关安全生产的其他数字规定：

安全生产许可证有效期3年；

特种作业人员作业证3年复审一次；

特种作业人员年满18岁。

【经典例题】（2015年一级真题）

【背景资料】某新建钢筋混凝土框架结构工程，地下2层，地上15层，建筑总高58m，玻璃幕墙外立面，钢筋混凝土叠合楼板，预制钢筋混凝土楼梯。基坑挖土深度为8m，地下水位位于地表以下8m，采用钢筋混凝土排桩+钢筋混凝土内支撑支护体系。

事件：项目专职安全员在安全"三违"巡视检查时，发现人工拆除钢筋混凝土内支撑施工的安全措施不到位，有违章作业现象，要求立即停止拆除作业。

【问题】事件中，除违章作业外，针对操作行为检查的"三违"巡查还应包括哪些内容？混凝土内支撑还可以采用哪几类拆除方法？

【答案】"三违"还包括违章指挥，违反劳动纪律。拆除的方法：机械拆除、爆破拆除、静压力破碎作业拆除。

二、施工安全危险源辨识

（一）两类危险源

根据危险源在安全事故发生发展过程中的机理分为：第一类危险源和第二类危险源。

1. 第一类危险源

通常把可能发生意外释放的能量或危害物质称作第一类危险源。是危害产生的最根本原因。

2. 第二类危险源

造成约束、限制能量和危险物质措施失控的各种不安全因素称为第二类危险源。

（二）危险源的类型

（1）危险源按工作活动的专业进行分类：机械类、电器类、辐射类、物质类、高坠类、火灾类和爆炸类等。

（2）危险源辨识的方法：危险源辨识的方法很多，常用的方法有专家调查法、头脑风暴法、德尔菲法、现场调查法、工作任务分析法、安全检查表法、危险与可操作性研究法、事件树分析法和故障树分析法等。

（三）重大危险源的评价

根据危险物质及其临界量标准进行重大危险源辨识和确认后，就应对其进行风险分析评价。一般来说，重大危险源的风险分析评价包括：

（1）辨识各类危险因素及其原因与机制；

（2）依次评价已辨识的危险事件发生的概率；

（3）评价危险事件的后果；

（4）进行风险评价，即评价危险事件发生概率和发生后果的联合作用；

（5）风险控制，即将上述评价结果与安全目标值进行比较，检查风险值是否达到了可接受水平，否则需要进一步采取措施，降低危险水平。

章节练习题

一、单项选择题

1. 项目安全生产责任制规定，项目安全生产的第一责任人是（　　）。
   A. 项目经理　　　　　　B. 项目安全总监
   C. 公司负责人　　　　　D. 公司安全总监

2. 下列选项中，不属于建筑施工企业在安全管理中必须坚持的方针的是（　　）。
   A. 安全第一　　　　　　B. 预防为主
   C. 防消结合　　　　　　D. 综合治理

二、多项选择题

1. 下列方法中，属于危险源辨识常用方法的有（　　）。
   A. 专家调查法　　　　　B. 因果分析法
   C. 事件树分析法　　　　D. 安全检查表法
   E. 故障树分析法

2. 为做好危险源的辨识工作，可以把危险源按工作活动的专业划分为（　　）。
   A. 机械类　　　　　　　B. 电器类
   C. 化学类　　　　　　　D. 物质类
   E. 火灾类

参考答案及解析

一、单项选择题

1.【答案】A
【解析】项目安全生产的第一责任人是项目经理。

2.【答案】C
【解析】建筑施工企业在安全管理中必须坚持"安全第一，预防为主，综合治理"的方针。

二、多项选择题

1.【答案】ACDE
【解析】危险源辨识的方法：危险源辨识的方法很多，常用的方法有专家调查法、头脑风暴法、德尔菲法、现场调查法、工作任务分析法、安全检查表法、危险与可操作性研究法、事件树分析法和故障树分析法等。

2.【答案】ABDE
【解析】危险源的类型：为做好危险源的辨识工作，可以把危险源按工作活动的专业进行分类，如机械类、电器类、辐射类、物质类、高坠类、火灾类和爆炸类等。

1A420090 工程安全生产检查

本节知识体系

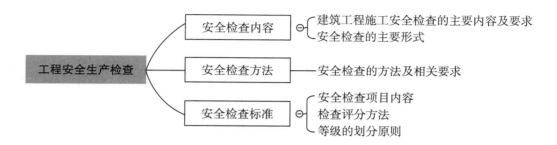

核心内容讲解

一、安全检查内容

（一）建筑工程施工安全检查的主要内容及要求（见表1A420090-1）

安全检查内容及具体要求　表1A420090-1

安全检查的内容	具体要求
查安全思想	主要是检查以项目经理为首的项目全体员工的安全意识
查安全责任	主要是检查现场安全生产责任制度的建立；安全生产责任目标的分解与考核情况
查安全制度	主要是检查现场各项安全生产规章制度技术操作规程的建立及执行情况
查安全措施	主要是检查现场安全措施计划及安全专项施工方案的编制、审核、审批及实施情况；还有方案的全面性、针对性等
查安全防护	主要是检查现场临边、洞口等各项安全防护设施是否到位，有无安全隐患
查设备设施	主要是检查现场投入使用的设备设施的购置、租赁、安装、验收、使用、过程维护保养等各个环节是否符合要求
查教育培训	主要是检查现场教育培训岗位、教育培训人员、教育培训内容是否明确、具体、有针对性。三级安全教育制度和特种作业人员持证上岗制度的落实情况是否到位；教育培训档案资料是否真实、齐全
查操作行为	主要是检查现场有无违章指挥、违章作业、违反劳动纪律的行为发生
查劳动防护用品使用	主要是检查现场劳动防护用品、用具的购置、产品质量、配备数量和使用情况
查伤亡事故处理	主要是检查现场是否发生伤亡事故，是否已按照"四不放过"的原则进行了调查处理，是否已有针对性预防措施

（二）安全检查的主要形式

日常巡查、专项检查、定期检查、经常性检查、季节性检查、节假日前后检查、开工、复工检查、专业性检查、设备设施检查。

1.定期安全检查，建筑工程施工现场应至少每旬开展一次安全检查工作，施工现场的定期安全检查应由项目经理亲自组织。

2.经常性安全检查主要有：

（1）现场专（兼）职安全生产管理人员及安全值班人员每天例行开展的安全巡视、巡查。

（2）现场项目经理、责任工程师及相关专业技术管理人员在检查生产工作的同时进行的安全检查。

（3）作业班组在班前、班中、班后进行的安全检查。

3.专业性安全检查，主要应由专业工程技术人员、专业安全管理人员参加。

【经典例题】1.施工现场的定期安全检查应由（　　）组织。

A.企业技术或安全负责人

B.项目经理

C.项目专职安全员

D.项目技术负责人

【答案】B

【嗨·解析】项目经理作为施工现场的第一责任人应定期对施工现场进行安全检查。

二、安全检查方法

安全检查的方法及相关要求见表1A420090-2。

安全检查方法及相关要求　表1A420090-2

安全检查方法	相关要求
听	听取基层管理人员或施工现场安全员汇报安全生产情况存在的问题及今后的发展方向
问	以询问、提问方式对项目经理为首的现场管理人员及操作工人进行的应知应会抽查
看	主要是指查看施工现场安全管理资料和对施工现场进行巡视。例如：查看项目负责人、专职安全管理人员、特种作业人员等的持证上岗情况；现场安全标志设置情况；劳动防护用品使用情况；现场安全防护情况；现场安全设施及机械设备安全装置配置情况等
量	主要是指使用测量工具对施工现场的一些设施、装置进行实测实量。例如：对脚手架各种杆件间距的测量；对电气开关箱安装高度的测量
测	主要是指使用专用仪器、仪表等监测器具对特定对象关键特性技术参数的测试
运转试验	主要是指由具有专业资格的人员对机械设备进行实际操作、试验，检验其运转的可靠性或安全限位装置的灵敏性。例如：对塔式起重机力矩限制器、变幅限位器、起重限位器等安全装置的试验

三、安全检查标准

（一）安全检查项目内容

安全检查是遵循现行行业标准《建筑施工安全检查标准》JGJ59的一种定量检查，检查内容包括保证项目和一般项目。近几年的考试主要是考查考生对于分项检查评分表中保证项目的掌握。

1.《安全管理检查评分表》

保证项目包括：安全生产责任制、施工组织设计及专项施工方案、安全技术交底、安全检查、安全教育、应急救援。

记忆口诀：智商（育）低，查祖籍。

2.《文明施工检查评分表》

保证项目包括：现场围挡、封闭管理、施工场地、材料管理、现场办公与住宿、现场防火。

记忆口诀：火速围封料场。

3.《基坑工程检查评分表》

保证项目包括：施工方案、临边防护、基坑支护及支撑拆除、降排水、基坑开挖、坑边荷载。

记忆口诀：河岸放置开水。

4.《模板支架检查评分表》

保证项目包括：施工方案、支架基础、支架构造、支架稳定、施工荷载、交底与验收。

记忆口诀：机构为何教方言。

5.《施工用电检查评分表》

保证项目包括：外电防护、接地与接零保护系统、配电线路、配电箱与开关箱。

记忆口诀：外接现象。

6.《物料提升机检查评分表》

保证项目包括：安全装置、防护设施、附墙架与缆风绳、钢丝绳、安拆、验收与使用。

记忆口诀：炼钢安装护驾。

7.《施工升降机检查评分表》

保证项目应包括：安全装置、限位装置、防护设施、附墙架、钢丝绳、滑轮与对重、安拆、验收与使用。一般项目应包括：导轨架、基础、电气安全、通信装置。

记忆口诀：装钢轮护架，应（用）限重拆验。

8.《塔式起重机检查评分表》

保证项目包括：载荷限制装置、行程限位装置、保护装置、吊钩、滑轮、卷筒与钢丝绳、多塔作业、安拆、验收与使用。

记忆口诀：构件滑丝 多安保险。

9.《起重吊装安全检查评分表》

保证项目包括：施工方案、起重机械、钢丝绳与地锚、索具、作业环境、作业人员。

记忆口诀：方司机的人做锁具。

【经典例题】2.（2015年一级真题）根据《建筑施工安全检查标准》的规定，《模板支架检查评分表》中的保证项目有（　　　）。

A.施工方案　　　　　B.底座与托撑

C.支架构造　　　　　D.构配件材质

E.支架稳定

【答案】ACE

（二）检查评分方法

（1）分项检查评分表和检查评分汇总表的满分分值均为100分，评分表的实得分值应为各检查项目所得分值之和。

（2）评分应采用扣减分值的方法，扣减分值总和不得超过该检查项目的应得分值。

（3）当按分项检查评分表评分时，保证项目中有一项未得分或保证项目小计得分不足40分，此分项检查评分表不应得分。

（4）检查评分汇总表中各分项项目实得分值应按下式计算：

$$A_1 = \frac{B \times C}{100}$$

式中　A_1——汇总表各分项项目实得分值；

　　　B——汇总表中该项应得满分值；

　　　C——该项检查评分表实得分值。

（5）当评分遇有缺项时，分项检查评分表或检查评分汇总表的总得分值应按下式计算：

$$A_2 = \frac{D}{E} \times 100\%$$

式中　A_2——遇有缺项时总得分值；

　　　D——实查项目在该表的实得分值之和；

　　　E——实查项目在该表的应得满分值之和。

（6）脚手架、物料提升机与施工升降机、塔式起重机与起重吊装项目的实得分值，应为所对应专业的分项检查评分表实得分值的算术平均值。

（三）等级的划分原则

施工安全检查的评定结论分为优良、合格、不合格三个等级。

1.优良

分项检查评分表无零分，汇总表得分值

应在80分及以上。

2.合格

分项检查评分表无零分，汇总表得分值应在80分以下，70分及以上。

3.不合格

（1）当汇总表得分值不足70分时；

（2）当有一分项检查评分表得零分时。

【经典例题】3.某综合楼工程进行安全大检查，检查结果如下：

"安全管理检查评分表"、"模板工程检查评分表"、"高处作业检查评分表"、分项检查评分表的实际得分分别为81、86、79分，在汇总表中的占分分布为10分、10分、10分。该工程使用了多种脚手架，落地式脚手架实得分为82分，悬挑式脚手架实得分为80分，最终该检查结果汇总表得分为70分且各项检

查评分表无0分。

【问题】1.计算各分项检查填入评分汇总表的得分。

2.计算脚手架分项的实得分。

3.判断该检查结果的所属等级。

【答案】1.汇总表中各项分数计算如下：

则："安全管理"分项实得分为：$81 \times 10/100=8.1$分；

"模板工程"分项实得分为：$86 \times 10/100=8.6$分；

"高处作业"分项实得分为：$79 \times 10/100=7.9$分。

2.脚手架实得分为：（82+80）/2=81分。

3.根据检查结果该项目安全检查的评定等级为合格。

章节练习题

一、单项选择题

1. 下列安全检查评分表中，没有设置保证项目的是（　　　）。

    A.施工机具检查评分表

    B.施工用电检查评分表

    C.模板支架检查评分表

    D.文明施工检查评分表

2. 安全检查的评价分为（　　　）几个等级。

    A.好、中、差

    B.合格、小合格

    C.优良、合格、不合格

    D.优良、中、合格、差

二、多项选择题

1. 下列检查项目中，属于《文明施工检查评分表》中保证项目的有（　　　）。

    A.现场公示标牌

    B.封闭管理

    C.现场宿舍

    D.施工场地

    E.治安综合治理

2. 下列检查项目中，属于《施工用电检查评分表》中保证项目的有（　　　）。

    A.外电防护

    B.现场照明

    C.变配电装置

    D.配电箱与开关箱

    E.接地与接零保护系统

三、案例分析题

1. 【2014年一级案例三】某新建站房工程，建筑面积56500m²，地下1层，地上3层，框架结构，建筑总高24m。总承包单位搭设了双排扣件式钢管脚手架（高度25m），在施工过程中有大量材料堆放在脚手架上面，结果发生了脚手架坍塌事故，造成1人死亡，4人重伤，1人轻伤，直接经济损失600多万元。事故调查中发现下列事件：

事件一：经检查，本工程项目经理持有一级注册建造师证书和安全考核资格证书（B证），电工、电气焊工、架子工持有特种作业操作资格证书。

事件二：项目部编制的重大危险源控制系统文件中，包含有重大危机源的辨识、重大危险源的管理、工厂选址和土地使用规划等内容，调查组要求补充完善。

事件三：双排脚手架连墙件被施工人员拆除了两处；双排脚手架同一区段，上下两层的脚手板堆放的材料重量均超过3kN/m²。项目部对双排脚手架在基础完成后、架体搭设前，搭设到设计高度后，每次大风、大雨后等情况下均进行了阶段检查和验收，并形成书面检查记录。

【问题】（1）事件一中，施工企业还有哪些人员需要取得安全考核资格证书及其证书类别与建筑起重作业相关的特种作业人员有哪些？

（2）事件二中，重大危险源控制系统还应有哪些组成部分？

（3）指出事件三中的不妥之处；脚手架还有哪些情况下也要进行阶段检查和验收？

（4）生产安全事故有哪几个等级？本事故属于哪个等级？

2. 【2014年一级案例四（节选）】某大型综合商场工程，建筑面积49500m²，地下1层，地上3层，现浇钢筋混凝土框架结构。建安投资为22000.00万元，采用工程量清单计价模式，报价执行现行国家标准《建设工程工程量清单计价规范》GB50500—2013，工期自2013年8月1日至2014年3月31日，面向国内公开招标，有6家施工单位通过了资格预审进行投标。

从工程招标至竣工决算的过程中，发生了下列事件：

事件三：建设单位按照合同约定支付了工程预付款；但合同中未约定安全文明施工费（322.00万元）预支付比例，双方协商按照国家相关部门规定的最低预支付比例进行支付。

事件四：E施工单位对项目部安全管理工作进行检查，发现安全生产领导小组只有E单位项目经理、总工程师、专职安全管理人员。E施工单位要求项目部整改。

【问题】（1）事件三中，建设单位预支付的安全文明施工费最低是多少万元（保留两位小数）？并说明理由。安全文明施工费包括哪些费用？

（2）事件四中，项目安全生产领导小组还应有哪些人员（分单位列出）？

3.【2016年一级案例三】某新建工程，建筑面积15000m²，地下2层，地上5层，钢筋混凝土框架结构采用800mm厚钢筋混凝土筏形基础，建筑总高20m。建设单位与某施工总承包单位签订了总承包合同。施工总承包单位将建设工程的基坑工程分包给了建设单位指定的专业分包单位。施工总承包单位项目经理部成立了安全生产领导小组，并配备了3名土建类专业安全员，项目经理部对现场的施工安全危险源进行了分辨识别。编制了项目现场防汛应急救援预案，按规定履行了审批手续，并要求专业分包单位按照应急救援预案进行一次应急演练。专业分包单位以没有配备相应救援器材和难以现场演练为由拒绝。总承包单位要求专业分包单位根据国家和行业相关规定进行整改。

项目经理组织参见各方人员进行高处作业专项安全检查。检查内容包括安全帽、安全网、安全带、悬挑式物料钢平台等。监理工程师认为检查项目不全面，要求按照现行行业标准《建筑施工安全检查标准》JGJ 59予以补充。

【问题】（1）本工程至少应配置几名专职安全员。根据《住房和城乡建设部关于印发建筑施工企业主要负责人、项目负责人和专职安全生产管理人员安全生产管理规定实施意见的通知》〔2015〕206号，项目经理部配置的专职安全员是否妥当？并说明理由？

（2）对于施工总承包单位编制的防汛应急救援预案。专业承包单位应如何执行？

（3）按照现行行业标准《建筑施工安全检查标准》JGJ59，现场高处作业检查的项目还应补充哪些？

4.【背景资料】某地区要建一栋写字楼，建筑高度56m。施工过程中发生如下事件：

事件一：基坑开挖前应制定系统的开挖监控方案，监控方案应包括监控目的、监测项目、监控报警值、监测方法及精度要求、监测点的布置、监测周期、工序管理和记录制度以及信息反馈系统等。基坑开挖过程中，施工单位分别对支护结构水平位移和周围建筑物进行检查监测。

事件二：项目部编制了《安全生产管理措施》。其中基础工程施工安全控制的主要内容是挖土机械作业安全；边坡与基坑支护安全；降水设施与临时用电安全等3项。监理工程师认为不全。

事件三：项目部编制了《安全生产管理措施》。其中高处作业安全控制的主要内容是：临边作业安全；洞口作业安全；攀登与悬空作业安全。监理工程师认为不全。

事件四：工程开工前，项目部采用专家调查法、头脑风暴法进行了危险源辨识。规定，重大危险源的风险分析评价包括：辨识各类危险因素及其原因与机制、依次评价已辨识的危险事件发生的概率、评价危险事件的后果。

事件五：某市建委对某酒店在施项目进行了安全质量大检查，检查结果如下：该工程《文明施工检查评分表》、《高处作业检查评分表》、《施工机具检查评分表》等分项检查评分表（按百分制）实得分为80分，85分，和80分，以上项目分别占总表的20分、10分和5分。

【问题】（1）事件一中，施工单位还应对哪些内容进行重点监测？

（2）事件二中，基础施工安全控制的主要内容还包括哪些？

（3）事件三中，高处作业安全控制的主要内容还包括哪些？

（4）事件四中，重大危险源的风险分析评价应包括哪几个方面？

（5）根据事件五分析，三表在汇总表中的实得分是多少？

参考答案及解析

一、单项选择题

1.【答案】A

【解析】施工机具检查评分表没有设置保证项目。

2.【答案】C

【解析】施工安全检查的评定结论分为优良、合格、不合格三个等级。

二、多项选择题

1.【答案】BCD

【解析】《文明施工检查评分表》检查评定保证项目应包括：现场围挡、封闭管理、施工场地、材料管理、现场办公与住宿、现场防火。一般项目应包括：综合治理、公示标牌、生活设施、社区服务。

2.【答案】ADE

【解析】《施工用电检查评分表》检查评定的保证项目应包括：外电防护、接地与接零保护系统、配电线路、配电箱与开关箱。一般项目应包括：配电室与配电装置、现场照明、用电档案。

三、案例分析题

1.【答案】（1）事件一中，施工企业负责人安全考核资格证书（A证）、专职安全员安全考核资格证书（C证）与建筑起重有关的特种作业人员还有：起重机械安装拆卸工、起重司机、起重信号工、起重司索工等。

（2）重大危险源控制系统还包括：重大危险源的评价；重大危险源的安全报告；事故应急救援预案；重大危险源的监察等内容。

（3）事件三中：

不妥之一：双排脚手架连墙杆被施工人员拆除了两处。

不妥之二：双排脚手架同一区段，上下两层堆放材料均超过$3kN/m^2$。

脚手架以下情况下需要进行阶段检查和验收：

1）作业层上施加荷载前；

2）每搭设完6~8m高度后；

3）遇有六级大风与大雨后，寒冷地区开冻后；

4）达到设计高度后；

5）停用超过一个月。

（4）生产安全事故分为：特别重大事故、重大事故、较大事故、一般事故四个等级。本事故属于一般事故。

2.【答案】（1）事件三中：

建设单位支付的安全文明施工费＝322×50%＝161.00万元。

理由：本工程工期在一年内，最低预付款的50%。

安全文明施工费包括：安全施工费、文明

施工费、环境保护费、临时设施费。

（2）项目安全生产领导小组还应该包括下列人员：

专业分包：项目经理，技术负责人，专职安全管理人员。

劳务分包：项目经理，技术负责人，专职安全管理人员。

3.【答案】（1）本工程至少应配备3名专职安全员。

项目经理部配备的专职安全员人数不妥当。

建筑工程、装修工程按照建筑面积配备：1万～5万m²的工程不少于2人；专业承包单位应当配置至少1人，并根据所承担的分部分项工程的工程量和施工危险程度增加。

（2）专业承包单位应按如下执行：

1）专业分包单位应按照总包单位应急预案的要求进行组织贯彻；

2）根据总包单位的应急预案要求建立责任制度；

3）应按总包单位的要求配备相应的人员；

4）应按总包单位的要求领取相应的物资并按要求布置；

5）要按照总包单位提出要求进行培训和应急演练。

（3）还应补充：临边防护、洞口防护、通道口防护、攀登作业、悬空作业、移动式操作平台。

4.【答案】（1）基坑工程的监测包括支护结构的监测和周围环境的监测。重点是做好支护结构水平位移、周围建筑物、地下管线变形、地下水位等的监测。

（2）还包括：

1）防水施工时的防火、防毒安全。

2）桩基施工的安全防范。

（3）还包括：操作平台作业安全、交叉作业安全。

（4）包括：

1）辨识各类危险因素及其原因与机制；

2）依次评价已辨识的危险事件发生的概率；

3）评价危险事件的后果；

4）进行风险评价，即评价危险事件发生概率和发生后果的联合作用；

5）风险控制，即将上述评价结果与安全目标值进行比较，检查风险值是否达到了可接受水平，否则需要进一步采取措施，降低危险水平。

（5）汇总表中的各项实得分数为：

《文明施工检查评分表》实得分为=20/100×80=16.0分

《高处作业检查评分表》=10/100×85=8.5分

《施工机具检查评分表》=5/100×80=4.0分

1A420100 工程安全生产隐患防范

本节知识体系

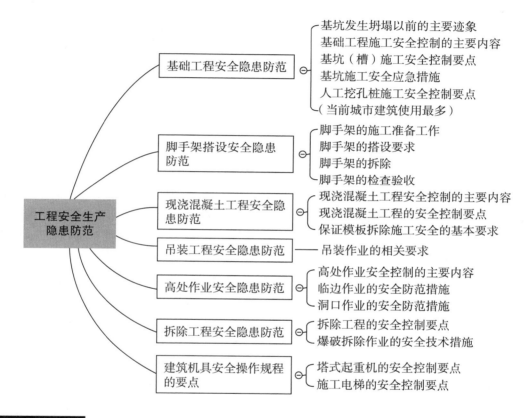

核心内容讲解

一、基础工程安全隐患防范

基础工程施工容易发生基坑坍塌等类型生产安全事故，本节要求考生掌握基础施工的安全控制内容，基坑监测及施工安全应急措施。

（一）基坑发生坍塌以前的主要迹象

1.周围地面出现裂缝，并不断扩展。

2.支撑系统发出挤压等异常响声。

3.环梁或排桩、挡墙的水平位移较大，并持续发展。

4.支护系统出现局部失稳。

5.大量水土不断涌入基坑。

6.相当数量的锚杆螺母松动，甚至有的槽钢松脱等。

（二）基础工程施工安全控制的主要内容

1.挖土机械作业安全。

2.边坡与基坑支护安全。

3.降水设施与临时用电安全。

4.防水施工时的防火、防毒安全。

5.桩基施工的安全防范。

（三）基坑（槽）施工安全控制要点

1.土方开挖专项施工方案的主要内容包括：放坡要求、支护结构设计、机械选择、开挖时间、开挖顺序、分层开挖深度、坡道位置、车辆进出道路、降水措施及监测要求等。

2.基坑（槽）土方开挖与回填安全技术措施

（1）基坑（槽）开挖时，两人操作间距应大于2.5m。多台机械开挖，挖土机间距应大于10m。

（2）基坑周边严禁超堆荷载。在坑边堆放弃土、材料和移动施工机械时，要距坑边1m以外，堆放高度不能超过1.5m。

（3）机械多台阶同时开挖时，应验算边坡的稳定，挖土机离边坡应保持一定的安全距离，以防塌方，造成翻机事故。

（4）开挖至坑底标高后坑底应及时满封闭并进行基础工程施工。

（5）地下结构工程施工过程中应及时进行夯实回填土施工。

3.基坑开挖的监控

（1）监测方案

基坑开挖前应制定系统的开挖监控方案，内容包括：监控目的、监测项目、监控报警值、监测方法及精度要求、监测点的布置、监测周期、工序管理和记录制度以及信息反馈系统等。

（2）监测内容

基坑工程的监测包括支护结构的监测和周围环境的监测。重点是做好支护结构水平位移、周围建筑物、地下管线变形、地下水位等的监测。

（四）基坑施工安全应急措施

1.出现水患的处理措施

当出现渗水或漏水，应根据水量大小，采用坑底设沟排水、引流修补、密实混凝土封堵、压密注浆、高压喷射注浆等方法及时进行处理。

当出现轻微的流沙现象，在基坑开挖后可采用加快垫层浇筑或加厚垫层的方法"压住"流沙。对于较严重的流沙，应增加坑内降水措施进行处理。

如果发生管涌，可以在支护墙前再打设一排钢板桩，在钢板桩与支护墙间进行注浆。

对邻近建筑物沉降的控制一般可以采用回灌井、跟踪注浆等方法。

2.出现支护坍塌的处理措施

（1）如果水泥土墙等重力式支护结构位移超过设计估计值时，应做好位移监测掌握发展趋势。

（2）出现坍塌危险应采用水泥土墙背后卸载、加快垫层施工及加大垫层厚度、加设支撑等方法及时进行处理。

（3）处理过程中要持续降水。

（五）人工挖孔桩施工安全控制要点（当前城市建筑使用最多）

（1）人工挖孔桩施工前应编制专项施工方案，严格按方案规定的程序组织施工。开挖深度超过16m的人工挖孔桩工程还要对专项施工方案进行专家论证。

（2）桩孔开挖深度超过10m时，应配置专门向井下送风的设备。

（3）挖孔桩各孔内用电严禁一闸多用。孔上电缆必须架空2.0m以上，照明应采用安全矿灯或12V以下的安全电压。

二、脚手架搭设安全隐患防范

（一）脚手架的施工准备工作

对于脚手架的安全管理分为对扣件式、悬挑式、门式、碗扣式、满堂脚手架、高处作业吊篮及附着式升降脚手架等的管理。

脚手架搭设前要编制施工方案，方案的

内容用包括：

（1）材料要求（如图1A420100-1所示）。

图1A420100-1　脚手架配件图

（2）基础要求。

（3）荷载计算、计算简图、计算结果、安全系数。

（4）立杆横距、立杆纵距、杆件连接、步距、允许搭设高度、连墙杆做法、门洞处理、剪刀撑要求、脚手板、挡脚板、扫地杆等构造要求（如图1A420100-2所示）。

（5）脚手架搭设、拆除，安全技术措施及安全管理、维护、保养，以及平面图、剖面图、立面图、节点图要反映杆件连接、拉结基础等情况。

（6）悬挑式脚手架有关悬挑梁、横梁等的加工节点图，悬挑梁与结构的连接节点，钢梁平面图，悬挑设计节点图。

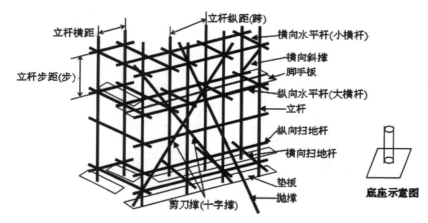

图1A420100-2　扣件式钢管脚手架立体图

（二）脚手架的搭设要求

脚手架的搭设要求详见表1A420100。

脚手架的搭设要求　表1A420100

相关项目	相关要求
荷载要求	使用时不得超载（结构脚手架是3kN/m²，装修脚手架是2kN/m²），设备及模板支架不得与架体连接。严禁悬挂起重设备
搭设高度	脚手架必须配合施工进度搭设，一次搭设高度不应超过相邻连墙件以上两步
搭设接头 （图1A420100-3）	（1）纵向水平杆接长应采用对接扣件连接或搭接； （2）不同步或不同跨两个相邻接头在水平方向错开的距离不应小于500mm
基础及扫地杆 （图1A420100-4）	（1）基础应平整硬化及有排水措施，当出现高低跨，高度相差不得超过1m； （2）纵向扫地杆应采用纵上横下方式固定在距底座上皮不大于200mm处的立杆上
剪刀撑 （见图1A420100-5）	（1）高度在24m以下的单、双排，均必须在外侧两端、转角及中间不超过15m的立面由底至顶连续设置一道剪刀撑； （2）高度在24m及以上的双排脚手架在外侧全立面连续设置剪刀撑

续表

相关项目	相关要求
连墙件	（1）对高度24m及以下的单、双排脚手架，宜采用刚性连墙件与建筑物可靠连接，亦可采用钢筋与顶撑配合使用的附墙连接方式。严禁柔性连接； （2）对高度24m以上的双排脚手架，必须采用刚性连墙件与建筑物可靠连接

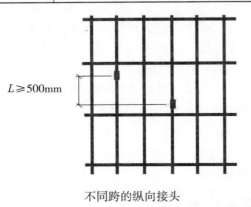

不同跨的纵向接头　　　　　　不同步的横向接头

图1A420100-3　脚手架搭接要求

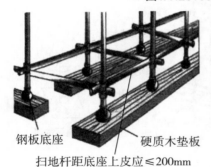

钢板底座　　硬质木垫板
扫地杆距底座上皮应≤200mm

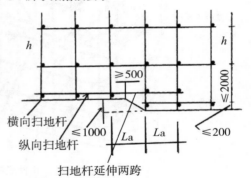

图1A420100-4　脚手架基础要求

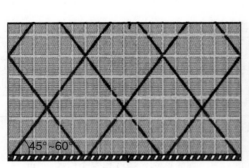

连续布置

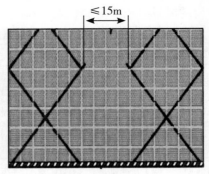

不连续布置

图1A420100-5　剪刀撑设置要求

【经典例题】1.（2016年二级真题）高大模板扣件式钢管支撑脚手架中，必须采用对接扣件连接的是（　　　）。

A.立杆　　　　　　B.水平杆

C.竖向剪刀撑　　　D.水平剪刀撑

【答案】A

【经典例题】2.（2014年二级真题）下列影响扣件式钢管脚手架整体稳定性的因素中，属于主要影响因素的有（　　　）。

A.立杆的间距

B.立杆的接长方式

C.水平杆的步距

D.水平杆的接长方式

E.连墙件的设置

【答案】ABCE

（三）脚手架的拆除

（1）拆除作业必须由上而下逐层进行，严禁上下同时作业。

（2）连墙件必须随脚手架逐层拆除，严禁先将连墙件整层拆除后再拆脚手架；分段拆除高差不应大于2步，如高差大于2步，应增设连墙件加固。

（四）脚手架的检查验收

1.脚手架在下列阶段应进行检查与验收：

（1）脚手架基础完工后，架体搭设前；

（2）每搭设完6～8m高度后；

（3）作业层上施加荷载前；

（4）达到设计高度后；

（5）遇有六级风及以上、雨、雪天气后；

（6）冻土地区解冻后；

（7）停用超过一个月。

2.脚手架定期检查的主要内容：

（1）杆件的设置与连接，连墙件、支撑、门洞桁架的构造是否符合要求；

（2）地基是否积水，底座是否松动，立杆是否悬空，扣件螺栓是否松动；

（3）高度在24m以上的双排、满堂脚手架，高度在20m以上的满堂支撑架，其立杆的沉降与垂直度的偏差是否符合技术规范要求；

（4）架体安全防护措施是否符合要求；

（5）是否有超载使用现象。

【经典例题】3.（2016年一级真题）

【背景资料】某新建工程，建筑面积15000m²，地下2层，地上5层，钢筋混凝土框架结构采用800mm厚钢筋混凝土筏形基础，建筑总高20m。建设单位与某施工总承包单位签订了总承包合同。施工总承包单位将建设工程的基坑工程分包给了建设单位指定的专业分包单位。

外装修施工时，施工单位搭设了扣件式钢管脚手架如下图。架体搭设完成后进行了验收检查，并提出了整改意见。

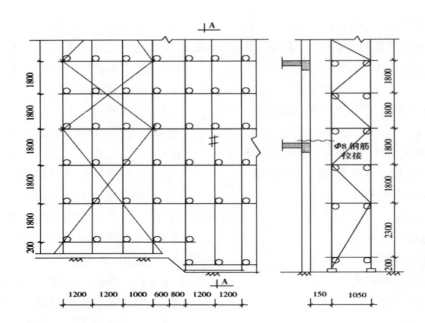

【问题】指出背景资料中脚手架搭设的错误之处。

【答案】错误一：脚手架的基础应硬化，有垫板并设置排水要求；

错误二：扫地杆应纵向在上，并且应固定在距离底座上皮不大于200mm处；

错误三：扫地杆应由高处向低处延伸两跨；

错误四：剪刀撑斜杆与地面的角度过大；

错误五：立杆不应采用搭接；

错误六：连墙件不应单独采用钢筋拉结，拉结数量不够；

错误七：低处扫地杆与第一根水平杆的距离不应超过2m。

三、现浇混凝土工程安全隐患防范

在混凝土浇筑过程中，模板支撑系统整体坍塌事故尤为突出。

（一）现浇混凝土工程安全控制的主要内容

1.模板支撑系统设计；

2.模板支拆施工安全；

3.钢筋加工及绑扎、安装作业安全；

4.混凝土浇筑高处作业安全；

5.混凝土浇筑用电安全；

6.混凝土浇筑设备使用安全。

（二）现浇混凝土工程的安全控制要点

1.现浇混凝土工程施工方案的编制

（1）现浇混凝土工程施工应编制专项施工方案主要内容应包括模板支撑系统的设计、制作、安装和拆除的施工程序、作业条件。

（2）立柱底部支承结构必须具有支承上层荷载的能力。为合理传递荷载，立柱底部应设置木垫板，禁止使用砖及脆性材料铺垫。

（3）为保证立柱的整体稳定，在安装立柱的同时，应加设水平支撑和剪刀撑。

（4）立柱的间距应经计算确定，按照施工方案的规定设置。为保证立柱的整体稳定，在安装立柱的同时，应加设水平支撑和剪刀撑。

2.模板工程专项方案的编制

（1）模板工程安装高度超过3.0m，必须搭设脚手架，除操作人员外，脚手架下不得站其他人。

（2）模板安装高度在2m及以上时，应符

合国家现行标准的有关规定。

（3）遇大雨、大雾、沙尘、大雪或6级以上大风等恶劣天气时，应暂停露天高处作业。6级及以上风力时，应停止高空吊运作业。

（三）保证模板拆除施工安全的基本要求

现浇混凝土结构模板及其支架拆除时的混凝土强度应符合的设计要求如下：

（1）拆除顺序如果模板设计无要求时，可按先支的后拆，后支的先拆，先拆非承重的模板，后拆承重的模板及支架的顺序进行。

（2）不承重的侧模板（侧模），只要表面及棱角不因拆除模板而受损时，即可进行拆除。

（3）承重模板（底模），强度达到规定要求时，方可进行拆除。

（4）后张预应力混凝土结构或构件模板的拆除，侧模应在预应力张拉前拆除，底模必须在预应力张拉完毕方能拆除。

（5）拆模作业之前必须填写拆模申请，并在同条件养护试块强度记录达到规定要求时，技术负责人方能批准拆模。

【经典例题】 4.关于后张预应力混凝土梁模板拆除的说法，正确的有（　　　）。

A.梁侧模应在预应力张拉前拆除

B.梁侧模应在预应力张拉后拆除

C.混凝土强度达到侧模拆除条件即可拆除侧模

D.梁底模应在预应力张拉前拆除

E.梁底模应在预应力张拉后拆除

【答案】 ACE

【经典例题】 5.（2016年一级真题）

【背景资料】 某新建体育馆工程，建筑面积约23000m²，现浇钢筋混凝土结构，钢结构网架屋盖，地下1层，地上4层，地下室顶板设计有后张法预应力混凝土梁。

地下室顶板同条件养护试件强度达到设计要求时，施工单位现场生产经理立即向监理工程师口头申请拆除地下室顶板模板，监

理工程师同意后，现场将地下室顶板及支架全部拆除。

【问题】 监理工程师同意地下室顶板拆模是否正确？背景资料中地下室顶板预应力梁拆除底模及支架的前置条件有哪些？

【答案】 监理工程师同意地下室顶板拆模不正确。

前置条件：

（1）底模应该在预应力张拉后拆除。

（2）拆模应经项目技术负责人批准。

（3）同条件养护试件的强度应符合相应要求。

（4）后张法预应力应在封锚后方能拆除。

四、吊装工程安全隐患防范

吊装作业的相关要求：

1.吊装的相关人员大多属于特种作业人员，包括：吊装司机、爆破作业人员、起重信号工、安装拆除人员等必须经过专门的安全培训，经考核合格，持特种作业操作资格证书上岗。特种作业人员应按规定进行体检和复审。

2.起重吊装作业前，应根据施工组织设计要求划定危险作业区域，设置醒目的警示标志，防止无关人员进入。

3.起重机要做到"十不吊"。

①超载或被吊物质量不清不吊；

②指挥信号不明确不吊；

③捆绑、吊挂不牢或不平衡，可能引起滑动时不吊；

④被吊物上有人或浮置物时不吊；

⑤结构或零部件有影响安全工作的缺陷或损伤时不吊；

⑥遇有拉力不清的埋置物件时不吊；

⑦工作场地昏暗，无法看清场地、被吊物和指挥信号时不吊；

⑧被吊物棱角处与捆绑钢绳间未加衬垫

时不吊；

⑨歪拉斜吊重物时不吊；

⑩容器内装的物品过满时不吊。

4.预制构件的运输与堆放的相关规定：

（1）运输时混凝土预制构件的强度不低于设计混凝土强度的75%。

（2）叠放运输时构件之间必须用隔板或垫木隔开。

（3）构件堆放平稳，底部按设计位置设置垫木。

（4）构件多层叠放时，柱子不超过2层；梁不超过3层；钢屋架不超过3层。

五、高处作业安全隐患防范

高处作业是指凡在坠落高度基准面2m以上（含2m），有可能坠落的高处进行的作业。

（一）高处作业安全控制的主要内容

（1）临边作业安全；

（2）洞口作业安全；

（3）攀登与悬空作业安全；

（4）操作平台作业安全；

（5）交叉作业安全。

（二）临边作业的安全防范措施

基坑周边，尚未安装栏杆或栏板的阳台、料台与悬挑平台周边等处，都必须设置防护栏杆见图1A420100-6。

　　　　　　　上杆1~1.2m
　　　　　　　下杆0.5~0.6m
　　　　　　　立杆间距2m
　　　　　　　满布安全网

图1A420100-6　防护栏杆的设置

（三）洞口作业的安全防范措施

（1）电梯井口必须设防护栏杆或固定栅门；电梯井内应每隔两层并最多隔10m设一道安全网。

（2）施工现场通道附近的各类洞口与坑槽等处，除设置防护设施与安全标志外，夜间还应设红灯示警。

（3）墙面等处的竖向洞口，凡落地的洞口应加装开关式、工具式或固定式的防护门，也可采用防护栏杆，下设挡脚板（笆）。

六、拆除工程安全隐患防范

（一）拆除工程的安全控制要点

1.拆除工程必须制定应急救援预案，制定相应的消防安全措施。

2.拆除工程应当由具备相应资质等级和安全生产许可证的施工企业承担。

3.人工拆除作业的安全技术措施

（1）拆除施工程序应从上至下，按板、非承重墙、梁、承重墙、柱等顺序依次进行，或依照先非承重结构后承重结构的原则来进行拆除。

（2）拆除建筑的栏杆、楼梯、楼板等构件，应与建筑结构整体拆除进度相配合，不得先行拆除。建筑的承重梁、柱，应在其所承载的全部构件拆除后，再进行拆除。

（3）拆除原用于有毒有害、可燃气体的管道及容器时，必须查清其残留物的种类、化学性质及残留量，采取相应措施后，方可进行拆除作业，以确保拆除人员的安全。

（二）爆破拆除作业的安全技术措施

（1）爆破拆除工程设计必须按级别经当地有关部审核，做出安全评估和审查批准后方可实施。

（2）爆破拆除单位必须持有所在地公安部门核发的《爆炸物品使用许可证》，承担相应等级的爆破拆除工程。

（3）爆破器材必须向工程所在地公安部门申请《爆炸物品购买许可证》，到指定的供应点购买。

（4）运输爆破器材时，必须向工程所在

地公安部门申请领取《爆炸物品运输许可证》，按指定路线运输，派专人押送。

七、建筑机具安全操作规程的要点

（一）塔式起重机的安全控制要点

（1）塔式起重机的基础必须经过设计验算，验收合格后方可使用。

（2）塔式起重机的拆装必须配备下列人员：

持有安全生产考核合格证书的项目负责人和安全负责人、机械管理人员；

具有建筑施工特种作业操作资格证书的建筑起重机械安装拆卸工、起重司机、起重信号工、司索工等特殊作业操作人员。

（3）塔式起重机安装后，应进行整体技术检验和调整，在无荷载情况下，塔身与地面的垂直度偏差不得超过4/1000。

（4）塔式起重机的指挥人员、操作人员必须持证上岗。

（5）突然停电时，应立即把所有控制器拨到零位，断开电源开关，并采取措施将重物安全降到地面，严禁起吊重物长时间悬挂空中。

（6）严禁使用塔式起重机进行斜拉、斜吊和起吊地下埋设或凝结在地面上的重物。

（7）在起吊荷载达到塔式起重机额定起重量的90%及以上时，应先将重物吊起离地面不大于20cm，然后进行下列项检查：起重机的稳定性、制动器的可靠性、重物的平稳性、绑扎的牢固性。确认安全后方可继续起吊。

【经典例题】6.（2015年一级真题）

【背景资料】某建筑工程，占地面积8000m²，地下3层，地上34层，框筒结构，结构钢筋采用HRB400等级，底板混凝土强度等级C35，地上3层及以下核心筒混凝土强度等级为C60。局部区域为两层通高报告厅，其主梁配置了无粘结预应力筋，该施工企业中标

后进场组织施工，施工现场场地狭小，项目部将所有材料加工全部委托给专业加工场进行场外加工。

在施工过程中，发生了下列事件：

事件：设备安装阶段，发现拟安装在屋面的某空调机组重量超出塔式起重机限载（额定起重量）约6%，因特殊情况必须使用该塔式起重机进行吊装，经项目技术负责人安全验算后批准用塔式起重机起吊；起吊前先进行试吊，即将空调机组吊离地面30cm后停止上升，现场安排专人进行观察与监护。监理工程师认为施工单位做法不符合安全规定，要求修改，对试吊时的各项检查内容旁站监理。

【问题】指出事件中施工单位做法不符合安全规定之处，并说明理由。在试吊时，必须进行哪些检查？

【答案】不妥之处：经项目技术负责人安全验算后批准用塔式起重机起吊。

正确做法：应经企业技术负责人批准。

试吊时进行下列项检查：起重机的稳定性、制动器的可靠性、重物的平稳性、绑扎的牢固性。

（二）施工电梯的安全控制要点

（1）凡建筑工程工地使用的施工电梯，必须是通过省、市、自治区以上主管部门鉴定合格和有许可证的制造厂家的合格产品。

（2）在施工电梯周围5m内，不得堆放易燃、易爆物品及其他杂物，不得在此范围内挖沟开槽。电梯2.5m范围内应搭坚固的防护棚。

（3）严禁利用施工电梯的井架、横竖支撑和楼层站台牵拉悬挂脚手架、施工管道、绳缆、标语旗帜及其他与电梯无关的物品。

（4）检查各限位安全装置情况。经检查无误后先将梯笼升高至离地面1m处停车检查制动是否符合要求，然后继续上行试验楼层站台、防护门、上限位以及前、后门限位，并观

察运转情况，确认正常后，方可正式投产。

（5）若载运熔化沥青、剧毒物品、强酸、溶液、笨重构件、易燃物品和其他特殊材料时，必须由技术部门会同安全、机务和其他有关部门制定安全措施向操作人员交底后方可载运。

（6）运载货物应做到均匀分布，防止偏载，物料不得超出梯笼之外。

（7）运行到上下尽端时，不准以限位停车（检查除外）。

（8）凡遇有下列情况时应停止运行：天气恶劣，如雷雨、6级及以上大风、大雾、导轨结冰等情况；灯光不明，信号不清；机械发生故障，未彻底排除；钢丝绳断丝磨损超过规定。

章节练习题

一、单项选择题

1. 对高度在24m以上的双排脚手架，必须采用（　　）与建筑可靠连接。
   A.刚性连墙件
   B.柔性连墙件
   C.刚性或柔性连墙件
   D.拉筋和顶撑配合使用的连墙方式

2. 拆除的模板在堆放时，不能过于靠近楼层边沿。应满足（　　）的要求。
   A.边沿留出不小于1.0m的安全距离，堆放高度不能超过1.0m
   B.边沿留出不小于1.0m的安全距离，堆放高度不能超过1.5m
   C.边沿留出不小于1.0m的安全距离，堆放高度不能超过1.0m
   D.边沿留出不小于1.5m的安全距离，堆放高度不能超过1.5m

二、多项选择题

1. 下列安全控制项目中，属于高处作业安全控制主要内容的有（　　）。
   A.操作平台作业安全
   B.洞口作业安全
   C.交叉作业安全
   D.临边作业安全
   E.高处作业个人安全防护用具使用

2. 对于脚手架及其地基基础，应进行检查和验收的情况有（　　）。
   A.每搭设完6～8m高度后
   B.五级大风天气过后
   C.作业层上施加荷载前
   D.冻结地区土层冻结后
   E.停用40d后

三、案例分析题

【2015年一级案例三】

【背景资料】 某新建钢筋混凝土框架结构工程，地下2层，地上15层，建筑总高58m，玻璃幕墙外立面，钢筋混凝土叠合楼板，预制钢筋混凝土楼梯。基坑挖土深度为8m，地下水位位于地表以下8m，采用钢筋混凝土排桩+钢筋混凝土内支撑支护体系。

在履约过程中，发生了下列事件：

事件一：监理工程师在审查施工组织设计时，发现需要单独编制专项施工方案的分项工程清单内列有塔式起重机安装拆除、施工电梯安装拆除、外脚手架工程。监理工程师要求补充完善清单内容。

事件二：项目专职安全员在安全"三违"巡视检查时，发现人工拆除钢筋混凝土内支撑施工的安全措施不到位，有违章作业现象，要求立即停止拆除作业。

事件三：施工员在楼层悬挑式钢质卸料平台安装技术交底中，要求使用卡环进行钢平台吊运与安装，并在卸料平台三个侧边设置1200mm高的固定式安全防护栏杆架子工对此提出异议。

事件四：主体结构施工过程中发生塔式起重机倒塌事故，当地县级人民政府接到事故报告后，按规定组织安全生产监督管理部门。负有安全生产监督管理职责的有关部门等派出的相关人员组成了事故调查组，对事故展开调查。施工单位按照事故调查组移交的事故调查报告中对事故责任者的处理建议对事故责任人进行处理。

【问题】（1）事件一中，按照《危险性较大的分部分项工程安全管理办法》（建质[2009]87号）规定，本工程还应单独编制哪些专项施工方案？

（2）事件二中，除违章作业外，针对操作行为检查的"三违"巡查还应包括哪些内容？混凝土内支撑还可以采用哪几类拆除方法？

（3）写出事件三种技术交底的不妥之处，并说明楼层卸料平台上安全防护与管理的具体措施。

（4）事件四中，施工单位对事故责任人的处理做法是否妥当？并说明理由。事故调查组应还应有哪些单位派员参加？

参考答案及解析

一、单项选择题

1.【答案】A

【解析】对高度在24m以上的双排脚手架，必须采用刚性连墙件与建筑可靠连接。

2.【答案】A

【解析】拆除的模板在堆放时，不能过于靠近楼层边沿，边沿留出不小于1.0m的安全距离，堆放高度不能超过1.0m。

二、多项选择题

1.【答案】ABCD

【解析】高处作业安全控制的主要内容（1）临边作业安全。（2）洞口作业安全。（3）攀登与悬空作业安全。（4）操作平台作业安全。（5）交叉作业安全。

2.【答案】ACE

【解析】脚手架在下列阶段应进行检查与验收：

（1）脚手架基础完工后，架体搭设前；

（2）每搭设完6～8m高度后；（3）作业层上施加荷载前；（4）达到设计高度后或遇有六级及以上风或大雨后，冻结地区解冻后；（5）停用超过一个月。

三、案例分析题

【答案】（1）应当单独编制专项施工方案还包括：基坑支护与降水工程，土方开挖工程，叠合楼板、起重吊装。

（2）

1）"三违"还包括违章指挥，违反劳动纪律。

2）拆除的方法：机械拆除、爆破拆除、静压力破碎作业拆除。

（3）不妥之处：三个侧面设置固定式安全防护栏杆。

措施有：楼层卸料平台两侧设置固定式防护栏杆、平台口设置安全门。料台上应标明限重、应配置专人监督、两侧栏杆自上而下挂安全网。

（4）

1）不妥当。理由：事故发生单位应当按照负责事故调查的人民政府的批复进行处理。

2）事故调查组应由有关人民政府、安全生产监督管理部门、负有安全生产监督管理职责的有关部门、监察机关、公安机关以及工会派人组成，并应当邀请人民检察院派人参加。

1A420110 常见安全事故类型及其原因

本节知识体系

核心内容讲解

一、常见安全事故类型

（一）建筑安全生产事故分类

按事故的原因及性质分类

建筑安全事故可以分为四类，即生产事故、质量问题、技术事故和环境事故。

（1）生产事故

目前我国对建筑安全生产的管理主要是针对生产事故。

（2）质量问题

质量问题主要是指由于设计不符合规范或施工达不到要求等原因而导致建筑结构实体或使用功能存在瑕疵，进而引起安全事故的发生。

（3）技术事故

技术事故主要是指由于工程技术原因而导致的安全事故，技术事故的结果通常是毁灭性的。技术事故的发生，可能发生在施工生产阶段，也可能发生在使用阶段。

（4）环境事故

使用环境原因主要是对建筑实体的使用不当，比如荷载超标、静荷载设计而动荷载使用以及使用高污染建筑材料或放射性材料等。

（二）建筑工程最常发生事故的类型

高处坠落、物体打击、机械伤害、触电、坍塌事故等五种事故，已占到事故总数的80%~90%以上。

二、常见安全事故原因

常见的安全事故原因包括：人的不安全因素，物的不安全状态和管理上的不安全因素。

章节练习题

一、多项选择题

下列事故类型中，属于建筑业最常发生事故类型的有（　　　）。

A.触电　　　　　　B.高处坠落

C.火灾　　　　　　D.机械伤害

E.坍塌事故

二、案例分析题

【2014年二级案例二（节选）】

【背景资料】某新建工业厂区，地处大山脚下，总建筑面积16000m²，其中包含一幢六层办公楼工程，摩擦型预应力管桩，钢筋混凝土框架结构。

在施工过程中，发生了下列事件：

事件二：连续几天的大雨引发山体滑坡，导致材料库房垮塌，造成1人当成死亡，7人重伤。施工单位负责人接到事故报告后，立即组织相关人员召开紧急会议，要求迅速查明事故原因和责任，严格按照"四不放过"原则处理；4小时后向相关部门递交了1人死亡的事故报告，施工发生后第7d和第32d分别有1人在医院抢救无效死亡，其余5人康复出院。

事件三：办公楼一楼大厅支模高度为9m，施工单位编制了模架施工专项方案并经审批后，及时进行专项方案专家论证。论证会由总监理工程师组织，在行业协会专家库总抽出5名专家，其中1名专家是该工程设计单位的总工程师，建设单位没有参加论证会。

事件四：监理工程师对现场安全文明施工进行检查时，发现只有公司级、分公司级、项目级安全教育记录，开工前的安全技术交底记录中交底人为专职安全员，监理工程师要求整改。

【问题】1.事件二中，施工单位负责人报告事故的做法是否正确？应该补报死亡人数几人？事故处理的"四不放过"原则是什么？

2.分别指出事件三中的错误做法，并说

明理由。

3.分别指出事件四中的错误做法，并指出正确做法。

参考答案及解析

一、多项选择题

【答案】ABDE

【解析】高处坠落、物体打击、机械伤害、触电、坍塌为建筑业最常发生的五种事故。

二、案例分析题

【答案】1.（1）施工单位负责人报告事故的做法不正确。

（注：理由：施工单位负责人接到事故报告后，应当在1小时内向事故发生单位所在地县级以上人民政府建设主管部门和有关部门报告）。

（2）应该补报1人。

（3）事故原因不清楚不放过、事故责任者和人员没有受到教育不放过、责任者没有处理不放过、整改措施未落实不放过。

2.错误一：论证会由总监理工程师组织。

理由：应该由总承包单位组织召开专家论证会。

错误二：其中一名专家是工程设计单位的总工程师。

理由：本项目参与各方的人员不得以专家身份参加专家论证会。

错误三：建设单位没有参加论证会

理由：参会人员应该包括建设单位项目负责人或项目技术负责人。

3.错误一：只有公司级、分公司级、项目级安全教育记录。

正确做法：应该有公司级、项目级、班组级三级的安全教育记录。

错误二：开工前的安全技术交底记录中交底人为专职安全员。

正确做法：开工前应该由项目技术负责人对相关管理人员、施工作业人员进行书面安全技术交底记录。

1A420120 职业健康与环境保护控制

本节知识体系

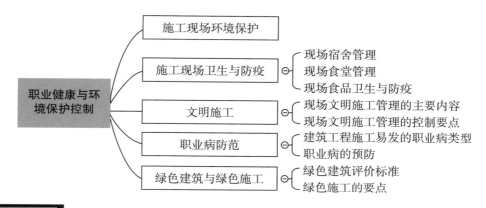

核心内容讲解

一、施工现场环境保护

1.在城区内从事建筑工程施工，必须在工程开工15日之前向工程所在地县级以上地方人民政府环境保护管理部门申报登记。

2.施工过程中应对光、污水、固体废弃物、扬尘、噪声等五大污染物进行处理。

（1）大气污染物的防治：

①施工现场的主要道路必须进行硬化处理。

②土方应集中堆放，裸露的场地和集中堆放的土方应采取覆盖、固化或绿化等措施。施工现场土方作业应采取防止扬尘措施。

③拆除建筑物、构筑物时，应采用隔离、洒水等措施，并应在规定期限内将废弃物清理完毕。建筑物内施工垃圾的清运，必须采用相应的容器或管道运输，严禁凌空抛掷。

④施工现场使用的水泥和其他易飞扬的细颗粒建筑材料应密闭存放或采取覆盖等措施。混凝土搅拌场所应采取封闭、降尘措施。

除有符合规定的装置外，施工现场内严禁焚烧各类废弃物。

（2）水污染防治

施工现场污水排放要与所在地县级以上人民政府市政管理部门签署污水排放许可协议，申领《临时排水许可证》。雨水排入市政雨水管网，污水经沉淀处理后二次使用或排入市政污水管。

（3）噪声污染的防治

①在居民和单位密集区域进行爆破、打桩等施工作业前，项目经理部除按规定报告申请批准外，还应向有关的居民和单位通报说明；对施工机械的噪声与振动扰民，应有相应的措施予以控制。

②建筑施工场界环境噪声排放限值：单位：dB（A）昼间：70dB　夜间：55dB。

（4）光污染防治

要尽量避免或者减少光污染。夜间室外照明应加设灯罩，透光方向集中在施工范围，电焊作业采取遮挡措施，避免电焊弧光外泄。

（5）固体废弃物污染防治

施工现场产生的固体废弃物应在所在地县级以上地方人民政府环卫部门申报登记，分类存放。建筑垃圾和生活垃圾应与所在地垃圾消纳中心签署环保协议，及时清运处置。有毒有害废弃物应运送到专门的有毒有害废弃物中心消纳。

【经典例题】1.（2014年二级真题）下列时间段中，全过程均属于夜间施工时段的有（　　）。

A.20:00~次日4:00　　B.21:00~次日6:00

C.22:00~次日4:00　　D.23:00~次日6:00

E.22:00~次日7:00

【答案】CD

【嗨·解析】相关条款规定夜间施工的时段为22:00~次日6:00，因此符合的时间段是CD两个选项。

二、施工现场卫生与防疫

（一）现场宿舍管理

1.现场宿舍必须设置可开启式窗户，宿舍内的床铺不得超过2层，严禁使用通铺。

2.现场宿舍内应保证有充足的空间，室内净高不得小于2.5m，通道宽度不得小于0.9m，每间宿舍居住人员不得超过16人。

（二）现场食堂管理

1.现场食堂应设置独立的制作间、储藏间等门扇下方应设不低于0.2m的防鼠挡板，燃气罐应单独设置存放，存放间应通风良好并严禁存放其他物品。

2.现场食堂必须办理卫生许可证，炊事人员必须持身体健康证上岗，上岗应穿戴洁净的工作服、工作帽和口罩，应保持个人卫生，不得穿工作服出食堂，非炊事人员不得随意进入制作间。

（三）现场食品卫生与防疫

施工作业人员如发生法定传染病、食物中毒或急性职业中毒时。必须要在2h内向施工现场所在地建设行政主管部门和卫生防疫等部门进行报告，并应积极配合调查处理。

【经典例题】2.关于施工现场宿舍管理的说法，正确的有（　　）。

A.必须设置可开启式窗户

B.床铺不得超过3层

C.严禁使用通铺

D.每间居住人员不得超过16人

E.宿舍内通道宽度不得小于0.9m

【答案】ACED

三、文明施工

施工现场应当实现科学管理，安全生产，文明有序的施工。

（一）现场文明施工管理的主要内容

1.抓好项目文化建设。

2.规范场容，保持作业环境整洁卫生。

3.创造文明有序安全生产的条件。

4.减少对居民和环境的不利影响。

（二）现场文明施工管理的控制要点

1.现场出入口应有"五牌一图"。

2.施工现场必须实施封闭管理，一般路段的围挡高度不得低于1.8m，市区主要路段的围挡高度不得低于2.5m。

3.施工现场的施工区域应与办公、生活区划分清晰，并应采取相应的隔离防护措施。

4.施工现场应设置畅通的排水沟渠系统，泥浆和污水未经处理不得直接排放。施工场地应硬化处理（例如采用混凝土、碎石等硬化路面）。

5.施工现场应建立现场防火制度和火灾应急响应机制，配备防火器材。明火作业应严格执行动火审批手续和动火监护制度。高层建筑要设置专用的消防水源和消防立管，每层留设消防水源接口。

【经典例题】3.（2016年一级真题）关于施工现场文明施工的说法，错误的是（　　）。

A.现场宿舍必须设置开启式窗户

B.现场食堂必须办理卫生许可证

C.施工现场必须实行封闭管理

D.施工现场办公区与生活区必须分开设置

【答案】D

【经典例题】4.（2015年二级真题）关于建筑施工现场安全文明施工的说法，正确的是（　　）。

A.场地四周围挡应连续设置

B.现场出入口可以不设置保安值班室

C.高层建筑消防水源可与生产水源共用管线

D.在建工审批后可以住人

【答案】A

四、职业病防范

（一）建筑工程施工易发的职业病类型

（1）矽尘肺。例如：碎石设备作业、爆破作业。

（2）水泥尘肺。例如：水泥搬运、投料、拌合。

（3）手臂振动病。例如：操作混凝土振动棒、风镐作业。

（4）接触性皮炎。例如：混凝土搅拌机械作业、油漆作业、防腐作业。

（5）电光性皮炎。例如：手工电弧焊、电渣焊、气割作业。

（6）噪声致聋。例如：木工圆锯、平刨操作，无齿锯切割作业，卷扬机操作，混凝土振捣作业。

（7）苯致白血病。例如：油漆作业、防腐作业。

（二）职业病的预防

（1）要建立健全职业病防治管理措施。

（2）要采取有效的职业病防护设施，为劳动者提供个人使用的职业病防护用具、用品。

（3）应优先采用有利于防治职业病和保护劳动者健康的新技术、新工艺、新材料、新设备。

（4）应书面告知劳动者工作场所或工作岗位所产生或者可能产生的职业病危害因素、危害后果和应采取的职业病防护措施。

【经典例题】5.混凝土振捣作业易发的职业病有（　　）。

A.电光性眼炎　　　B.一氧化碳中毒

C.手臂振动病　　　D.噪声致聋

E.苯致白血病

【答案】CD

五、绿色建筑与绿色施工

绿色建筑是指在建筑的全寿命周期内，最大限度地节约资源（节能、节地、节水、节材）、保护环境和减少污染，为人们提供健康、适用和高效的使用空间，与自然和谐共生的建筑。

（一）绿色建筑评价标准

现行国家标准《绿色建筑评价标准》GB/T 50378的特点

（1）是我国第一部多目标、多层次的绿色建筑综合评价标准

多目标——节能、节地、节水、节材、环境、运营；

多层次——控制项、一般项、优选项，一级指标、二级指标；

综合性——集成了规划、建筑、结构、暖通空调、给水排水、建材、智能、环保、景观绿化等多专业知识和技术。

（2）适用范围

本标准适用于新建、扩建与改建的住宅建筑和公共建筑中的办公建筑、商场建筑和旅馆建筑。目前已发展至对学校、医院、场馆乃至工业建筑绿色建筑标识的评定。

（3）评定时段

绿色建筑定义中突出全寿命周期，含规划、设计、施工、运营、维修、拆解及废弃物处理各过程，评价标准提出了对规划、设计与施工阶段进行过程控制。

（4）适用性

发展绿色建筑的初衷是针对面大量广的建筑，而不是高端建筑。

【经典例题】6.（2015年一级真题）下列施工方法中，属于绿色施工的有（　　　）。

A.采用人造板材模板

B.面砖施工前进行总体排版策划

C.降低机械的满载率

D.采用专业加工配送的钢筋

E.使用商品混凝土

【答案】ABDE

（二）绿色施工的要点

绿色施工应对整个施工过程实施动态管理，加强对施工策划、施工准备、材料采购、现场施工、工程验收等各阶段的管理和监督。

1.节材与材料资源利用技术要点

（1）降低材料损耗率；合理安排材料的采购、进场时间和批次，减少库存；防止损坏和遗撒；避免和减少二次搬运；

（2）推广使用商品混凝土和预拌砂浆、高强钢筋和高性能混凝土，减少资源消耗；

（3）门窗、屋面、外墙等围护结构选用耐候性及耐久性良好的材料，施工确保密封性、防水性和保温隔热性，并减少材料浪费；

（4）应选用耐用、维护与拆卸方便的周转材料和机具；

（5）现场办公和生活用房采用周转式活动板房。

2.节水与水资源利用的技术要点

（1）施工中采用先进的节水施工工艺；

（2）现场搅拌用水、养护用水应采取有效的节水措施，严禁无措施浇水养护混凝土。现场机具、设备、车辆冲洗用水必须设立循环用水装置；

（3）项目临时用水应使用节水型产品，对生活用水与工程用水确定用水定额指标，并分别计量管理；

（4）现场机具、设备、车辆冲洗、喷洒路面、绿化浇灌等用水，优先采用非传统水源，尽量不使用市政自来水；

（5）保护地下水环境。

3.节能与能源利用的技术要点

（1）制定合理施工能耗指标，提高施工能源利用率，充分利用太阳能、地热等可再生能源；

（2）优先使用国家、行业推荐的节能、高效、环保的施工设备和机具，优先考虑耗用电能的或其他能耗较少的施工工艺；

（3）临时设施宜采用节能材料，墙体、屋面使用隔热性能好的材料，减少夏天空调、冬天取暖设备的使用时间及耗能量；

（4）临时用电优先选用节能电线和节能灯具，节约用电；

（5）施工现场分别设定生产、生活、办公和施工设备的用电控制指标，定期进行计量、核算、对比分析，并有预防与纠正措施。

4.节地与施工用地保护的技术要点

（1）临时设施的占地面积应按用地指标所需的最低面积设计。平面布置合理、紧凑；

（2）应对深基坑施工方案进行优化，减少土方开挖和回填量，最大限度地减少对土地的扰动，保护周边自然生态环境；

（3）红线外临时占地应尽量使用荒地、废地，少占用农田和耕地；

（4）施工总平面布置应做到科学、合理，充分利用原有建筑物、构筑物、道路、管线为施工服务；

（5）施工现场道路按照永久道路和临时道路相结合的原则布置。

章节练习题

一、单项选择题

1. 在城市市区范围内从事建筑工程施工，项目必须向政府环境保护管理部门申报登记的时间是在工程开工前（　　）d以前。
   - A.7
   - B.15
   - C.30
   - D.90

2. 某工程位于闹市区，现场设置封闭围挡高度至少（　　）m才符合规定要求。
   - A.1.8
   - B.2.0
   - C.2.5
   - D.3.0

二、多项选择题

1. 关于现场食堂卫生与防疫管理的说法，正确的有（　　）。
   - A.现场食堂应设置独立的制作间、储藏间、门扇下方应设不低于0.1m的防鼠挡板，配备必要的排风设施和冷藏设施
   - B.燃气罐应单独设置存放间，存放间应通风良好并严禁存放其他物品
   - C.现场食堂的制作间灶台及其周边应铺贴瓷砖，所贴瓷砖高度不宜小于1.2m，地面应做硬化和防滑处理
   - D.现场食堂储藏室的粮食存放台距墙和地面应大于0.2m，食品应有遮盖，遮盖物品应有正反面标识
   - E.现场食堂必须办理卫生许可证，炊事人员必须持身体健康证上岗，上岗应穿戴洁净的工作服，不得穿工作服出食堂

2. 关于现场宿舍管理的说法，正确的有（　　）。
   - A.现场宿舍必须设置推拉式窗户
   - B.宿舍内的床铺不得超过2层
   - C.宿舍室内净高不得小于2.5m
   - D.宿舍内通道宽度不得小于1.0m
   - E.每间宿舍居住人员不得超过15人

三、案例分析题

【背景资料】某市大学城同区新建音乐学院教学楼，其中主演播大厅层高5.4m，双向跨度19.8m，设计采用现浇混凝土井字梁。施工过程中发生如下事件：

事件一：模架支撑方案经施工单位技术负责人审批后报监理签字，监理工程师认为其支撑高度超过5m，需进行专家论证。

事件二：建设单位组织召开了专家论证会，并由建设、勘察、设计、施工、监理单位相关人员参加。其中由设计单位技术负责人及外单位相关专业专家组成的专家组，对模架方式进行论证。

事件三：在演艺厅屋盖混凝土施工过程中，因西侧模板支撑系统失稳，发生局部坍塌，使东侧刚浇筑的混凝土顺斜面向西侧流淌，致使整个楼层模具全部失稳而相继倒塌。整个事故未造成人员死亡，重伤9人，轻伤14人，直接经济损失1290余万元。

事件四：事故发生后，有关单位立即成立事故调查小组和事故处理小组，对事故的情况展开全面调查。并向相关部门上报质量事故调查报告。

【问题】（1）事件一中，监理工程师说法是否正确？为什么？该方案是否需要进行专家论证？为什么？

（2）指出事件二中不妥之处，并分别说明理由。

（3）事件三中，按造成损失严重程度划分应为什么类型事故？并给出此类事故的判定标准。

（4）工程质量事故调查报告的主要内容有哪些？

（5）建筑施工安全管理的主要内容包括哪些？

（6）项目经理部进行职业健康安全事故处理应坚持四不放过原则，包括哪些内容？

参考答案及解析

一、单项选择题

1.【答案】B

【解析】在城市市区范围内从事建筑工程施工，项目必须在工程开工15d之前向工程所在地县级以上地方人民政府环境保护管理部门申报登记。

2.【答案】C

【解析】现场设置封闭围挡高度，市区≥2.5m，郊区≥1.8m。

二、多项选择题

1.【答案】BDE

【解析】选项A，现场食堂应设置独立的制作间、储藏间、门扇下方应设不低于0.2m的防鼠挡板，配备必要的排风设施和冷藏设施；选项C，现场食堂的制作间灶台及其周边应铺贴瓷砖，所贴瓷砖高度不宜小于1.5m，地面应做硬化和防滑处理。

2.【答案】BC

【解析】选项A，现场宿舍必须设置窗户；选项D，宿舍内通道宽度不得小于0.9m；选项E，每间宿舍居住人员不得超过16人。

三、案例分析题

【答案】（1）监理工程师的说法不正确；

理由：搭设高度8m及以上的混凝土模板支撑工程施工方案才需要进行专家论证。

本方案需要进行专家论证；

理由：搭设跨度18m及以上的混凝土模板支撑工程施工方案需要进行专家论证，本工程跨度19.8m，故此方案需进行专家论证。

（2）不妥之处一：建设单位组织召开了专家论证会。

理由：应该由施工单位组织召开了专家论证会。

不妥之处二：其中由设计单位技术负责人及外单位相关专业专家组成的专家组。

理由：本项目参建各方的人员不得以专家身份参加专家论证会。

（3）本案例中所发生事故，按造成损失严重程度划分应为较大质量事故。

依据相关规定，凡具备下列条件之一者为较大质量事故：

1）由于质量事故，造成3人以上10人以下死亡；

2）由于质量事故造成10人以上50人以下重伤；

3）直接经济损失1000万元以上5000万元以下。

（4）事故调查报告应当包括下列内容：

1）事故项目及各参建单位概况；

2）事故发生经过和事故救援情况；

3）事故造成的人员伤亡和直接经济损失；

4）事故项目有关质量检测报告和技术分析报告；

5）事故发生的原因和事故性质；

6）事故责任的认定和事故责任者的处理建议；

7）事故防范和整改措施。

（5）建筑施工安全管理的主要内容。

1）制定安全政策；

2）建立、健全安全管理组织体系；

3）安全生产管理计划和实施；

4）安全生产管理业绩考核；

5）安全管理业绩总结。

（6）项目经理部进行职业健康安全事故处理应坚持"事故原因没查清楚不放过，事故责任者和群众没有受到教育不放过，事故责任者没有处理不放过，没有制定纠正和预防措施不放过"的原则。

1A420130 造价计算与控制

本节知识体系

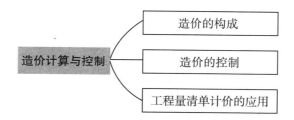

核心内容讲解

一、造价的构成

按建标〔2013〕44号的相关规定建筑安装工程费可按费用构造要素和造价形成划分。

1.按构成要素划分见表1A420130-1。

按构成要素划分   表1A420130-1

费用名称	费用项目
人工费	生产工人和附属生产单位工人费用
材料费	材料原价、运杂费、运输损耗费、采购保管费
施工机具使用	折旧费、大修理费、经常修理费、安拆费及场外运费、人工费、燃料动力费、税费
企业管理费	管理人员工资、办公费、固定资产使用费、工具用具使用费、劳动保护费、检验试验费等
利润	所承包工程获得的盈利
规费	五险一金+工程排污费
税金	应计入建筑安装工程造价内的增值税

2.按造价形成划分见表1A420130-2。

按造价形成划分   表1A420130-2

费用名称	费用项目
分部分项工程费	土石方工程、地基处理、砌筑工程等
措施项目费	安全文明施工费（含环境保护费、文明施工费、安全施工费、临时设施费）、模板费用、脚手架费用、夜间施工费、冬雨期施工费、大型机械的安装拆费、工程定位复测、已完工程及设备保护费
其他项目费	暂列金额、暂估价、计日工、总承包服务费
规费	五险一金、工程排污费
税金	应计入建筑安装工程造价内的增值税

【经典例题】1.（2014年一级真题）

某大型综合商场工程，建筑面积49500m²，地下一层，地上三层，现浇钢筋混凝土框架结构。

事件：E单位的投标报价构成如下：分部分项工程费为16100.00万元，措施项目费为1800.00万元，安全文明施工费为322.00万元，其他项目费为1200.00万元，暂列金额为100.00万元，管理费10%，利润5%，规费1%，税金3.413%。

【问题】列式计算事件中E单位的中标造价是多少万元（保留两位小数）？根据工程项目不同建设阶段，建设工程造价可划分为哪几类？该中标造价属于其中的哪一类？

【答案】1.事件中

分部分项工程费16100.00万元

措施费1800.00万元

其他项目费1200.00万元

规费（16100.00+1800.00+1200.00）×1%=191.00万元

税金（16100.00+1800.00+1200.00+191.00）×3.413%=658.40万元

E单位的中标造价为：

16100.00+1800.00+1200.00+191.00+658.4=19949.40万元。

2. 根据工程项目不同建设阶段，建设工程造价可划分为：（1）投资估算；（2）概算造价；（3）预算造价；（4）合同价；（5）结算价；（6）决算价共六类，中标造价属于合同价。

【嗨·解析】按照建标〔2013〕44号文的相关规定，本题中的中标造价应按造价形成划分计算：

①分部分项工程费按计价规定计算；

②措施项目费按计价规定计算；

③其他项目费按计价规定计算；

④规费按规定标准计算；

⑤税金

①+②+③+④+⑤=工程造价

其中规费的计费基数有两种情况，一种情况是以（分部分项费+措施费）×定额人工费为基数，另一种情况是以（分部分项工程费+措施项目费+其他项目费）为基数，本题显然应为第二种情况。

3.综合单价的计算

综合单价即完成一个规定清单项目所需的人工费、材料和工程设备费、施工机具使用费和企业管理费、利润，以及一定范围内的风险的费用。

【经典例题】2.（2012年一级真题）

【背景资料】某工程，建设单位依法进行招标，投标报价执行现行国家标准《建设工程工程量清单计价规范》GB 50500。共有甲、乙、丙等8家单位参加了工程投标。

合同部分条款如下：

（1）本工程采取综合单价计价模式。

（2）包括安全文明施工费的措施费包干使用。

（3）工程预付款比例为10%。

工程投标及施工过程中，发生了下列事件：

事件一：在投标过程中，乙施工单位认为其现场人员经验丰富且都接受了正规的安全培训，将安全文明施工费下浮20%进行报价。评标小组认为乙施工单位报价中的部分费用不符合《建设工程工程量清单计价规范》中不可作为竞争性费用条款的规定，给予废标处理。

事件二：甲施工单位投标报价书情况是：土石方工程量650m³，定额单价人工费8.40元/m³、材料费12.00元/m³、机械费1.60元/m³。分部分项工程量清单合价为8200万元，措施费项目清单合价为360万元，暂列金额为50万元，其他项目清单合价120万元，总包服务费为30万元，企业管理费15%，利润为5%，规费为225.68万元，税金为3.41%。

【问题】（1）事件一中，评标小组的做法是否正确？并指出不可作为竞争性费用项目的分别是什么？

（2）事件二中，甲施工单位所报的土石方分项工程综合单价是多少元/m³。中标造价是多少万元？工程预付款金额是多少万元？（均需列式计算，答案保留小数点后两位）

【答案】（1）评标小组的做法正确。

在投标过程中，不可作为竞争性费用项目的分别有：安全文明施工费（或安全施工费、文明施工费、环境保护费、临时设施费）、规费、税金。

（2）土石方分项工程综合单价：

A =（人工费+材料费+机械费）= 8.4+12+1.6 = 22 元/m³

管理费 $B = A × 15\% = 22 × 15\% = 3.3$ 元/m³

利润 $C = (A + B) × 5\% = 1.27$ 元/m³

综合单价 $= A + B + C = 26.57$ 元/m³

中标造价= 分部分项工程量清单合价+措施费项目清单合价+其他项目清单合价+规费+税金

D =分部分项工程量清单合价+措施费项目清单合价+其他项目清单合价+规费

$E = D × 3.41\%$

中标造价 $= D + E =$（8200+ 360+ 120+ 225.68）×（1+3.41%）= 9209.36万元。

工程预付款 =（中标造价－暂列金额）× 10% =（9209.36–50）× 10% = 915.94万元。

二、造价的控制（略）

三、工程量清单计价的应用

1.建设工程施工发承包造价由分部分项工程费、措施项目费、其他项目费、规费和税金组成。

2.下列影响合同价款的因素出现，应由发包人承担：

（1）国家法律、法规、规章和政策变化；

（2）省级或行业建设主管部门发布的人工费调整。

3.由于市场物价波动影响合同价款，应由发承包双方合理分摊并在合同中约定。合同中没有约定，按下列规定实施：

（1）材料、设备涨幅超过招标时基准价格5%以上由发包人承担；

（2）施工机械使用费涨幅超过10%由发包人承担。

4.安全文明施工费规费和税金，不得作为竞争性费用（比例）。

章节练习题

一、单项选择题

1. 属于措施费的内容的是（ ）。
   A.文明施工费、脚手架费、工程排污费
   B.工程排污费、文明施工费、临时设施费
   C.文明施工费、脚手架费、临时设施费
   D.脚手架费、工程排污费、临时设施费

2. 根据《建筑安装工程费用项目组成》建标[2003]206号，不属于措施费的是（ ）。
   A.工程排污费 B.文明施工费
   C.环境保护费 D.安全施工费

二、多项选择题

1. 属于综合单价的组成内容的有（ ）。
   A.人工费、材料费、机械费
   B.管理费和利润
   C.投标方自身风险的因素
   D.其他项目费
   E.规费和税金

2. 关于建筑安装工程费用按照造价形成划分，其组成部分有（ ）。
   A.人工费 B.材料费
   C.规费 D.企业管理费
   E.措施项目费

三、案例分析题

1. 【2015年二级案例四（节选）】

【背景资料】某建设单位投资兴建住宅楼，建筑面积12000m²，钢筋混凝土框架结构，地下1层，地上7层，土方开挖范围内有局部潜水层，经公开招投标，某施工总承包单位中标，双方根据《建设工程施工合同（示范文本）》GF—2013—0201，签订施工承包合同，合同工期为10个月，质量目标为合格。

在合同履约过程中，发生了下列事件：

事件一：施工单位对中标的工程造价进行了分析，费用构成情况是：人工费390万元，材料费2100万元，机械费210万元，管理费150万元，措施项目费160万元，安全文明施工费45万元，暂列金额55万元，利润120万元，规费90万元，税金费率为3.41%。

事件四：施工单位按照成本管理工作要求，有条不紊的开展成本计划、成本控制、成本核算等一系列管理工作。

【问题】（1）事件一中，除税金外还有哪些费用在投标时不得作为竞争性费用？并计算施工单位的工程的直接成本、间接成本各是多少万元？（保留两位小数）

（2）事件四中，施工单位还应进行哪些成本管理工作？成本核算应坚持的"三同步"原则是什么？

2. 【2014年二级案例四（节选）】某建设单位投资兴建一大型商场，地下1层，地上9层，钢筋混凝土框架结构，建筑面积为71500m²，。经过招标，某施工单位中标，中标造价25025.00万元。双方按照《建设工程施工合同（示范文本）》GF-2013-0201签订了施工总承包合同。合同中约定工程预付款比例为10%，并从未施工完工程尚需的主要材料款相当于工程预付款时起扣，主要材料所占比重按60%计。

在合同履行过程中，发生了下列事件：

事件二：中标造价费用组成为：人工费3000万元，材料费17505万元；机械费995万元，管理费450万元，措施费用760万元，利润940万元，规费525万元，税金850万元。施工总承包单位据此进行了项目施工总承包核算等工作。

【问题】事件二中，除了施工成本核算、施工成本预测属于成本管理任务外，成本管理任务还包括哪些工作？分别列式计算本工程项目的直接成本和间接成本各是多少万元？

3.【背景资料】某酒店工程，建筑面积28700m²，地下1层，地上15层，现浇钢筋混凝土框架结构。建设单位依法进行招标，投标报价执行《建设工程工程量清单计价规范》GB50500-2013。共有甲、乙、丙等8家单位参加了工程投标。经过公开开标、评标，最后确定甲施工单位中标。建设单位与甲施工单位按照《建设工程施工合同（示范文本）》GB2013-0201签订了施工总承包合同。

工程投标及施工过程中，发生了下列事件：

事件一：甲施工单位投标报价书情况是：土石方工程量650m³，定额单价人工费8.40元/m³、材料费12.00元/m³、机械费1.60元/m³。分部分项工程量清单合价为8200万元，措施费项目清单合价为360万元，暂列金额为50万元，其他项目清单合价120万元，总包服务费为30万元，企业管理费15%，利润为5%，规费为225.68万元，税金为3.41%。

事件二：施工单位按照成本管理工作要求，有条不紊地开展成本计划、成本控制、成本核算等一系列管理工作。

【问题】（1）事件一中，甲施工单位所报的土石方分项工程综合单价是多少元/m³？中标造价是多少万元？（均需列式计算，答案保留小数点后两位）

（2）事件二中，施工单位还应进行哪些成本管理工作？成本核算应坚持的"三同步"原则是什么？

参考答案及解析

一、单项选择题

1.【答案】C

2.【答案】A

【解析】措施费包括：（1）安全文明施工费（环境保护费、文明施工费、安全施工费、临时设施费）；（2）夜间施工增加费；（3）二次搬运费；（4）冬雨期施工增加费；（5）已完工程及设备保护费；（6）工程定位复测费；（7）特殊地区施工增加费；（8）大型机械设备进出场及安拆费；（9）脚手架工程费。

二、多项选择题

1.【答案】ABC

【解析】综合单价指完成一个规定计量单位的分部分项工程量清单项目或措施项目所需的人工费、材料费、施工机械使用费和企业管理费与利润，以及一定范围内的风险费用。

2.【答案】CE

【解析】建筑安装工程费按照费用形成由分部分项工程费、措施项目费、其他项目费、规费、税金组成，分部分项工程费、措施项目费、其他项目费包含人工费、材料费、施工机具使用费、企业管理费和利润。

三、案例分析题

1.【答案】（1）除税金外还有规费和安全文明施工费在投标时不得作为竞争性费用。

直接成本=人工费+材料费+施工机具使用费+措施费=390+2100+210+160=2860.00万元

间接成本=管理费+规费=150+90=240.00万元

（2）施工单位还应进行施工：成本分析、成本考核等成本管理工作。

成本预算应坚持的"三同步"原则是形象进度、产值统计、实际成本归集。

2.【答案】还应包括成本计划、成本控制、成本分析、成本考核。

直接成本：3000+17505+995+760=22260

（万元）

间接成本=450+525=975（万元）

3.【答案】（1）土石方分项工程综合单价=（人工费+材料费+机械费）×（1+企业管理费率）×（1+利润费率）=（8.4+12+1.6）×（1+15%）×（1+5%）=26.57元/m^3。

中标造价=（分部分项工程量清单合价+措施费项目清单合价+其他项目清单合价+规费）×（1+税率）=（8200+360+120+225.68）×（1+3.41%）=9209.36万元。

（2）项目经理部的成本管理应包括：成本计划；成本控制；成本核算；成本分析；成本考核。项目成本核算应坚持形象进度、产值统计、成本归集的三同步原则。

1A420140 工程价款计算与调整

本节知识体系

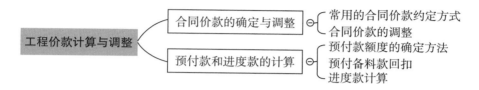

核心内容讲解

一、合同价款的确定与调整

（一）常用的合同价款约定方式

1.单价合同

固定单价合同，一般适用于虽然图纸不完备但是采用标准设计的工程项目。

可调单价合同，一般适用于工期长、施工图不完整、施工过程中可能发生各种不可预见因素较多的工程项目。

2.总价合同

固定总价合同：适用于图纸设计完整规模小、技术难度小、工期短（一般在一年之内）的工程项目。

可调总价合同：适用于虽然工程规模小、技术难度小、图纸设计完整、设计变更少，但是工期一般在一年之上的工程项目。

3.成本加酬金合同

成本加酬金合同：适用于灾后重建、新型项目或对施工内容、经济指标不确定的工程项目。

【经典例题】1.某公司承建某大学城项目，在装修阶段，大学城建设单位追加新建校史馆，紧临在建大学城项目，总建筑面积2160m²，总造价408万元。工期10个月。

事件一：展览馆项目设计图纸已齐全，结构构造简单，且施工单位熟悉周边环境及现场条件。甲乙双方协商采用固定总价计价模式签订施工承包合同。

事件二：双方在签订固定总价合同后施工期间遇钢材涨价，施工单位要求建设单位增加材料费用价差12万元。

【问题】1.该工程采用固定总价合同模式是否妥当？给出固定总价合同模式适用条件？合同计价模式包括哪些？

2.该项索赔是否成立？

【答案】1.（1）该工程采用固定总价妥当。因为图纸齐全，结构造型简单，造价低，风险小。

（2）固定总价合同适用于图纸设计完整规模小、技术难度小、工期短（一般在一年之内）的工程项目。

（3）合同计价模式还有：可调总价合同、单价合同（又分为固定单价和可调单价）成本加酬金合同等。

2.事件二：费用索赔不成立；理由：该工程是固定总价合同，材料价格上涨风险应由施工单位承担。

（二）合同价款的调整

引起工程合同价款的调整因素是多种多样的，调整因素基本见表1A420140，可以归结为价格、数量、事件三种情形。

引起工程合同价款的调整因素　表1A420140

1.物价变化	（6）物价变化（价格指数、造价信息）	价变
	（7）暂估价	
2.工程变更	（2）工程变更	量变
	（3）项目特征不符	
	（4）工程量清单缺项	
	（5）工程量偏差（超过±15%调整）	
	（8）计日工	
3.法律法规变化	（1）法律法规变化	事件变
4.索赔事件	（9）现场签证	
	（10）不可抗力	
	（11）提前竣工	
	（12）误期赔偿	
	（13）施工索赔	
5.其他	（14）暂列金额	
	（15）发承包双发约定的其他调整事项	

1. 价格指数法调整

该方式共分为：价格调整公式、暂时确定调整差额、权重的调整、因承包人原因工期延误后的价格调整四种情形。

（1）调值公式法

$$P=P_0\left(a_0+a_1\frac{A}{A_0}+a_2\frac{B}{B_0}+a_3\frac{C}{C_0}+a_4\frac{D}{D_0}\right)$$

式中　P——工程实际结算价款；

P_0——调值前工程进度款；

a_0——不调值部分比重；

$a_0+a_1+a_2+a_3+a_4+\cdots a_n=1$；

A、B、C、D——现行价格指数或价格；

A_0、B_0、C_0、D_0——基期价格指数或价格。

【经典例题】2.某工程合同价款为3540万元，施工承包合同中约定可针对人工费、材料费价格变化对竣工结算价进行调整。可调整各部分费用占总价款的百分比，基准期、竣工当期价格指数见下表：

可调整项目	人工	料一	料二	料三	料四
费用比重（%）	20	12	8	21	14
基期价格指数	100	120	115	108	115
当期价格指数	105	127	105	120	129

【问题】列式计算人工费、材料费调整后的竣工结算价款是多少万元（保留两位小数）？

【答案】调整后的竣工结算价款：

=3540×（25%+20%×105/100+12%×127/120+8%×105/115+21%×120/108+14%×129/115）=3718.49万。

【嗨·解析】由于费用比重之和为"1"即$a_0+a_1+a_2+a_3+a_4+\cdots a_n=1$；所以第一步应先求固定不变材料的费用比重$a_0$，1-（20%+12%+8%+21%+14%）=25%，再将表格中数据带入公式即可求得调价后的费用。

（2）采用造价信息进行价格调整

承包人在已标价工程量清单或预算书中载明材料单价高于基准价格的，除专用合同条款另有约定外，合同履行期间材料单价跌幅以基准价格为基础超过5%时，材料单价涨幅以在已标价工程量清单或预算书中载明材料单价为基础，超过±5%时其超过部分据实调整。

2.法律变化引起的调整

工程变更价款调整原则：除专用合同条款另有约定外，变更估价按照本款约定处理：

（1）已标价工程量清单或预算书有相同项目的，按照相同项目单价认定；

（2）已标价工程量清单或预算书中无相同项目，但有类似项目的，参照类似项目的单价认定；

（3）已标价工程量清单中没有适用也没有类似于变更工程项目的，由承包人根据变更工程资料、计量规则和计价办法、工程造价管理机构发布的信息价格和承包人报价浮动率提出变更工程项目的单价，报发包人确认后调整。

工程变更引起施工方案改变，并使措施项目发生变化的，若承包人提出调整措施项目费，应事先将拟实施的方案提交发包人确认，并详细说明与原方案措施项目相比的变化情况。拟实施的方案经发承包双方确认后执行。

如果承包人未事先将拟实施的方案提交给发包人确认，则视为工程变更不引起措施项目费的调整或承包人放弃调整措施项目费的权利。

施工图预算相应清单项目的综合单价偏差超过15%，则工程变更项目的综合单价可由发承包双方按照下列规定调整：

当 $P_0 < P_2 \times (1-L) \times (1-15\%)$ 时，取 $P_1 = P_2 \times (1-L) \times (1-15\%)$

当 $P_0 > P_2 \times (1+15\%)$ 时，取 $P_1 = P_2 \times (1+15\%)$

当 $P_0 > P_2 \times (1-L) \times (1-15\%)$ 时或当 $P_0 < P_2 \times (1+15\%)$ 时，可不调整 $P_1 = P_0$。

式中　P_0——承包人在工程量清单中填报的综合单价；

P_2——发包人招标控制价的综合单价；

L——本《规范》定义的报价浮动率。

（4）如果工程变更项目出现承包人在工程量清单中填报的综合单价与发包人招标控制价或施工图预算相应清单项目的综合单价偏差超过15%，则工程变更项目的综合单价可由发承包双方按照下列规定调整：

$Q_1 > 1.15 Q_0$ 时，$S = 1.15 Q_0 \times P_0 + (Q_1 - 1.15 Q_0) \times P_1$

当 $Q_1 < 0.85 Q_0$ 时，$S = Q_1 \times P_1$。

【经典例题】3.某项目合同工程量为1000m³，合同单价为400元/m³，合同约定，当工程发生工程变更后的工程实际数量超过（或少于）合同工程量所列数量的10%时，该分项工程单价予以调整，调整系数为0.9（1.1）。

【问题】根据下列实际工程量计算结算多少元？

（1）若实际工程量为1200m³；

（2）若实际工程量为800m³，请分别列式计算。

【答案】（1）结算价为：100×400×0.9+1100×400=476000元

（2）结算价为：800×400×1.1=352000元。

二、预付款和进度款的计算

（一）预付款额度的确定方法

1.百分比法：按年度工作量的一定比例确定，建筑工程不超过25%，安装工程不超过10%，30万以内的小项目可不付预付款。

2.数学计算法：

$$\text{工程备料款}=\frac{\text{工程总价}\times\text{材料比重（％）}\times\text{材料储备天数}}{\text{年度施工天数（365）}}$$

年度施工天数按365d计算，材料储备天数包括在途天数、加工天数、保险天数等。

【经典例题】4.某项目签署合同价为2000万，合同中约定材料价款占合同价款的60%，材料储备天数为45d。求预付款为多少？

【答案】预付款=

$$\frac{2000\times60\%}{365}\times45=147.95\approx148\ \text{万。}$$

【经典例题】5.某项目签署合同价为2000万，合同中约定甲供材料200万，预付比例为20%。求预付款为多少？

【答案】预付款为（2000-200）×20%=360万。

（二）预付备料款回扣

预付备料款起扣点P=

$$\text{工程价款总额}T-\frac{\text{预付备料款额}M}{\text{主要材料设备占的比重}N}$$

【经典例题】6.某项目合同价1000万，预付比例为20%，主要材料所占比例为40%。各月完成工程量情况如下表，不考虑其他任何扣款，求预付款是多少？起扣点是多少？按月应支付的费用是多少？

月份	1	2	3	4	5
完成量（万元）	100	200	300	300	100

【答案】预付款=1000×20%=200万

起扣点=1000-200/40%=500万

按月支付的费用：

月份	1	2	3		4	5
完成工程量（万元）	100	200	300		300	100
			200	100		
应扣回预付款（万元）	0	0	0	40	120	40
应支付的费用（万元）	100	200	200	60	180	60
累计付款（万元）	100	300	500	560	740	800

（三）进度款计算

在确认计量结果后14d内，发包人应向承包人支付进度款。从计量结果确认后第15d起计算应付款的贷款利息。导致施工无法进行，承包人可停止施工，由发包人承担违约责任。

章节练习题

一、单项选择题

1. 工程预付款回扣，关于起扣点的计算公式下列各项中正确的是（　　）。

   A. 起扣点=承包工程价款总额-（预付备料款/预付备料款所占的比重）

   B. 起扣点=承包工程价款总额-（预付备料款/直接费所占的比重）

   C. 起扣点=承包工程材料款的总额-（预付备料款/预付备料款所占的比重）

   D. 起扣点=承包工程价款总额-（预付备料款/主要材料所占的比重）

2. 合同中没有约定，发、承包双方发生争议时，材料、工程设备的涨幅超过招标时基准价格（　　）以上由发包人承担。

   A. 1%　　　　　　　　B. 3%

   C. 5%　　　　　　　　D. 8%

二、案例分析题

1.【2015年一级案例四（节选）】

【背景资料】某新建办公楼工程，建筑面积48000m²，地下二层，地上六层，中庭高度为9m，钢筋混凝土框架结构。经公开招投标，总承包单位以31922.13万元中标，其中暂定金额1000万元。双方依据《建设工程合同（示范文本）》GF-2013-0201签订了施工总承包合同，合同工期为2013年7月1日起至2015年5月30日止，并约定在项目开工前7d支付工程预付款，预付比例为15%，从未完施工工程尚需的主要材料的价值相当于工程预付款额时开始扣回，主要材料所占比重为65%。

自工程招标开始至工程竣工结算的过程中，发生了下列事件：

事件四：总承包单位于合同约定之日正式开工，截止2013年7月8日建设单位仍未支付工程预付款，于是总承包单位向建设单位提出如下索赔：购置钢筋资金占用费用1.88万元、利润18.26万元、税金0.58万元，监理工程师签认情况属实。

【问题】事件四中，列式计算工程预付款、工程预付款起扣点（单位：万元，保留小数点后两位）。总承包单位的哪些索赔成立？

2.【背景资料】某钢筋混凝土框架结构标准厂房建筑，高2层，无地下室，框架结构（柱距7.6m），填充墙为普通混凝土小型空心砌块。通过公开招标程序，某施工单位与建设单位参照《建设工程施工合同（示范文本）》GF—2013—0201签订的承包合同部分内容如下：工程合同总价21000万元，工程价款采用调值公式动态结算；该工程的人工费可调，占工程价款的35%；材料有4种可调：材料1占5%。材料2占15%，材料3占15%，材料4占10%。建设单位在开工前向承包商支付合同价的15%预付备料款，主要材料及构配件金额占合同总额的65%。竣工前全部结清。开工前，施工单位制定了完整的施工方案，采用预拌混凝土，钢筋现场加工，采用覆膜多层板作为结构构件模板，模架支撑采用碗扣式脚手架。施工工序安排框架柱单独浇筑，第二步梁与板同时浇筑。施工过程发生如下事件：

事件四：某分项工程20%的工程量改变质量标准，采用其他做法施工，在合同专用条款中未对该项变更价款有约定。施工单位按变更指令施工，在施工结束后的下一个月上报工程款申请的同时，还上报了该设计变更的变更估计申请，监理工程师不同意变更估价。

事件五：合同中约定，根据人工费和四项主要材料和价格指数对总造价按调值公式法进行调整。各调值因素的比重、基准和现行价格指数见下表。

可调项目	人工费	材料一	材料二	材料三	材料四
因素比重	0.15	0.30	0.12	0.15	0.08
基期价格指数	0.99	1.01	0.99	0.96	0.78
现行价格指数	1.12	1.16	0.85	0.80	1.05

竣工结算时，施工单位按调值公式法重新计算实际结算价款。

【问题】（1）事件四中，监理工程师不同意变更估价是否合理？并说明理由。

（2）事件五中，列式计算经调整后的实际结算价款是多少万元？（保留两位小数）

3.【背景资料】某公司承接一座钢筋混凝土框架结构的办公楼，内外墙及框架间墙采用GZL。保温砌块砌筑。在签订施工合同后，发生了如下事件：

事件二：施工总承包单位任命李某为该工程的项目经理，并规定其有权决定授权范围内的项目资金投入和使用。

事件三：施工总承包单位项目部对合同造价进行了分析，人工费为1508万元，材料费2635万元，机械费714万元，企业管理费1054万元，利润293万元，规费211万元，税金251万元。

事件四：造价员填报一般措施项目一览表包含施工降水、施工排水、已完工程及设备保护、安全施工、文明施工、夜间施工等项目。造价工程师汇总时认为措施项目存在缺项，提出本工程不适用的项目单价填0，但项目名称不能漏项，责令补充齐全措施条目。

【问题】（1）根据《建设工程项目管理规范》，事件二中的项目经理除项目资金投入和使用，还应该有哪些权限（至少列出五项）？

（2）事件三中，按照"完全成本法"核算，施工总承包单位的施工成本是多少万元？

（3）事件四中，造价工程师提出的一般措施项目还应补充哪些（至少列出四项）？

4.【2011年二级案例四】

【背景资料】某房地产开发公司与施工单位签订了一份价款为1000万元的建筑工程施工合同，合同工期为7个月。工程价款约定如下：（1）工程预付款为合同的10%；（2）工程预付款扣回的时间及比例：自工程款（含工程预付款）支付至合同价款的60%后，开始从当月的工程款中扣回工程预付款，分两次扣回；（3）工程质量保修金为工程结算总价的5%，竣工结算是一次扣留；（4）工程款按月支付，工程款达到合同总造价的90%时停止支付，余款待工程结算完成并扣除保修金后一次性支付。

每月完成的工作量如下表：

月份	3	4	5	6	7	8	9
实际完成工作量	80	160	170	180	160	130	120

工程施工过程中，双方签字认可因钢材涨价增补价差5万元。因施工单位保管不力，罚款1万元。

【问题】（1）列式计算本工程预付款及其起扣点分别是多少万元？工程预付款从几月份开始起扣？

（2）7、8月份开发公司应支付工程款多少万元？截止8月末累计支付工程款多少万元？

（3）工程竣工验收合格后，双方办理了工程结算。工程竣工结算之前累积支付工程款多少万元？本工程竣工结算是多少万元？

本工程保修金是多少万元？（保留小数点后两位）

（4）根据《建设工程价款结算暂行办法》财建[2004]369号的规定，工程竣工结算方式分别有哪几种类型？本工程竣工结算属于哪种类型？

参考答案及解析

一、单项选择题

1.【答案】D

【解析】起扣点=承包工程价款总额－（预付备料款/主要材料所占的比重）。

2.【答案】C

【解析】由于市场物价波动影响合同价款，应由发承包双方合理分摊并在合同中约定。合同中没有约定，发.承包双方发生争议时，按下列规定实施：1）材料、工程设备的涨幅超过招标时基准价格5%以上由发包人承担；2）施工机械使用费涨幅超过招标时的基准价格10%以上由发包人承担。

二、案例分析题

1.【答案】（1）预付款=（31922.13－1000）×15%=4638.32万元。

工程预付款起扣点=（31922.13－1000）－（4638.32/65%）=23786.25万元。

（2）总包单位的购置钢筋占用费1.88万元索赔成立，利润18.26万元成立，税金索赔不能成立。

2.【答案】（1）监理工程师不同意变更估价：合理；

理由：承包人应在收到变更指示后14d内，向监理人提交变更估价申请。若承包方未提出或未在规定时间内提出变更估价，视为该项变更不涉及合同价款的变动。

（2）先计算不调值部分所占比重=1－（0.15－0.30－0.12－0.15－0.08）=0.20

动态结算调值公式及计算过程如下：

$$P=21000×\left(0.20+0.15×\frac{1.12}{0.99}+0.30×\frac{1.16}{1.01}\right.$$
$$\left.+0.12×\frac{0.85}{0.99}\ 0.15×\frac{0.80}{0.96}+0.08×\frac{1.05}{0.78}\right)$$
$$=22049.45万元$$

（如用科学计算器，计算过程中不舍小数位，结果应为：22049.45万元）

3.【答案】（1）事件二中项目经理的权限还应有：

1）参与项目招标、投标和合同签订；

2）参与组建项目经理部；

3）主持项目经理部工作；

4）制订内部计酬办法；

5）参与选择并使用具有相应资质的分包人；

6）参与选择物资供应单位；

7）在授权范围内协调与项目有关的内、外部关系；

8）法定代表人授予的其他权力。

（2）施工成本=（人工费+材料费+施工机具费）+企业管理费+规费

=（1508+2635+714）+1054+211

=6122万元。

（3）一般措施项目除施工降水、施工排水、已完工程及设备保护、安全施工、文明施工、夜间施工外，还应包含如下内容：

1）环境保护；

2）临时设施；

3）二次搬运；

4）冬雨期施工；

5）大型机械设备进出场及安拆；

6）地上、地下设施、建筑物的临时保护设施。

4.【答案】（1）预付款：1000×10%=100（万

元）。

预付款起扣点：1000×60%=600（万元）。从7月份开始扣回预付款。

（2）7月份工程款=160−50=110（万元）。

8月份工程款=130−50=80（万元）。

截至8月末支付工程款=100+80+160+170+180+110+80=880（万元）。

（3）结算之前累计支付工程款：1000×90%=900（万元）。

竣工结算：1000+5−1=1004（万元）。保修金：1004×5%=50.20（万元）。

（4）工程竣工结算方式分为单位工程竣工结算、单项工程竣工结算和建设项目竣工总结算。本工程竣工结算属于建设项目竣工总结算。

1A420150 施工成本控制

本节知识体系

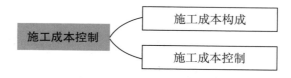

核心内容讲解

一、施工成本构成

施工成本指施工项目在施工的全过程中所发生的全部施工费用支出的总和，包括直接成本和间接成本。项目施工成本进行核算又分为按"制造成本法"和"完全成本法"。

制造成本=直接成本+间接成本

直接成本=人工费+材料费+施工机具使用费+措施费

间接成本=规费+企业管理费（不包含总部管理费）

🔊 嗨·点评   直接成本的概念不等同于直接工程费，直接工程费是指施工过程中耗费的构成工程实体的各项费用，包括人工费、材料费、施工机械使用费。

二、施工成本控制

1.价值工程成本控制原理

提高价值的途径：

按价值工程的公式V=F/C分析，提高价值的途径有5条：

①功能 ↑，成本 —；

②功能 —，成本 ↓；

③功能 ↑，成本 ↓；

④辅助功能 ↓，成本 ↓↓；

⑤功能 ↑↑，成本 ↑。

其中1、3、4条途径是提高价值，同时也降低成本的途径。应当选择价值系数低、降低成本潜力大的工程作为价值工程的对象。

2.建筑工程成本分析

成本分析的依据是统计核算、会计核算和业务核算的资料。

建筑工程成本分析方法有两类八种：

第一类是基本分析方法，有比较法、因素分析法，差额分析法和比率法；

第二类是综合分析法，包括分部分项成本分析，月（季）度成本分析，年度成本分析，竣工成本分析。

因素分析法最为常用。排序的原则是：先工程量，后价值量；先绝对数，后相对数。然后逐个用实际数替代目标数，相乘后，用所得结果减替代前的结果，差数就是该替代因素对成本差异的影响。

【经典例题】某公司承接一座钢筋混凝土框架结构的办公楼，内外墙及框架间墙采用保温砌块砌筑。在签订施工合同后，发生了如下事件：

事件：该项目的保温砌块砌筑工程目标

成本为305210.50元，实际成本为333560.40元，比目标成本超支了28349.90元，施工单位运用成本分析的基本方法对保温砌块砌筑工程施工成本进行分析：采用因素分析法，分析砌筑量、单价、损耗率等因素的变动对实际成本的影响程度，有关对比数据见下表。

砌筑工程目标成本与实际成本对比表：

项目	单位	目标	实际	差额
砌筑量	千块	970	985	+15
单价	元/千块	310	332	+22
损耗率	%	1.5	2	+0.5
成本	元	305210.50	333560.40	28349.90

【问题】事件中，用因素分析法分析各因素对成本增加的具体影响。除因素分析法外，施工成本分析的基本方法常用的还有哪些（至少列出三项）？

【答案】（1）该对比分析由砌筑量、单价、损耗率三个因素组成。

保温砌块成本变动因素分析表

顺序	连环替代计算	差异（元）	因素分析
目标数	970×310×1.015=305210.50		
第一次替代	985×310×1.015=309930.25	4719.75	砌筑量增加使成本增加了4719.75元
第二次替代	985×332×1.015=331925.30	21995.05	单价提高使成本增加了21995.05元
第三次替代	985×332×1.02=333560.40	1635.10	损耗率增加使成本增加了1635.10元
合计	4719.75+21995.05+1635.10	28349.90	

（2）除因素分析法外，施工成本分析的基本方法常用的还有：比较法、差额计算法、比率法等。

章节练习题

一、单项选择题

挣值法的三个成本值不包括（   ）。

A.已完成工作的预算成本

B.已完成工作的实际成本

C.计划完成工作的预算成本

D.计划完成工作的实际成本

二、多项选择题

采用价值工程原理控制成本时，能提高价值的途径有（   ）。

A.功能不变，成本降低

B.主要功能降低，成本大幅度降低

C.功能提高，成本不变

D.成本稍有提高，功能大幅度提高

E.功能提高，成本降低

参考答案及解析

一、单项选择题

【答案】D

【解析】挣值法主要运用三个成本值进行分析，它们分别是已完成工作预算成本、计划完成工作预算费用和已完成工作实际成本。

二、多项选择题

【答案】ACDE

【解析】按价值工程的公式V=F/C分析，提高价值的途径有5条：（1）功能提高，成本不变；（2）功能不变，成本降低；（3）功能提高，成本降低；（4）降低辅助功能，大幅度降低成本；（5）成本稍有提高，大大提高功能。

1A420160 材料管理

一、材料采购和保管

1.工程项目材料采购的要求

项目经理部应编制工程项目所需主要材料、大宗材料的需要量计划，由企业物资部门订货或采购，采购金额在5万元以上的（含5万元），必须签订订货合同。

2.材料进场的验收与保管要求

（1）材料进入现场时，应进行材料凭证、数量、外观的验收（外观的验收需填报外观检验记录），其中凭证验收包括发货明细、材质证明或合格证，进口材料应具有国家商检局检验证明书。

（2）数量验收包括数量是否与发货明细相符、是否与进场计划相符，水泥进行5%过磅抽查，小件材料物资如包装完整按5%抽检。

（3）经验收合格的材料应按施工现场平面布置一次就位，并做好材料的标识。材料的堆放地应平整夯实，并有排水、防扬尘措施。各类材料应分品种、规格码放整齐，并标识齐全清晰，料具码放高度不得超过1.5m。库外材料存放应下垫上盖，有防雨、防潮要求的材料应入库保管。

（4）施工现场散落材料必须及时清理分拣归垛。易燃、易爆、剧毒等危险品应设立专库保管，并有明显危险品标志。

3.材料采购方案

在进行材料采购时，应进行方案优选，选择采购费和储存费之和最低的方案。其计算公式为：

$$F=Q/2 \times P \times A+S/Q \times C$$

式中 F——采购费和储存费之和；

Q——每次采购量；

P——采购单价；

A——年仓库储存费率；

S——总采购量；

C——每次采购费。

嗨·点评 采购方案公式中要对采购量取平均，理由是仓库中的材料储量是动态的，月初则满月末则空。

【经典例题】1.（2015年一级真题）

【背景资料】某新建办公楼工程，建筑面积48000m²，地下二层，地上六层，中庭高度为9m，钢筋混凝土框架结构。经公开招投标，总承包单位以31922.13万元中标，其中暂定金额1000万元。双方依据《建设工程合同（示范文本）》GF-2013-0201签订了施工总承包合同，合同工期为2013年7月1日起至

2015年5月30日止，并约定在项目开工前7天支付工程预付款。预付比例为15%，从未完施工工程尚需的主要材料的价值相当于工程预付款额时开始扣回，主要材料所占比重为65%。

自工程招标开始至工程竣工结算的过程中，发生了下列事件：

事件：项目实行资金预算管理，并编制了工程项目现金流量表，其中2013年度需要采购钢筋总量为1800t，按照工程款收支情况，提出两种采购方案：

方案一：以一个月为单位采购周期。一次性采购费用为320元，钢筋单价为3500元/t，仓库月储存率为4‰。

方案二：以两个月为单位采购周期。一次性采购费用为330元，钢筋单价为3450元/t，仓库月储存率为3‰。

【问题】事件中，列出计算采购费用和储存费用之和，并确定总承包单位应选择哪种采购方案？

【答案】分别计算方案一和方案二的采购费和存储费之和F：

方案一：每次采购数量为：1800/6=300t；

采购费和储存费之和 $= Q/2 \times P \times A + S/Q \times C$

$= 300/2 \times 3500 \times 4‰ \times 6 + 1800/300 \times 320 = 14520$ 元

方案二：每次采购数量为：1800/3=600t；

采购费和储存费之和 $= Q/2 \times P \times A + S/Q \times C$

$= 600/2 \times 3450 \times 3‰ \times 6 + 1800/600 \times 330 = 19620$ 元

由于方案一采购及存储费之和最小，所以应该选择方案一。

【嗨·解析】根据背景资料，事件中只针对2013年度的两种钢筋进行采购，2013年工期只有6个月（2013年7月1日才开工），因此应将月仓储率×6变为半年存储率。

二、ABC分类法的应用

排列图的分析与结论

根据库存材料的占用资金大小和品种数量之间的关系，把材料分为ABC三类，找出重点管理材料的一种方法。（见表1A420160）

材料ABC分类表　　表1A420160

材料分类	品种数占全部品种数（%）	资金额占资金总额（%）
A类	5~10	70~75
B类	20~25	20~25
C类	60~70	5~10
合计	100	100

A类材料占用资金比重大，是重点管理的材料，B类材料，可按大类控制其库存；C类材料，可采用简化的方法管理。

【经典例题】2.（2014年真题）

【背景资料】某办公楼工程，地下二层，地上十层，总建筑面积27000m³，现浇钢筋混凝土框架结构。

建设单位与施工总承包单位签订了施工总承包合同。双方约定工期为20个月，建设单位供应部分主要材料。

在合同履行过程中，发生了下列事件：

事件：施工总承包单位根据材料清单采购了一批装修材料，经计算分析各种材料价款占该批材料价款及累计百分比见下表所示。

各种装饰装修材料占该批材料价款的累计百分比一览表

序号	材料名称	所占比例（%）	累计百分比（%）
1	实木门扇（含门套）	30.10	30.1
2	铝合金窗	17.91	48.01
3	细木工板	15.31	63.32
4	瓷砖	11.60	74.92
5	实木地板	10.57	85.49
6	白水泥	9.50	94.99
7	其他	5.01	100.00

【问题】事件中，根据"ABC分类法"，分别指出重点管理材料名称（A类材料）和次要管理材料名称（B类材料）。

【答案】根据ABC分类法应该重点管理材料属于A类的名称为：实木门扇（含门套）、铝合金窗、细木工板、瓷砖。应该进行次重点管理的属于B类材料名称为：实木地板，白水泥。

章节练习题

单项选择题

1. 项目所需主要材料、大宗材料，项目经理部应编制材料需要量计划，由（　　）订货或采购。
   A.项目经理部　　　　　B.项目物资部门
   C.项目采购工程师　　　D.企业物资部门

2. 在进行材料采购时，应进行方案优选，选择（　　）的方案。
   A.材料费最低
   B.材料费、采购费之和最低
   C.采购费、仓储费之和最低
   D.材料费、仓储费之和最低

参考答案及解析

单项选择题

1.【答案】D
　【解析】项目经理部应编制工程项目所需主要材料、大宗材料的需要量计划，由企业物资部门订货或采购。

2.【答案】C
　【解析】在进行材料采购时，应进行方案优选，选择采购费和储存费之和最低的方案。

1A420170 施工机械设备管理

本节知识体系

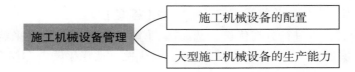

施工机械设备管理
- 施工机械设备的配置
- 大型施工机械设备的生产能力

核心内容讲解

一、施工机械设备的配置（略）

二、大型施工机械设备的生产能力

（一）土方机械的生产能力与选择

土方机械化开挖的选择根据：基础形式、工程规模、开挖深度、地质、地下水情况、土方量、运距、现场和机具设备条件、工期要求以及土方机械的特点等。

🔊 **嗨·点评** 助记口诀：三机（基）两工地，挖场量运距。

（二）垂直运输机械与设备的生产能力与选择

1.塔式起重机

塔式起重机的分类见表1A420170。

塔式起重机分类表　表1A420170

分类方式	类别
按固定方式划分	固定式、轨道式、附墙式、内爬式
按架设方式划分	自升、分段架设、整体架设、快速拆装
按塔身构造划分	非伸缩式、伸缩式
按臂构造划分	整体式、伸缩式、折叠式
按回转方式划分	上回转式、下回转式
按变幅方式划分	小车移动、臂杆仰俯、臂杆伸缩
按控速方式划分	分级变速、无级变速
按操作控制方式划分	手动操作、电脑自动监控
按起重能力划分	轻型（$\leqslant 80t\cdot m$）、中型（$\geqslant 80t\cdot m$，$\leqslant 250t\cdot m$）：重型（$\geqslant 250t\cdot m$），$\leqslant 1000t\cdot m$）、超重型（$\geqslant 1000t\cdot m$）

2.施工电梯

（1）齿条驱动电梯适应于20层以上建筑工程使用；

（2）绳轮驱动电梯适应于20层以下建筑工程使用。

3.物料提升架

物料提升架包括井式提升架（简称"井架"）、龙门式提升架（简称"龙门架"）、塔式提升架（简称"塔架"）和独杆升降台等，它们的共同特点为：

（1）提升采用卷扬方式，卷扬机设于架体外。

（2）安全设备只允许用于物料提升，不得载运人员。

（3）10层以下时，多采用缆风固定；超过10层时，必须采取附墙方式固定。

【经典例题】（2016年一级真题）塔式起重机按固定方式进行分类可分为（　　）。

A.伸缩式　　　　　　B.轨道式

C.附墙式　　　　　　D.内爬式

E.自升式

【答案】BCD

章节练习题

一、单项选择题

1. 下列关于物料提升架说法中错误的是（ ）。

   A. 提升采用卷扬方式，卷扬机设于架体外

   B. 安全设备既可用于物料提升，也可用于载运人员

   C. 用于10层以下时，多采用缆风固定

   D. 用于超过10层的高层建筑施工时，必须采取附墙方式固定

2. 某大型管沟开挖，工作面比较狭小，最适宜的土方施工机械是（ ）。

   A. 推土机　　　　　　B. 铲运机

   C. 正铲挖掘机　　　　D. 反铲挖掘机

二、多项选择题

抓铲挖掘机适用于开挖（ ）。

   A. 深度较大的基坑

   B. 挖取水中泥土

   C. 深度不大的基槽

   D. 填筑路基

   E. 整平场地

参考答案及解析

一、单项选择题

1.【答案】B

【解析】安全设备既可用于物料提升，不可用于载运人员。

2.【答案】C

【解析】正铲挖掘机使用范围

（1）开挖含水量不大于27%的一至四类土和经爆破后的岩石与冻土碎块

（2）大型场地整平土方；

（3）工作面狭小且较深的大型管沟和基槽路堑；

（4）独立基坑；

（5）边坡开挖

二、多项选择题

【答案】ABC

【解析】抓铲挖掘机适用于开挖土质比较松软、施工面狭窄的深基坑、基槽，清理河床及水中挖取土，桥基、桩孔挖土，最适宜于水下挖土，或用于装卸碎石、矿渣等松散材料。

1A420180 劳动力管理

本节知识体系

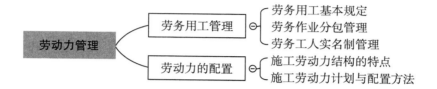

劳动力管理
├─ 劳务用工管理 ─┬─ 劳务用工基本规定
│　　　　　　　　├─ 劳务作业分包管理
│　　　　　　　　└─ 劳务工人实名制管理
└─ 劳动力的配置 ─┬─ 施工劳动力结构的特点
　　　　　　　　　└─ 施工劳动力计划与配置方法

核心内容讲解

一、劳务用工管理

（一）劳务用工基本规定见表1A420180

劳务用工的基本规定　　表1A420180

相关要求	具体规定
有资质	未取得资质证书的，一律不得从事建设工程劳务活动
有队伍	劳务企业必须使用自有劳务工人完成所承接的劳务作业，不得再行分包或将劳务作业转包给无资质、无自有队伍、无施工作业能力的个体劳务队或"包工头"
签合同	劳务企业必须依法与工人签订劳动合同，不得以任何理由克扣和拖欠工资
无拖欠	因总承包企业转包、挂靠、违法分包工程导致出现拖欠农民工工资的，承担全部责任，并先行支付农民工工资
有备案	劳务企业必须建立健全培训制度，从事建设工程劳务作业的人员必须持相应的执业资格证书，并在工程所在地建设行政主管部门登记备案，严禁无证上岗
有考勤	总承包应以单项工程为单位，按月将企业自有建筑劳务的情况和使用的劳务分包企业情况向工程所在地建设行政主管部门报告
无拖欠	总承包企业应现场监督劳务企业将工资直接发放给农民工本人，严禁发放给"包工头"或由"包工头"替多名农民工代领工资

（二）劳务作业分包管理

1.劳务作业分包的定义及范围

劳务作业分包是指施工总承包企业或者专业承包企业将其承包工程中的劳务作业发包给具有相应资质和能力的劳务分包企业完成的活动。

其范围包括：木工作业、砌筑作业、抹灰作业、石制作业、油漆作业、钢筋作业、混凝土作业、脚手架作业、模板作业、焊接作业、水暖电安装作业、钣金作业、架线作业等。

嗨·点评 劳务分包的范围都包括"作业"两字，例如砌筑作业属于劳务分包。

2.劳务分包单位队伍资源信息筛选要点：

（1）具有良好的施工信誉；

（2）有充足的劳动力及管理人员；

（3）符合施工要求的各种资格条件；

（4）具有较完善的内部管理体系。

3.劳务作业资格预审内容

企业性质、资质等级、社会信誉、资金情况、劳动力资源情况、施工业绩、履约能力、管理水平等。

4.实地考察内容

企业规模、内部管理模式、管理水平、获奖情况、管理人员及劳动力状况；近三年竣工工程的业绩情况及履约状况；在施工程实体施工质量、成本管理水平、现场管理水平、文明施工状况、劳动力分布。

5.评定要点

（1）劳务分包单位内部管理水平要符合工程项目施工要求；

（2）管理人员及劳动力相对稳定；

（3）工程实体质量控制能力能够满足实现质量目标的要求；

（4）企业信誉良好；

（5）无不良行为和诉讼记录。

6.培训内容及要求

总承包企业概况、总承包管理模式、工程质量、安全、进度、成本等的管理运作方式以及劳务分包单位员工职业技能等。

（三）劳务工人实名制管理

劳务实名制管理的主要措施：

（1）劳务管理员（简称劳务员），应持有岗位证书，切实履行劳务管理的职责。

（2）劳务分包单位的劳务员在进场施工前，应按实名制管理要求，将进场施工人员花名册、身份证、劳动合同文本、岗位技能证书复印件及时报送总承包商备案。

（3）项目经理部劳务员要加强对现场的监控，规范分包单位的用工行为，保证其合法用工，依据实名制要求，监督劳务分包做好劳务人员的劳动合同签订、人员增减变动台账。

二、劳动力的配置

（一）施工劳动力结构的特点

1.长期工少，短期工多

2.技术工少，普通工多

3.老年工人少，中青年工人多

4.女性工人少，男性工人多

（二）施工劳动力计划与配置方法

1．劳动力计划编制要求

（1）要保持劳动力均衡使用。

（2）要根据工程的实物量和定额标准分析劳动需用总工日，确定生产工人、工程技术人员的数量和比例。

（3）要准确计算工程量和施工期限。

2．劳动力需求计划

确定建筑工程项目劳动力的需要量，是劳动力管理计划的重要组成部分，它不仅决定了劳动力的招聘计划、培训计划，而且直接影响其他管理计划的编制。

（1）确定劳动效率

根据劳动力的劳动效率，就可得出劳动力投入的总工时，即：

劳动力投入总工时=工程量／（产量／单位时间）

=工程量×工时消耗／单位工程量

（2）确定每日班次及每班次的劳动时间时可按下式计算：

$$劳动力投入量 = \frac{劳动力投入总工时}{班次/日 \times 工时/班次 \times 活动持续时间} = \frac{工时消耗量 \times 工程量/单位工程量}{班次/日 \times 工时/班次 \times 活动持续时间}$$

（3）劳动力需求计划编制要考虑的因素

工程量、劳动力投入量、持续时间、班次、劳动效率、每班工作时间。

【经典例题】（2013年一级真题）在15天内完成了2700t钢筋制作（工效为4.5t/人·工作日）。

【问题】计算钢筋制作的劳动力投入量，编制劳动力需求计划时，需要考虑哪些参数？

【答案】劳动力投入量：2700/（15×4.5）=40人。

编制劳动力需要量计划时，需要考虑：工程量、劳动力投入量、持续时间、班次、劳动效率、每班工作时间。

章节练习题

一、单项选择题

关于施工劳动结构的特点说说法错误的是（　　）。

A.长期工多，短期工少

B.技术工少，普通工多

C.老年工人少，中青年工人多

D.女性工人少，男性工人多

二、多项选择题

下列各项中，属于劳务作业分包范围的是（　　）。

A.幕墙作业

B.混凝土作业

C.脚手架作业

D.电梯作业

E.水暖电作业

参考答案及解析

一、单项选择题

【答案】A

【解析】劳动力结构是指在劳动力总数中各种人员的构成及其比例关系。施工现场劳动力结构具有以下特点：（1）长期工少，短期工多；（2）技术工少，普通工多；（3）老年工人少，中青年工人多；（4）女性工人少，男性工人多。

二、多项选择题

【答案】BCE

【解析】A、D属于专业承包的范围。

1A420190 施工招标投标管理

本节知识体系

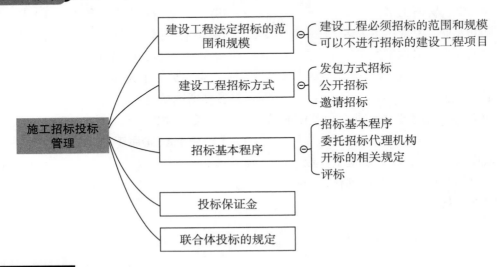

核心内容讲解

一、建设工程法定招标的范围和规模

（一）建设工程必须招标的范围和规模

建设工程必须要招标的项目，必须范围和规模同时满足法定要求。（见表1A420190-1）

建设工程必须公开招标的要求　表1A420190-1

范围		规模	
		总投资＜3000万	总投资≥3000万
大型基础设施、公用事业	且	施工≥200万	勘察、设计、施工、重要材料设备采购，不论合同额大小，全部需要招标
全部或部分使用国有资金或国家融资		重要采购≥100万	
外国政府、国际组织援建		勘察、监理、设计≥50万	

🔊 **嗨·点评** 工程的范围和规模两条件同时具备才需要招标，例如某公司开发旅游景点花费1亿元，虽然规模满足要求，但不满足范围，因此不属于必须招投标的项目。

（二）可以不进行招标的建设工程项目

1.不适宜招标

涉及国家安全、国家秘密、抢险救灾或者扶贫资金实施以工代赈、需要使用农民工等特殊情况，不适宜进行招标的项目。

2.可以不招标

（1）采用不可替代的专利或专有技术；

（2）采购人依法自行建设、生产或者提供；

（3）已通过招标方式选定的特许经营项目投资人依法自行建设、生产或者提供；

（4）需要向原中标人采购工程货物或者服务，否则影响施工或配套要求；

（5）国家规定其他情形。

二、建设工程招标方式

（一）发包方式招标（如图1A420190-1所示）

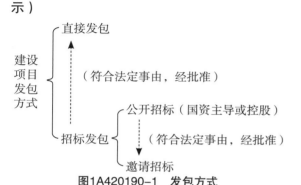

图1A420190-1　发包方式

（二）公开招标

1.公开招标的概念

公开招标，是指招标人以招标公告的方式邀请不特定的法人或者其他组织投标。国有资金占控股或者主导地位的依法必须进行招标的项目，应当公开招标。

2.公开招标的信息发布

依法必须进行招标的项目的招标公告，应当通过国家指定的报刊、信息网络或者其他媒介发布。

（三）邀请招标

1.邀请招标的概念

邀请招标，是指招标人以投标邀请书的方式邀请特定的法人或者其他组织投标。

2.邀请招标的要求

招标人采用邀请招标方式的，应当向三个以上具备承担招标项目的能力、资信良好的特定的法人或者其他组织发出投标邀请书。

三、招标基本程序

（一）招标基本程序（如图1A420190-2所示）

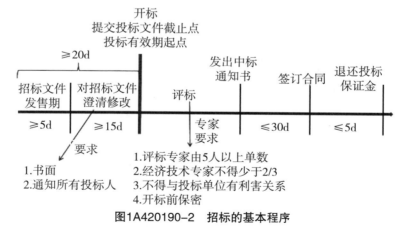

图1A420190-2　招标的基本程序

【经典例题】1.（2016年一级真题）关于招标投标的说法，正确的是（　　）。

A.招标分为公开招标，邀请招标和议标

B.投标人少于三家应重新招标

C.多个法人不可以联合投标

D.招标人答疑仅需书面回复提出疑问的投标人

【答案】B

（二）委托招标代理机构

招标人具有编制招标文件和组织评标能

力的，可以自行办理招标事宜。任何单位和个人不得强制其委托招标代理机构办理招标事宜。依法必须进行招标的项目，招标人自行办理招标事宜的，应当向有关行政监督部门备案。

（三）开标的相关规定

开标的相关规定见表1A420190-2。

开标的规定　表1A420190-2

开标	规定
时间	为提交投标文件截止时间
	为投标有效期起点
	为投标保证金有效期起点
主持	招标人主持，邀请所有投标人参加
重新招标	投标人少于三个的，不得开标，招标人应当重新招标

（四）评标

1.评标的相关规定见表1A420190-3。

评标的相关规定　表1A420190-3

评标委员会	规定
成员	总人数（5人以上单数）：招标人代表+技术、经济方面的专家 （技术、经济方面专家不少于成员总数2/3）
成员回避	与投标人有利害关系的人不得进入相关项目的评标委员会
成员保密	评标委员会成员名单在中标结果确定前应当保密
标底	开标时公布，只作为参考，不得作为中标条件，也不得作为否决投标的标准
投标文件含义不明、明显文字计算错误	评标委员会认为需要说明，书面通知投标人澄清说明，不暗示、不接受投标人主动说明
评标完成	评标委员会向招标人提交书面评标报告，并推荐合格的中标候选人。评标委员会经评审，认为所有投标都不符合招标文件要求的，可以否决所有投标。依法必须进行招标的项目的所有投标被否决的，招标人应当依法重新招标
中标候选人	书面评标报告中列明中标候选人：不超过3个且注明顺序
评标报告	评标委员会全体成员签字，不同意见书面说明，既不签字又不说明视为同意

2.否决其投标

有下列情形之一的，评标委员会应当否决其投标：

（1）投标文件未经投标单位盖章和单位负责人签字；

（2）投标联合体没有提交共同投标协议；

（3）投标人不符合国家或者招标文件规定的资格条件；

（4）同一投标人提交两个以上不同的投标文件或者投标报价，但招标文件要求提交备选投标的除外；

（5）投标报价低于成本或者高于招标文件设定的最高投标限价；

（6）投标文件没有对招标文件的实质性要求和条件作出响应；

（7）投标人有串通投标、弄虚作假、行贿等违法行为。

四、投标保证金

投标保证金是指投标人按照招标文件的要求向招标人出具的，以一定金额表示的投标责任担保。投标保证金的规定见表1A420190-4。

投标保证金的规定　表1A420190-4

投标保证金	具体规定
金额	不得超过招标项目估算价的2%
终止招标	（已收取）及时退还保证金及银行同期存款利息
撤回投标文件	（已收取）书面撤回通知之日起5日内退还
撤销投标文件	不退还投标保证金
退还投标保证金	最迟书面合同签订后5日内向中标和未中标的投标人退还保证金及银行同期存款利息

五、联合体投标的规定

联合体投标是一种特殊的投标人组织形式。一般适用于大型的或结构复杂的建设项目。（见表1A420190-5）

联合体投标的规定　表1A420190-5

联合体	具体规定
组成	两个以上法人或者其他组织，联合体各方面应具备相应资格条件
身份	一个投标人的身份（非法人）
资质	同一专业按较低
内部	签订共同投标协议，约定各方责任，共同投标协议与投标文件一并提交招标人
合同	联合体各方共同与招标人签订合同
外部	联合体各方就中标项目向招标人承担连带责任
竞争	（1）不得强制投标人组成联合体 （2）不得限制投标人竞争 （3）招标人应在（资格预审公告、招标公告或者投标邀请书）载明是否接受联合体
变化	资格预审后联合体增减、更换成员的，其投标无效
一标不二投	联合体各方在同一招标项目中以自己名义单独投标或者参加其他联合体投标的，相关投标均无效

施工投标条件与程序

1. 两个以上法人或者其他组织可以组成一个联合体，以一个投标人的身份共同投标。同一单位组成的联合体各方均应当具备规定的相应资格条件；同一专业组成的联合体按照资质等级较低的单位确定资质等级。

2. 联合体中标后，联合体各方应当共同与招标人签订合同。

3. 联合体各方就中标项目向招标人承担连带责任。

4. 联合体各方在同一招标项目中以自己名义单独投标或者参加其他联合体投标的，相关投标均无效。

【经典例题】2.（2013年一级真题）

【背景资料】某新建工程，采用公开招标的方式，确定某施工单位中标。双方按《建设工程施工合同（示范文本）》GF-2013-0201签订了施工总承包合同。

事件一：建设单位自行组织招标。招标文件规定：合格投标人为本省企业；自招标文件发出之日起15d后投标截止；招标人对投标人提出的疑问分别以书面形式回复给相应提出疑问的投标人。建设行政主管部门评审招标文件时，认为个别条款不符合相关规定，要求整改后再进行招标。

【问题】事件中，指出招标文件规定的不妥之处，并分别写出理由。

【答案】不妥一：合格投标人为本省企业。

理由：招标人不得以不合理的理由限制、排斥其他的潜在投标人。

不妥二：自招标文件发出之日起15d后投标截止。

理由：自招标文件发出之日至投标截止的时间至少20d。

不妥三：招标人对投标人提出的疑问分别以书面形式回复给相应的提出疑问的投标人不妥。

理由：对于投标人提出的疑问，招标人应该以书面形式发送给所有购买招标文件的投标人。

【经典例题】3.某28层综合楼建设项目，采用公开招标方式，业主邀请了五家投标人参加投标；五家投标人在规定的投标截止时间（5月10日）前都交送了标书，5月15日组织了开标；开标由市建设局主持；市公证处代表参加；公证处代表对各份标书审查后，认为都符合要求；评标由业主指定的评标委员会进行；评标委员会成员共6人；其中业主代表3人，其他方面专家3人。

【问题】1.找出该项目招标过程中的问题。

2.资格预审的主要内容有哪些？

3.在招标过程中，假定有下列情况发生，如何处理？

（1）在招标文件售出后，招标人希望将其中的一个变电站项目从招标文件的工程量清单中删除，于是，在投标截止日前10d，书面通知了每一个招标文件收受人。

（2）由于该项目时间紧，招标人要求每一个投标人提交合同估价的3.0%作为投标保证金。

（3）从招标公告发出到招标文件购买截止之日的时间为6个工作日。

（4）招标人自5月20日向中标人发出中标通知，中标人于5月23日收到中标通知。由于中标人的报价比排在第二位的投标人报价稍高，于是，招标人在中标通知书发出后，与中标人进行了多次谈判，最后，中标人降低价格，于6月23日签订了合同。

4.在参加投标的五家单位中，假定有下列情况发生，如何处理？

（1）A单位在投标有效期内撤销了标书。

（2）B单位提交了标书之后，于投标截止日前用电话通知招标单位其投标报价7000万元有误，多报了300万元，希望在评标进行调整。

（3）C的投标书上只有投标人的公章。

（4）投标人D在投标函上填写的报价，大写与小写不一致。

（5）E单位没有参加标前会议。

5.F和G单位组成联合体投标，其中F单位为公路工程一级资质，G单位为房屋建筑工程二级资质，审查时发现他们没有签署联合投标协议。怎么处理该联合体投标事项？

【答案】1.（1）采用公开招标不能只邀请了五家投标人参加；

（2）5月10日前都交送了标书，5月15日组织开标，开标时间与截止时间应是同一时间；

（3）由市建设局主持，开标由招标人主持；

（4）公证处代表对各份标书审查，投标人派代表审查；

（5）评标由业主指定的评标委员会进行，一般从评标专家库提取；

（6）评标委员会成员共6人，应为5人以上单数。

2.资格预审的主要内容有：

（1）投标单位组织机构和企业概况；

（2）近3年完成工程的情况；

（3）目前正在履行的合同情况；

（4）资源方面情况（财务、管理人员、劳动力、机械设备等）；

（5）其他奖惩情况。

3.（1）招标文件修改在投标截止日前15天，或者延后投标截止日。

（2）投标保证金一般不超过投标报价的2%。

（3）正确，截止之日的时间不少于5天。

（4）发出中标通知到签订合同，时间为30d。合同谈判不能改变实质性内容。

4.（1）A单位在投标有效期内撤销了标书；没收投标保证金（投标有效期指开标时间到投标结束的时间）

（2）B单位提交了标书之后，于投标截止日前用电话通知招标单位其投标报价7000万元有误，多报了300万元，希望在评标进行调整；在评标进行中不调整，投标书在投标截止日前，可以修改，但采用书面形式；

（3）C的投标书上只有投标人的公章；废标处理；

（4）D单位的报价以大写为准；

（5）不处理，标前会议纪要给E单位。

5.联合体投标无协议，应当否决其投标。本案例F和G单位不能组成联合体投标，因为F无房屋建筑资质。联合体各方均应当具备规定的相应资格条件。由同一专业的单位组成的联合体，按照资质等级较低的单位确定资质等级。联合体各方应当签订共同投标协议。

章节练习题

单项选择题

1. 关于共同投标的联合体的基本条件说法错误的是（　　　）。

   A. 两个以上法人或者其他组织可以组成一个联合体，以一个投标人的身份共同投标

   B. 联合体各方均应当具备承担招标项目的相应能力

   C. 由同一专业的单位组成的联合体，按照资质等级高的单位确定资质等级

   D. 联合体中标的，联合体各方应当共同与招标人签订合同，就中标项目向招标人承担连带责任

2. 按照《招标投标法》规定，截至招标文件要求提交投标文件的截止时间，投标人少于三个的，招标人应当（　　　）。

   A. 直接开标

   B. 适当延长投标截止时间

   C. 邀请其他具备项目能力、资信良好的法人或组织参与投标

   D. 重新招标

3. 《招标投标法》规定，对于依法必须进行招标的项目，招标人应给予投标人编制投标文件的合理期间，自招标文件开始发出之日起至投标人提交投标文件截止之日止，最短不少于（　　　）d，同时，招标人对于已发出的招标文件进行澄清或修改，亦必须在要求提交投标文件截止时间以前（　　　）d。

   A. 20，10　　　　　　　B. 20，15

   C. 30，15　　　　　　　D. 30，20

参考答案及解析

单项选择题

1. 【答案】C

   【解析】选项C.由同一专业的单位组成的联合体，按照资质等级低的单位确定资质等级。

2. 【答案】D

   【解析】《招标投标法》规定，截至招标文件要求提交投标文件的截止时间，投标人少于3个的，不得开标；招标人应当重新招标。

3. 【答案】B

   【解析】对已发出的招标文件进行必要的澄清或者修改的，应当在招标文件要求提交投标文件截止时间至少15d前，以书面形式通知所有招标文件收受人。该澄清或者修改的内容为招标文件的组成部分。招标人应当确定投标人编制投标文件所需要的合理时间，但是，依法必须进行招标的项目，自招标文件开始发出之日起至投标人提交投标文件截止之日止，最短不得少于20d。

1A420200 合同管理

本节知识体系

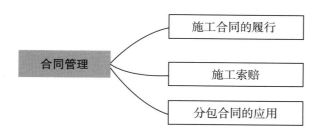

核心内容讲解

一、施工合同的履行

（一）有下列情形之一的，合同无效：

（1）一方以欺诈、胁迫的手段订立合同，损害国家利益；

（2）恶意串通，损害国家、集体或者第三人利益；

（3）以合法形式掩盖非法目的；

（4）损害社会公共利益；

（5）违反法律、行政法规的强制性规定。

（二）合同中的下列免责条款无效：

（1）造成对方人身伤害的（工程领域主要就是"生死合同"）；

（2）因故意或者重大过失造成对方财产损失的。

（三）下列合同，当事人一方有权请求人民法院或者仲裁机构变更或者撤销：

1.因重大误解订立的；

2.在订立合同时显失公平的。

（四）组成建设工程施工合同的文件

建设工程施工合同的文件按其解释顺序应为：

（1）施工合同协议书；

（2）中标通知书（如果有）；

（3）投标函及其附录（如果有）；

（4）专用合同条款及其附件；

（5）通用合同条款；

（6）技术标准和要求；

（7）图纸；

（8）已标价工程量清单或预算书；

（9）其他合同文件。

同一类内容的文件应以新签署的为准。

🔊 **嗨·点评** 所谓的解释顺序就是合同文件的效力层级，例如当协议书与专用合同条款对同一事件表述有冲突时，应当按照更高层级的协议书执行。

（五）针对约定不明确的合同内容，应按以下办法处理：

1.协议补充

补充协议应成为建筑工程施工合同的重要组成部分。

2.按照合同有关条款或者交易习惯确定

（1）质量要求不明确的合同履行

应按照国家标准、行业标准履行；没有

国家标准、行业标准的，按照通常标准或者符合合同目的的特定标准履行。

（2）价款或报酬约定不明的合同履行应按订立施工合同时履行地的市场价格履行，在履行合同过程中，当价格发生变化时：

①执行政府定价或者政府指导价格的，在合同约定的交付期限内政府价格调整时，按交付价格计价。

②逾期交付标的物的，遇到价格上涨时，按照原价履行；价格下降时，按照新价格履行。

③逾期提取标的物或者逾期付款的，遇到价格上涨时，按照新价格履行；价格下降时，按照原价格履行。

二、施工索赔

1.索赔成立必须具备的条件：

（1）造成费用增加或工期损失属于非承包商的行为责任；

（2）造成的费用增加或工期损失不是应由承包商承担的风险；

（3）与合同相比较，已造成了实际的额外费用或工期损失；

（4）承包商在事件发生后的规定时间（设计变更应当自收到变更后的14d内其他索赔应在索赔事件发生后的28d内）内提出了书面索赔意向通知和索赔报告。

【经典例题】1.

【背景资料】甲公司投资建设一幢商场，乙施工企业中标后，双方签订了合同，合同采用固定总价承包方式。

合同履行中出现了以下事件：

事件：在工程装修阶段，乙方收到了经甲方确认的设计变更文件，调整了部分装修材料的品种和档次，乙方在施工完毕三个月后的预算中申报了该项设计变更增加费80万元，但遭到甲方的拒绝。

【问题】事件中，乙方申报设计变更增加费是否符合约定？结合合同变更条款说明理由。

【答案】乙方申报设计变更增加费不符合约定。

理由：根据合同变更条款有关规定，乙方必须在发生合同变更事件结束后14天内就变更引起的工期和费用向甲方提出详细报告，但本案例三个月后才提，超出了时效，丧失要求补偿的权利，所以不赔。

2.承包人可向发包人索赔的条款见表1A420200。

可索赔条款及内容　表1A420200

序号	条款内容	可索赔内容
1	发包人原因导致工期延误（未提供图纸、开工场地、及时下达形式通知、未及时支付预付款）	C+P+T
2	发包人提供的材料设备不符合合同要求	C+P+T
3	发包人提供基准资料错误导致承包人的返工或造成损失	C+P+T
4	发包人原因引起的暂停	C+P+T
5	监理对隐蔽工程的重新检验结果合格的	C+P+T
6	设计变更	C+P+T
7	过程中发现文物古迹等	C+T
8	承包人遇到不利的物质条件	C+T
9	不可抗力及异常恶劣的气候	T

注：C：成本　T：工期　P：利润

【经典例题】2.

【背景资料】某项工程建设项目，业主与施工单位按《建设工程施工合同（示范）文本》签订了工程施工合同，工程未投保保险。在工程施工过程中，遭受暴风雨不可抗力的袭击，造成了相应的损失，施工单位及时向监理工程师提出索赔要求，并附有与索赔有关的资料和证据。索赔报告中的基本要求如下：

（1）遭暴风雨袭击造成的损失不是施工单位的责任，故应由业主承担赔偿责任。

（2）给已建部分工程造成破坏18万元，应由业主承担修复的经济责任，施工单位不承担修复的经济责任。

（3）施工单位人员因此灾害导致数人受伤，处理伤病医疗费用和补偿金总计3万元，业主应给予赔偿。

（4）建设方聘请的一名顾问受伤需医疗费用1万元，一名在工地避雨的路人由于被大风吹落的物品砸伤需医疗费用2千元，业主应给予赔偿。

（5）施工单位进场的在使用机械、设备受到损坏，造成损失8万元，由于现场停工造成台班费损失4.2万元，业主应负担赔偿和修复的经济责任。工人窝工费3.8万元，业主应予支付。

（6）准备安装的一台大型空调由于浸水必须修复需2万元，业主应该支付。

（7）暴雨原因使得施工单位设备维修需要5天，造成停工5天。

（8）因暴风雨造成现场停工8天，要求合同工期顺延8天。

（9）由于工程破坏，清理现场需费用2.4万元，业主应予支付。

（10）风雨过后，发现基坑积水3米多，排水费用1万元，排水耽误工期2天。业主应支付费用和顺延工期。

【问题】因不可抗力发生的风险承担的原则是什么？对施工单位提出的要求，应如何处理（请逐条回答）？

【答案】1.不可抗力是指合同当事人在签订合同时不可预见，在合同履行过程中不可避免且不能克服的自然和社会性突发事件，如地震、海啸、暴动、战争和专用合同条款中约定的其他情形。

合同当事人按以下原则承担：

（1）永久工程、已运至施工现场的材料和工程设备的损坏，以及因工程损坏造成的第三人人员伤亡和财产损失由发包人承担；

（2）承包人施工设备的损坏由承包人承担；

（3）发包人和承包人承担各自人员伤亡和财产的损失；

（4）因不可抗力影响承包人履行合同约定的义务，已经引起或将引起工期延误的，应当顺延工期，由此导致承包人停工的费用损失由发包人和承包人合理分担，停工期间必须支付的工人工资由发包人承担；

（5）因不可抗力引起或将引起工期延误，发包人要求赶工的，由此增加的赶工费用由发包人承担；

（6）承包人在停工期间按照发包人要求照管、清理和修复工程的费用由发包人承担。

不可抗力发生后，合同当事人均应采取措施尽量避免和减少损失的扩大，任何一方当事人没有采取有效措施导致损失扩大的，应对扩大的损失承担责任。

因合同一方延迟履行合同义务，在延迟履行期间遭遇不可抗力的，不免除其违约责任。

2.处理方法：

（1）经济损失按上述原则由双方分别承担，工期延误应签证顺延；

（2）因工程修复、重建的18万元工程款应由业主支付；

（3）索赔不予认可（索赔不成立），由施工单位承担；

（4）建设方聘请的顾问受伤需医疗费用1万元，由业主支付；路人的医疗费应该由买保险的一方出，而建设方应该购买第三者责任险，故由业主支付；

（5）索赔不予认可（索赔不成立），由施工单位承担；

（直观地说就是由于不可抗力造成施工单位的窝工费不能赔）

（6）准备安装的设备修复费用2万元，业主应该支付；

（7）施工单位设备维修致使停工5d，由施工单位自己负责；

（8）因暴风雨造成现场停工8d，合同工期可以顺延8天；

（9）清理现场费用，由业主承担；

（10）排水费用1万元，排水耽误工期2d都应该由业主负责。

三、分包合同的应用

1.建设单位不得直接指定分包工程承包人。

2.分包工程承包人必须具有相应的资质，并在其资质等级许可的范围内承揽业务。严禁个人承揽分包工程业务。

3.专业工程分包除在施工总承包合同中有约定外，必须经建设单位认可。

4.分包合同订立后7个工作日内，将合同送工程所在地县级以上地方人民政府建设行政主管部门备案。

5.分包工程发包人将工程分包后，未在施工现场设立项目管理机构和派驻相应人员，并未对该工程的施工活动进行组织管理的，视同转包行为。

6.分包工程发包人和分包工程承包人就分包工程对建设单位承担连带责任。

7.分包工程承包人就施工现场安全向分包工程发包人负责，并应当服从分包工程发包人对施工现场的安全生产管理。

章节练习题

一、单项选择题

某项目施工过程中，分包人负责的工程质量出现问题，总承包人应（　　）。

A.无责任

B.承担连带责任

C.承担主要责任

D.视问题成因进行责任划分

二、案例分析题

1.【2011年二级案例一（节选）】

【背景资料】在施工过程中，该工程所在地连续下了6d特大暴雨（超过了当地近10年来季节的最大降雨量），洪水泛滥，给建设单位和施工单位造成了较大的经济损失。施工单位认为这些损失是由于特大暴雨（不可抗力事件）造成的，提出下列索赔要求（以下索赔数据与实际情况相符）：

（1）工程清理、恢复费用18万；

（2）施工机械设备重新购置和修理费用29万；

（3）人员伤亡善后费用62万；

（4）工期顺延6d。

【问题】分别指出施工单位的索赔要求是否成立？说明理由。

2.【2013年二级案例四】

【背景资料】某开发商投资新建一住宅小区工程，包括住宅楼五幢，会所一幢，以及小区市政管网和道路设施，总建筑面积24000m²。经公开招投标，某施工总承包单位中标，双方依据《建设工程施工合同（示范文本）》签订了施工总包合同。

施工总承包合同中约定的部分条款如下：（1）合同造价3600万元，除设计变更、钢筋与水泥价格变动，总承包全部范围外的工作内容据实调整外，其他费用均不调整。（2）

合同工期306d，从2012年3月1日起至2012年12月31日止。工期奖罚标准为2万元/d。

在合同履行过程中，发生了下列事件：

事件一：因钢筋价格上涨较大，建设单位与施工总承包单位签订了《关于钢筋价格调整的补充协议》，协议价款为60万元。

事件二：施工总包单位进场后，建设单位将水电安装及住宅楼塑料窗指定分包给A专业公司，并指定采用某品牌塑料窗。A专业公司为保证工期，又将塑料窗分包给B公司施工。

事件三：2012年3月22日，施工总包单位在基础底板施工期间，因连续降雨发生了排水费用6万元，2012年4月5日，某批次国产钢筋常规检测合格，建设单位以验证工程质量为由，要求施工总承包单位还需对该批次钢筋进行化学成分分析，施工总包单位委托具备资质的检测单位进行了检测，化学成分检测费用8万元，检测结果合格。针对上述问题，施工总承包单位按索赔程序和时限要求，分别提出6万元排水费用、8万元检测费用的索赔。

事件四：工程竣工验收后，施工总承包单位于2012年12月28日向建设单位提交了竣工验收报告，建设单位于2013年1月5日确认验收通过，并开始办理工程结算。

【问题】（1）《建设工程施工合同（示范文本）》由哪些部分组成？并说明事件一中《关于钢筋价格调整的补充协议》归属于合同的哪个部分？

（2）指出事件二中的发包行为的错误之处？并分别说明理由。

（3）分别指出事件三中，施工总承包单位的两项索赔是否成立？并说明理由。

（4）指出本工程的竣工验收日期是哪一天，工程结算总价是多少万元？根据《建筑工程价款结算暂行办法》规定，分别说明会所结算、住宅小区结算属于哪种结算方式？

3.【背景资料】建设单位与某施工总承包人签订了一份建设工程施工总承包合同。鉴于幕墙工程的专业性，承包人经发包人同意，与有资质的幕墙施工单位签订了幕墙专业分包合同。

事件一：进场后，幕墙单位向承包人索要总承包合同，承包人以与幕墙单位无关为由拒绝。

事件二：承包人要求分包人承担总包合同中与分包工程有关的义务与责任时，分包人以与己无关为由予以拒绝。

事件三：施工过程中，幕墙单位将工程联系单直接致函工程师，同时抄送承包人及发包人。

【问题】（1）事件一中承包人做法是否正确？并说明理由。

（2）事件二中：分包人的做法是否正确？

（3）事件三中：分包人的做法是否正确？

4.【2016年二级案例四（节选）】

【背景资料】某建设单位投资新建办公楼，建筑面积8000m²，钢筋混凝土框架结构，地上8层，招标文件规定，本工程实行设计、采购、施工的总承包交钥匙方式。土建、水电、通风空调、内外装饰、消防、园林景观等工程全部由中标单位负责组织施工。经公开招投标，A施工总承包单位中标，双方签订的工程总承包合同中约定：合同工期为10个月，质量目标为合格。

在合同履行过程中，发生了下列事件中：

事件一：A施工总承包单位中标后，按照"设计、采购、施工"的总承包方式开展相关工作。

事件二：A施工总承包单位在项目管理过程中，与F劳务公司进行了主体结构劳务分包洽谈，约定将模板和脚手架费用计入承包总价，并签订了劳务分包合同。经建设单位同意，A施工总承包单位将玻璃幕墙工程分包给B专业分包单位施工。A施工总承包单位自行将通风空调工程分包给C专业分包单位施工，C专业分包单位按照分包工程合同总价收取8%的管理费后分包D专业分包单位。

【问题】（1）事件一中，A施工总承包单位应对工程的哪些管理目标全面负责？除交钥匙方式外，工程总承包方式还有哪些？

（2）事件二中，哪些分包行为属于违法分包，并分别说明理由。

5.【背景资料】某工程建筑面积24700m²，地下1层，地上15层，现浇钢筋混凝土框架结构，建设单位通过公开招标，有甲、乙、丙三家单位参与了工程投标，经过公开开标、评标，最终确定甲施工单位中标，建设单位与甲施工单位按照《建设工程施工合同（示范文本）》签订了施工总承包合同。

事件一：甲施工单位与建设单位签订施工总承包合同后，按照《建设工程项目管理规范》GB/T50326–2006进行了合同管理工作。

事件二：甲施工单位加强对劳务分包单位的日常管理，坚持开展劳务实名制管理工作。

【问题】（1）事件一中，合同签订前劳务作业分包进行资格预审的内容包括哪些？培训的内容及要求包括哪些？

（2）事件二中，按照劳务实名制管理要求，在分包单位进场时，甲施工单位应要求劳务分包单位提交哪些资料进行备案？

6.【背景资料】某大型综合体育馆工程，发包方（简称甲方）通过邀请招标的方式确定本工程由承包商乙中标，双方签订了工程

总承包合同。在合同履行过程中发生了如下事件：

事件一：考虑到体育馆主体工程施工难度高、自身技术力量和经验不足等情况，在甲方不知情的情况下，承包商乙又与另一家具有施工总承包一级资质的某知名承包商丁签订了主体工程分包合同，合同约定承包商丁以承包商乙的名义进行施工，双方按约定的方式进行结算。

【问题】（1）事件一中，承包商乙将主体工程分包给承包商丁在法律上属于何种行为？简述理由。

（2）组成建设工程施工合同的文件包括哪些内容？

7.【背景资料】某建筑幕墙工程由建设单位通过公开招投标发包给A幕墙施工企业承包施工，在合同履行过程中发生下列事件：

事件一：本工程采用张拉杆索体系的点支承玻璃幕墙，由于技术较复杂，建设单位指定由B公司分包施工，工程价款直接与建设单位进行结算。A公司认为本公司具有施工上述工程的能力，不需要进行分包。作为专业施工企业，只同意把自己承包工程的劳务部分分包给B公司，而不同意B公司直接与建设单位结算工程价款。

事件二：因幕墙工程施工质量问题导致局部墙面漏水，造成正在施工的部分室内装修地毯、壁纸等霉变，室内装修单位要求赔偿损失。幕墙施工单位认为，幕墙工程还在施工阶段，尚未通过竣工验收，没有承担室内装修损失的义务。但对于部分经过监理公司验收已拆除外脚手架的幕墙，在脚手架拆除后发现局部墙面有渗水的，同意合理承担部分损失。

【问题】（1）事件一中，A公司不同意建设单位指定将张拉杆索体系的点支承玻璃幕

墙工程分包给B公司施工，也不同意B公司与建设单位直接进行工程价款结算，是否合理？为什么？

（2）事件二中，A公司对幕墙质量问题处理是否合理？为什么？除了已经赔偿部分损失外，它还应当承担什么责任？

参考答案及解析

一、单项选择题

【答案】B

【解析】分包工程发包人和分包工程承包人就分包工程对建设单位承担连带责任。

二、案例分析题

1.【答案】（1）索赔成立，不可抗力事件造成的工程清理、恢复费用，应由建设单位承担。

（2）索赔不成立，不可抗力事件造成的施工单位自有的机械损坏由施工单位自己承担。

（3）索赔不成立，不可抗力事件造成的人员伤亡由各单位自己承担。

（4）成立，按照施工合同法，不可抗力事件造成的工期延后可进行工期顺延。

2.【答案】（1）

1）组成部分有：合同协议书；专用条款；通用条款等。

2）属于协议书部分。

（2）事件二中发包行为是错误之处有：

1）建设单位将水电安装及住宅楼塑料窗指定分包给A专业公司，不妥。因为根据规定，在我国指定分包是违法行为。

2）"A专业公司为保证工期，又将塑料窗分包给B公司施工"不妥。因为根据规定，A公司的行为属违法分包。

（3）

1）施工单位提出的排水费6万元不成立。

6万元应该属于措施费，应该包干使用。

2）施工单位提出的8万元钢筋检测费用索赔成立。国产钢筋不包含化学检测项目，属于合同范围外项目。

（4）

1）本工程竣工验收日期是2012年12月28日。

2）工程结算总价=合同价+补充协议+索赔+奖罚=3600+60+8+3×2=3674万元。

3）会所结算属单位工程结算；住宅小区结算属单项工程结算。（工程结算包括：单项工程结算、单位项目结算和建设项目结算）

3.【答案】（1）承包人的做法不正确

承包人应提供总包合同（有关承包工程的价格内容除外）供分包人查阅。当分包人要求时，承包人应向分包人提供一份总包合同（有关承包工程的价格内容除外）的副本或复印件。分包人应全面了解总包合同的各项规定（有关承包工程的价格内容除外）。

（2）分包人做法不正确

除本合同条款另有约定，分包人应履行并承担总包合同中与分包工程有关的承包人的所有义务与责任，同时应避免因分包人自身行为或疏漏造成承包人违反总包合同中约定的承包人义务的情况发生。

（3）分包人做法不正确

分包人须服从承包人转发的由发包人或工程师发出的与分包工程有关的指令。未经承包人允许，分包人不得以任何理由与发包人或工程师发生直接工作联系，分包人不得直接致函发包人或工程师，也不得直接接受发包人或工程师的指令。如分包人与发包人或工程师发生直接工作联系，将被视为违约，并承担违约责任。

4.【答案】（1）

1）A施工总承包单位应对工程的质量、安全、进度、造价等管理目标全面负责。

2）除交钥匙方式外，工程总承包方式还有：设计–施工总承包（DB）、设计–采购施工（EP）、采购–施工（PC）。

（2）事件二中违法分包行为及理由如下：

1）A与F劳务公司进行了主体结构劳务分包洽谈，约定将模板和脚手架费用计入承包总价。

理由：总承包单位只能将劳务作业分包给劳务单位。

2）A施工总承包单位自行将通风空调工程分包给C专业分包单位施工。

理由：该专业分包未在合同中约定（未征得建设单位同意）。

3）C专业分包单位按照分包工程合同总价收取8%的管理费后分包D专业分包单位；

理由：专业分包不得再次专业分包。

5.【答案】（1）资格预审内容：劳务分包单位的企业性质、资质等级、社会信誉、资金情况、劳动力资源情况、施工业绩、履约能力、管理水平等。

培训内容及要求：总承包企业概况、总承包管理模式、工程质量、安全、进度、成本等的管理运作方式以及劳务分包单位员工职业技能等。

（2）劳务分包单位的劳务员在进场施工前，应按实名制管理要求，将进场施工人员花名册、身份证、劳动合同文本、岗位技能证书复印件及时报送总承包商备案。

6.【答案】（1）该主体工程的分包在法律上属于违法分包行为。根据《建设工程质量管理条例》第78条的规定，下列行为均为违法分包：①总承包单位将建设工程分包给不具备相应资质条件的单位的；②建设工程总承包合同中未有约定，又未经建设单位认可，承包单位将其承包的部分建设工程交由其他单位完成的；③施工总承包单位将建设工程主体结构的施工分包给其他单位的；④分包单位将其承包的建设工程再分包的。

（2）组成建设工程施工合同的文件

1）合同协议书；

2）中标通知书（如果有）；

3）投标函及其附录（如果有）；

4）专用合同条款及其附件；

5）通用合同条款；

6）技术标准和要求；

7）图纸；

8）已标价工程量清单或预算书；

9）其他合同文件。

7.【答案】（1）A公司不同意建设单位指定分包单位是合理的，因为A公司本身就具备张拉杆索体系点支承玻璃幕墙的施工能力，不需要分包；而且作为专业施工企业，不能把自己承包的任务分包给另一家专业施工企业。B公司如果愿意，作为劳务分包是合适的。参照《房屋建筑和市政基础设施工程施工分包管理办法》（原建设部令第124号）规定，建设单位不得直接指定分包工程承包人。《建设工程施工合同（示范文本）》GF-2013-0201也规定，发包人未经承包人同意不得以任何形式向分包单位支付各种工程款项。所以，A公司不同意建设单位直接与B公司进行工程款结算，也是合理的。

（2）A公司对幕墙渗水的质量问题处理是合理的。这是幕墙施工与室内装修施工经常产生的矛盾，需要互相协调的问题。一般情况下，在幕墙工程竣工前，室内装修的最后饰面层不宜施工，幕墙施工企业没有承担其损失的义务。但对于经过验收且已拆去外墙脚手架的幕墙，除了幕墙公司特别声明外，一般视同已经完工，可以全面进行室内装修。对这一部分幕墙出现局部渗水，幕墙公司应当负有一定的责任，故A公司同意承担部分损失是合理的。此外，A公司还应当对整个工程的幕墙进行全面无偿检修，不论是否已承担赔偿金，都必须继续履行合同规定的义务，如果因为修理、返工造成工程逾期交付的，还应当承担违约责任。

1A420210 施工现场平面布置

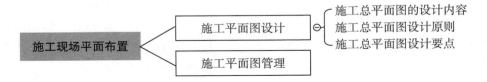

核心内容讲解

一、施工平面图设计

施工总平面布置图通常有：基础工程施工总平面布置图，主体结构工程施工总平面图，装修工程施工总平面布置图。

其中施工总平面图应随施工组织设计内容一起报批，过程修改及时并履行相关手续。现场防火设施平面布置图（报公安监督审批备案）。

（一）施工总平面图的设计内容

1.项目施工用地范围内的地形状况；

2.全部拟建建（构）筑物和其他基础设施的位置；

3.项目施工用地范围内的加工设施、运输设施、存储设施、供电设施、供水供热设施、排水排污设施、临时施工道路和办公用房生活用房；

4.施工现场必备的安全、消防、保卫和环保设施；

5.相邻的地上、地下既有建（构）筑物及相关环境。

（二）施工总平面图设计原则

1.平面布置科学合理，施工场地占用面积少；

2.合理组织运输，减少二次搬运；

3.施工区域的划分和场地的临时占用应符合总体施工部署和施工流程的要求，减少相互干扰；

4.充分利用既有建（构）筑物和既有设施为项目施工服务，降低临时设施的建造费用；

5.临时设施应方便生产和生活，办公区、生活区、生产区宜分离设置；

6.符合节能、环保、安全和消防等要求；

7.遵守当地主管部门和建设单位关于施工现场安全文明施工的相关规定。

（三）施工总平面图设计要点

1.设置大门，引入场外道路施工现场宜考虑设置两个以上大门；

2.布置大型机械设备；

布置塔吊时，应考虑其覆盖范围、可吊构件的重量以及构件的运输和堆放；同时还应考虑塔式起重机的附墙杆件及使用后的拆除和运输。

3.布置加工厂

总的指导思想：应使材料和构件的运输量最小，垂直运输设备发挥较大的作用，有关联的加工厂适当集中。

4.布置场内临时运输道路

施工现场的主要道路应进行硬化处理，主干道应有排水措施。主干道宽度单行道不小于4m，双行道不小于6m。木材场两侧应有6m宽通道，端头处应有12m×12m回车场，消防车道不小于4m，载重车转弯半径不宜小于15m。

5.布置临时水电、管网和其他动力设施临时总变电站应设置在高压线进入工地处，尽量避免高压线穿过工地，临时电的布置应按照审批后的方案执行。

【经典例题】（2015年一级真题）

【背景资料】某建筑工程，占地面积8000m²，地下3层，地上34层，框筒结构，结构钢筋采用HRB400等级，底板混凝土强度等级C35，地上3层及以下核心筒混凝土强度等级为C60。局部区域为2层通高报告厅，其主梁配置了无粘结预应力筋，该施工企业中标后进场组织施工，施工现场场地狭小，项目部将所有材料加工全部委托给专业加工场进行场外加工。

在施工过程中，发生了下列事件：

事件二：施工现场总平面布置设计中包含如下主要内容：

①材料加工场地布置在场外；

②现场设置一个出入口，出入口处设置办公用房；

③场地附近设置宽3.8m环形载重单车道主干道（兼作消防车道），并进行硬化，转弯半径10m；

④在主干道一侧挖400×600mm管沟，将临时供电线缆，临时用水管线置于管沟内，监理工程师认为总平面布置设计存在多处不妥，责令整改后再验收，并要求补充主干道具体硬化方式和裸露场地文明施工防护措施。

【问题】针对事件二中施工总平面布置设计的不妥之处，分别写出正确做法，施工现场主干道常用硬化方式有哪些？裸露场地的文明施工防护通常有哪些措施？

【答案】（1）施工总平面图布置中不妥之处更正后应为：

1）单行主干道宽度不小于4m。

2）载重车转弯半径不宜小于15m。

3）临时用电线路应与临时用水管线分开设置。

（2）施工现场主干道常用硬化方式有混凝土硬化和碎石硬化。

裸露场地的文明施工防护措施：覆盖、固化、绿化等。

二、施工平面图管理

1.总体要求：

满足施工需求、现场文明、安全有序、整洁卫生、不扰民、不损害公众利益、绿色环保。

2.施工现场管理：

施工现场应实行封闭管理，并应采用硬质围挡。市区主要路段的施工现场围挡高度不应低于2.5m，一般路段围挡高度不应低于1.8m。距离交通路口20m范围内占据道路施工设置的围挡，其0.8m以上部分应采用通透性围挡，并采取交通疏导和警示措施。

3.规范场容：

（1）施工平面图设计应科学、合理，临时建筑、物料堆放与机械设备定位准确，施工现场场容绿色环保。

（2）在施工现场周边按规范要求设置临时维护设施。

（3）现场内沿路设置畅通的排水系统。

（4）施工现场的主要道路应进行硬化处理，如采取铺设混凝土、碎石等方法。裸露的场地和堆放的土方应应覆盖、固化或绿化。

（5）施工现场土方作业采取防止扬尘措施，主要道路视气候条件洒水并定期清扫。

（6）建筑垃圾应设定固定区域封闭管理并及时清运。

4. 消防保卫：

（1）必须按照《消防法》的规定，建立和执行消防管理制度。

（2）现场道路应符合施工期间的消防要求。

（3）设置符合要求的防火设施和报警系统。

（4）在火灾易发生区域施工和储存、使用易燃易爆器材，应采取特殊消防安全措施。

（5）现场严禁吸烟。

（6）施工现场严禁焚烧各类废弃物。

（7）严格现场动火证的管理。

章节练习题

一、单项选择题

布置场内临时运输道路说法错误的是（　　）。

A. 施工现场的主要道路应进行硬化处理，主干道应有排水措施

B. 临时道路要把仓库.加工厂.堆场和施工点贯穿起来，按货运量大小设计双行干道或单行循环道满足运输和消防要求

C. 主干道宽度单行道不小于4m，双行道不小于5m

D. 木材场两侧应有6m宽通道，端头处应有12m×12m回车场，消防车道不小于4m，载重车转弯半径不宜小于15m

二、多项选择题

施工总平面图的设计原则是（　　）。

A. 依据施工部署、施工方案

B. 尽量减少使用原有设施保证安全

C. 减少二次搬运、减少占地

D. 生活区、办公区应合在一起

E. 利于减少扰民、环境保护和文名施工

参考答案及解析

一、单项选择题

【答案】C

【解析】布置场内临时运输道路双行道不应小于6m。

二、多项选择题

【答案】ACE

【解析】B选项，应尽量增加使用原有设施以保证安全。D选项生产、生活、办公区域应分开设置。

1A420220 施工临时用电

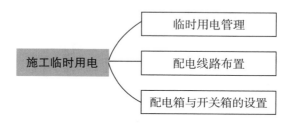

一、临时用电管理

1.电工必须持证上岗。

2.安装、巡检、维修或拆除临时用电设备和线路，必须由电工完成，并应有人监护。

3.施工现场临时用电设备在5台及以上或设备总容量在50kW及以上者，应编制用电组织设计。

4.装饰装修工程或其他特殊施工阶段，应补充编制单项施工用电方案。

5.临时用电组织设计及变更必须由电气工程技术人员编制，相关部门审核，具有法人资格企业的技术负责人批准，经现场监理签认后实施。

6.施工现场临时用电工程采用三级配电、二级漏电保护系统，采用TN—S接零保护系统。

7.配电箱、开关箱的电源进线端严禁采用插头和插座做活动连接。

8.下列特殊场所应使用安全特低电压照明器：

（1）隧道、人防工程、高温、有导电灰尘、比较潮湿或灯具离地面高度低于2.5m等场所的照明，电源电压不应大于36V；

（2）潮湿和易触及带电体场所的照明，电源电压不得大于24V；

（3）特别潮湿场所、导电良好的地面、锅炉或金属容器内的照明，电源电压不得大于12V。

【经典例题】1.（2016年二级真题）在施工现场的下列场所中，可以使用36V电压照明的有（　　　）。

A.人防工程

B.锅炉内

C.特别潮湿环境

D.照明灯具离地高度2.0m的房间

E.有导电灰尘环境

【答案】ADE

二、配电线路布置

1.三相五线制线路的N线和PE线截面不小于相线截面的50％，单相线路的零线截面与相线截面相同。

2.电缆中必须包含全部工作芯线和用作

保护零线的芯线，即五芯电缆。

3.五芯电缆必须包含淡蓝、绿/黄两种颜色绝缘芯线。淡蓝色芯线必须用作N线，绿/黄双色芯线必须用作PE线，严禁混用。

4.室内配线必须采用绝缘导线或电缆。

5.室内非埋地明敷主干线距地面高度不得小于2.5m。

6.室内配线必须有短路保护和过载保护。

三、配电箱与开关箱的设置

1.配电系统应采用配电柜或总配电箱、分配电箱、开关箱三级配电方式。

2.总配电箱应设在靠近电源的区域，分配电箱应设在用电设备或负荷相对集中的区域，分配电箱与开关箱的距离不得超过30m，开关箱与其控制的固定式用电设备的水平距离不宜超过3m。

3.每台用电设备必须有各自专用的开关箱，严禁用同一个开关箱直接控制2台及2台以上用电设备（含插座）。

4.固定式配电箱、开关箱的中心点与地面的垂直距离应为1.4~1.6m。

移动式配电箱、开关箱的中心点与地面的垂直距离宜为0.8~1.6m。

【经典例题】2.（2014年一级真题）施工现场临时配电系统中，保护零线（PE）的配线颜色应为（　　　）。

A.黄色　　　　　　　　B.绿色

C.绿/黄双色　　　　　D.淡蓝色

【答案】C

【经典例题】3.关于施工现场配电系统设置的说法，正确的有（　　　）。

A.配电系统应采用配电柜或配电箱、分配电箱、开关箱三级配电方式

B.分配电箱与开关箱的距离不得超过30m

C.开关箱与其控制的固定式用电设备的水平距离不宜超过3m

D.同一个开关箱最多只可以直接控制2台用电设备

E.固定式配电箱的中心点与地面的垂直距离应为0.8~1.6m

【答案】ABC

章节练习题

一、单项选择题

1. 下列施工场所中，照明电压不得超过12V的是（　　）。

A.地下车库　　　　　B.潮湿场所

C.金属容器内　　　　D.人防工程

2. 分配电箱与开关箱的距离，下列各项中符合相关规定的是（　　）。

A.分配电箱与开关箱距离不得超过35m

B.分配电箱与开关箱距离不得超过40m

C.分配电箱应设在用电设备或符合相对集中的区域

D.开关箱与其控制的固定式用电设备的水平距离不宜超过4m

3. 当采用专用变压器TN-S接零保护供电系统的施工现场，电气设备的金属外壳必须与（　　）连接。

A.保护地线　　　　　B.保护零线

C.工作零线　　　　　D.工作地线

4. 特别潮湿场所、导电良好的地面、锅炉或金属容器内的照明，电源电压最低不得大于（　　）。

A.12V　　　　　　　B.16V

C.20V　　　　　　　D.24V

5. 潮湿和易触及带电体场所的照明，电源电压不得大于（　　）。

A.12V　　　　　　　B.24V

C.36V　　　　　　　D.50V

二、多项选择题

1. 施工现场临时用电工程必须经过验收方可使用，需由（　　）等部门共同验收。

A.编制部门　　　　　B.审核部门

C.合约部门　　　　　D.批准部门

E.分包单位

2. 关于临时用电管理说法正确的是（　　）。

A.施工现场操作电工必须经过国家现行标准考核合格后，持证上岗工作

B.施工现场临时用电设备在5台及以上或设备总容量在50kW及以上的，应编制用电组织设计

C.临时用电组织设计及变更必须由电气工程技术人员编制

D.临时用电工程经编制、审核部门批准后即可实施

E.各类用电人员必须通过相关安全教育培训和技术交底

3. 关于配电箱与开关箱的设置说法中正确的是（　　）。

A.配电系统应采用配电柜或总配电箱、分配电箱、开关箱三级配电方式

B.总配电箱应设在靠近进场电源的区域，分配电箱应设在用电设备或负荷相对集中的区域

C.分配电箱与开关箱的距离不得超过30m

D.开关箱与其控制的固定式用电设备的水平距离不宜超过3m

E.同一个开关箱可以直接控制两台及两台以上用电设备

参考答案及解析

一、单项选择题

1.【答案】C

【解析】下列特殊场所应使用安全特低电压照明器：（1）隧道人防工程、高温、有导电灰尘比较潮湿或灯具离地面高度低于2.5m等场所的照明，电源电压不应大于36V；（2）潮湿和易触及带电体场所的照明，电源电压不得大于24V；（3）特别潮湿场所，导电良好的地面锅炉或金属容器内的照明，电源电压不得大于12V。

2.【答案】C

【解析】总配电箱应设在靠近电源的区域，分配电箱应设在用电设备或负荷相对集中的区域。分配电箱与开关箱距离不得超过30m。开关箱与其控制的固定式用电设备的水平距离不宜超过3m。

3.【答案】B

【解析】当采用专用变压器，TN-S接零保护供电系统的施工现场，电气设备的金属外壳必须与保护零线连接。故选择B选项。

4.【答案】A

【解析】下列特殊场所应使用安全特低电压照明器：

（1）隧道、人防工程、高温、有导电灰尘、比较潮湿或灯具离地面高度低于2.5m等场所的照明，电源电压不应大于36V；

（2）潮湿和易触及带电体场所的照明，电源电压不得大于24V；

（3）特别潮湿场所、导电良好的地面、锅炉或金属容器内的照明，电源电压不得大于12V。

5.【答案】B

【解析】下列特殊场所应使用安全特低电压照明器：

（1）隧道、人防工程、高温、有导电灰尘、比较潮湿或灯具离地面高度低于2.5m等场所的照明，电源电压不应大于36V；

（2）潮湿和易触及带电体场所的照明，电源电压不得大于24V；

（3）特别潮湿场所、导电良好的地面、锅炉或金属容器内的照明，电源电压不得大于12V。

二、多项选择题

1.【答案】ABD

【解析】临时用电组织设计及变更必须由电气工程技术人员编制，相关部门审核，具有法人资格企业的技术负责人批准，经现场监理签认后实施。

2.【答案】ABCE

【解析】临时用电管理

（1）施工现场操作电工必须经过国家现行标准考核合格后，持证上岗工作。

（2）施工现场临时用电设备在5台及以上或设备总容量在50kW及以上的，应编制用电组织设计。

（3）临时用电组织设计及变更必须由电气工程技术人员编制，相关部门审核，并经具有法人资格企业的技术负责人批准，现场监理签认后实施。

（4）临时用电工程必须经编制、审核、批准部门和使用单位共同验收，合格后方可投入使用。

3.【答案】ABCD

【解析】配电箱与开关箱的设置

（1）配电系统应采用配电柜或总配电箱、分配电箱、开关箱三级配电方式。

（2）总配电箱应设在靠近进场电源的区域，分配电箱应设在用电设备或负荷相对集中的区域，分配电箱与开关箱的距离不得超过30m，开关箱与其控制的固定式用电设备的水平距离不宜超过3m。

（3）每台用电设备必须有各自专用的开关箱，严禁用同一个开关箱直接控制两台及两台以上用电设备（含插座）。

1A420230 施工临时用水

本节知识体系

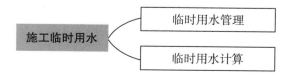

施工临时用水 —— 临时用水管理

施工临时用水 —— 临时用水计算

核心内容讲解

一、临时用水管理

施工临时用水管理的内容

1.临时用水包括：施工用水、机械用水、施工现场生活用水、生活区生活用水、消防用水。

2.供水系统包括：取水位置、取水设施、净水设施、贮水装置、输水管和配水管管网、末端配置。

3.消火栓间距不大于120m；距拟建房屋不小于5m，不大于25m，距路边不大于2m。

二、临时用水计算

消防用水量（Q_5）最小10L/s；

总用水量（Q）计算：

（1）当（$q_1+q_2+q_3+q_4$）≤q_5时，则$Q=q_5+$（$q_1+q_2+q_3+q_4$）/2；

（2）当（$q_1+q_2+q_3+q_4$）>q_5时，则$Q=q_1+q_2+q_3+q_4$；

（3）当工地面积小于5hm²（公顷），而且（$q_1+q_2+q_3+q_4$）<q_5时，则$Q=q_5$。

最后计算出总用水量（以上各项相加），还应增加10%的漏水损失。

式中　q_1——施工用水量；

q_2——施工机械用水量；

q_3——施工现场生活用水量；

q_4——生活区生活用水量；

q_5——消防用水量。

嗨·点评 消防水管管径计算公式的：

$$1000Q=\omega \cdot v=\frac{1}{4}\pi d^2 \cdot v$$ 推导出管径直径：

$$d=\sqrt{\frac{4Q}{1000\pi \cdot v}}$$

式中　Q——流量m³/s；

ω——横截面积；

v——流速取1~1.5（一般会给定）。

【经典例题】（2016年一级真题）某住宅楼工程，场地占地面积约10000m²，建筑面积约14000m²，地下2层，地上16层，层高2.8m，檐口高47m，结构设计为筏板基础。剪力墙结构，施工总承包单位为外地企业，在本项目所在地设有分公司。

在施工现场消防技术方案中，临时施工道路（宽4m）与施工（消防）用主水管沿在建筑住宅楼环装布置，消火栓设在施工道路内侧，据路中线5m，在建住宅楼外边线距道路中线9m，施工用水管计算中，现场施工用水量（$q_1+q_2+q_3+q_4$）为8.5L/s，管网水流速度

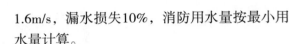

1.6m/s，漏水损失10%，消防用水量按最小用水量计算。

【问题】指出施工现场消防技术方案的不妥之处，并写出相应的正确做法：施工总用水量是多少（单位：L/S）施工用水主管的计算管径是多少（单位mm，保留两位小数）？

【答案】1.不妥一：消火栓设置在施工道路内侧，距路中线5m。

正确做法：消火栓距路边不应大于2m。

不妥二：消火栓在建住宅楼外边线距道路中线9m。

正确做法：消火栓距拟建房屋不小于5m，且不大于25m。

2.施工总用水量是10L/s。又因漏水损失10%，故施工总用水量按11L/s考虑。

3.管径计算

$$d=\sqrt{\frac{4Q}{\pi \cdot v \cdot 1000}}=\sqrt{\frac{4 \times 11}{\pi \times 1.6 \times 1000}}=93.56mm$$

【嗨·解析】根据总用水量（Q）的计算原则：

1）当（$q_1+q_2+q_3+q_4$）$\leqslant q_5$时，则$Q=q_5+$（$q_1+q_2+q_3+q_4$）/2；

2）当（$q_1+q_2+q_3+q_4$）$>q_5$时，则$Q=q_1+q_2+q_3+q_4$；

3）当工地面积小于5hm^2（公顷），而且（$q_1+q_2+q_3+q_4$）$<q_5$时，则$Q=q_5$。

本题的总用水量（$q_1+q_2+q_3+q_4$）为8.5L/s，符合第3条，因此取消防最小用水量$q_5=10$L/s，又由于案例背景要求考虑漏水损失10%，因此施工总用水量按11L/s考虑。

章节练习题

一、单项选择题

关于供水设施说法错误的是（　　　）。

A. 管线穿路处均要套以铁管，并埋入地下 0.6m处，以防重压

B. 消火栓间距不大于120m

C. 消火栓距拟建房屋不小于5m且不大于 25m

D. 消火栓距路边不大于3m

二、多项选择题

施工现场临时用水量计算包括（　　　）。

A. 现场施工用水量

B. 施工机械用水量

C. 施工现场生活用水量

D. 基坑降水计算量

E. 消防用水量

参考答案及解析

一、单项选择题

【答案】D

【解析】（1）管线穿路处均要套以铁管，并埋入地下0.6m处，以防重压。

（2）消火栓间距不大于120m；距拟建房屋不小于5m且不大于25m，距路边不大于2m。

二、多项选择题

【答案】ABCE

【解析】计算临时用水的数量。临时用水量包括：现场施工用水量、施工机械用水量、施工现场生活用水量、生活区生活用水量、消防用水量。

1A420240 施工现场防火

本节知识体系

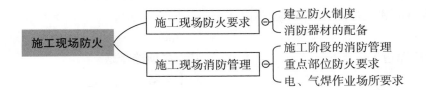

核心内容讲解

一、施工现场防火要求

（一）建立防火制度

1.施工现场都要建立健全防火检查制度。

2.建立义务消防队，人数不少于施工总人数的10%。

3.建立动用明火审批制度。

（二）消防器材的配备

1.临时搭设的建筑物区域内每100m²配备2只10L灭火器。

2.临时木工间、油漆间、木机具间等，每25m²配备一只灭火器。油库、危险品库应配备数量与种类合适的灭火器、高压水泵。

3.室外消火栓应沿消防车道或堆料场内交通道路的边缘设置，消火栓之间的距离不应大于120m；消防箱内消防水管长度不小于25m。

4.手提式灭火器应使用挂钩悬挂，或摆放在托架上、灭火箱内，其顶部离地面高度应小于1.5m，底部离地面高度宜大于0.15m。

二、施工现场消防管理

（一）施工阶段的消防管理

1.施工组织设计要有消防方案及防火设施平面图，并按照有关规定报公安监督机关审批或备案。

2.施工现场使用的电气设备必须符合防火要求。

3.电焊工、气焊工要有操作证和动火证。

4.氧气瓶、乙炔瓶工作间距不小于5m，两瓶与明火作业距离不小于10m。

5.建筑工程内禁止氧气瓶、乙炔瓶存放，禁止使用液化石油气"钢瓶"。

6.施工现场动火作业必须执行动火审批制度，动火证当日有效，动火地点变换，要重新办理动火证手续。

（二）重点部位防火要求

1.易燃材料露天仓库四周内，应有宽度不小于6m的平坦空地作为消防通道，通道上禁放障碍物。

2.贮量大的易燃材料仓库，应设两个以上的大门，并应将生活区、生活辅助区和堆场分开布置。

3.有明火的生产辅助区和生活用房与易燃材料之间，至少应保持30m的防火间距。

4.对易引起火灾的仓库，应将库房内、外按每500m²区域分段设立防火墙，把建筑平面划分为若干防火单元。

5.可燃材料库房单个房间的建筑面积不应超过30m²，易燃易爆危险品库房单房间建筑面积不应超过20m²。房间内任一点至最近疏散门的距离不应大于10m，房门的净宽度不应小于0.8m。

6.对贮存的易燃材料应经常进行防火安全检查，并保持良好通风。

7.仓库或堆料场内电缆一般应埋入地下，若有困难需设置架空电力线时，架空电力线与露天易燃物堆垛的最小水平距离，不应小于电杆高度的1.5倍。

8.仓库或堆料场所使用的照明灯具与易燃堆垛间至少应保持1m的距离。

9.仓库或堆料场内的严禁使用碘钨灯。

（三）电、气焊作业场所要求

1.焊、割作业点与氧气瓶、乙炔瓶等危险物品的距离不得小于10m，与易燃易爆物品的距离不少于30m。

2.乙炔瓶和氧气瓶之间的存放距离不得小于2m，使用时两者的距离不得小于5m。

焊、割作业"十不烧"：

（1）焊工必须持证上岗，无证者不准进行焊、割作业；

（2）属一、二、三级动火范围的焊、割作业，未经办理动火审批手续，不准进行焊割；

（3）焊工不了解焊、割现场的周围情况，不得进行焊、割；

（4）焊工不了解焊件内部是否有易燃、易爆物时，不得进行焊、割；

（5）各种装过可燃气体、易燃液体和有毒物质的容器，未经彻底清洗，或未排除危险之前，不准进行焊、割；

（6）用可燃材料保温层、冷却层、隔声、隔热设备的部位，或火星能飞溅到的地方，在未采取切实可靠的安全措施之前，不准焊、割；

（7）有压力或密闭的管道、容器，不准焊、割；

（8）焊、割部位附近有易燃易爆物品，在未作清理或未采取有效的安全防护措施前，不准焊、割；

（9）附近有与明火作业相抵触的工种在作业时，不准焊、割；

（10）与外单位相连的部位，在没有弄清有无险情，或明知存在危险而未采取有效的措施之前，不准焊、割；

🔊 **嗨·点评** "十不烧"助记口诀：保温容易动情；抵压外单位证件。

保温—可燃材料保温层、容—装过可燃气体的容器、易—易燃易爆物品、动—动火审批手续、情—现场周围情况；

抵—明火作业相抵触、压—压力或密闭管道、外单位—与外单位相连部位、证—焊工持证上岗、件—焊件内部。

【经典例题】1.（2015年一级真题）关于施工现场消防管理的说法，正确的有（　　　）。

A.施工现场内严禁吸烟

B.易燃材料仓库应设在上风方向

C.应配备义务消防人员

D.动火证当日有效

E.油漆料库内应设置调料间

【答案】ACD

【经典例题】2.

【背景资料】某市建造一幢综合楼，地上28层，地下3层。该综合楼建造到22层的时候，相关部门组织安全大检查，发现该建筑北面靠一座小山、南面是一条城市主干道，该综合楼南北方向140m，东西方向35m。项目开工前，按照规划部门给定的红线，四周砌筑了高度为2m的围墙，围墙大门一侧按文明施工要求悬挂了相关标志牌。场区内按消防要求在拟建建筑四周设立了4个消火栓，每个消火栓离拟建综合楼3m，南边两个消火栓离场区消防车道4m（该消防车道宽度5m局部3.5m，受脚手架搭设影响高度控制在3.8m），该综合楼设立了直径100mm的消防竖管，但该消防管有分支连接至工地食堂。

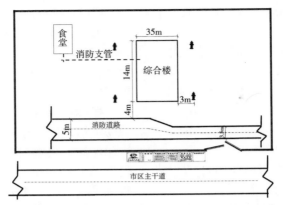

【问题】（1）指出该综合楼施工中有哪些不妥之处？并指处正确做法。

（2）施工平面图管理的总体要求有哪些？

（3）施工总平面图设计原则有哪些？

（4）该工程需考虑哪些类型的临时用水？施工现场供水系统包括哪些？在该工程临时用水总量中，起决定性作用的是哪种类型临时用水？

（5）设现场施工用水量为q_1=5.49L/s，工人生活区用水q_2=0.91L/s，消防用水量q_3=10L/s，计算该工程总用水量和给水主干管管径（水流速度1.5m/s）

【答案】（1）

1）围墙高度不正确，北面2m高度正确，南面必须2.5m以上。

2）消火栓设置不合理。消火栓间距不大于120m；距拟建房屋不小于5m，不大于25m，距路边不大于2m。

3）消防车道宽度局部3.5m，高度3.8m不妥当，高度宽度都不能小于4m。

4）消防竖管直径100mm可以，只需大于等于75mm即可，但必须是专用消防竖管，不得与工地食堂共用。

（2）施工平面图管理总体要求

文明施工、安全有序、整洁卫生、不扰民、不损害公众利益。

（3）施工总平面图设计原则

1）平面布置科学合理，施工场地占用面积少。

2）合理组织运输，减少二次搬运。

3）施工区域的划分和场地的临时占用应符合总体施工部署和施工流程的要求，减少相互干扰。

4）充分利用既有建（构）筑物和既有设施为项目施工服务，降低临时设施的建造费用。

5）临时设施应方便生产和生活，办公区、生活区、生产区宜分离设置。

6）符合节能、环保、安全和消防等要求。

7）遵守当地主管部门和建设单位关于施工现场安全文明施工的相关规定。

（4）

1）该工程还需考虑的临时用水类型有：生产用水、机械用水、生活用水、消防用水。

2）供水系统包括：

取水位置、取水设施、净水设施、贮水装置、输水管和配水管管网、末端配置。

3）在该工程临时用水总量中，起决定性作用的是消防用水。

（5）总用水量计算：

$q_1+q_2 = 5.49 + 0.91 = 6.4L/s<q_3$，

故总用水量按消防用水量：$Q = q_3 = 10$L/s确定；考虑10%的漏水量$Q= 11$ L/s。

给水主干管管径计算：

$Q=\omega v$ 其中Q为流量m³/s，ω横截面积

$\omega=\frac{1}{4}\pi d^2$，$d=\sqrt{\frac{4Q}{\pi \cdot v}}$　$d=\sqrt{\frac{4Q}{\pi \times v \times 1000}}$

$d=\sqrt{\frac{4\times 11}{3.14\times 1.5\times 1000}}$ =0.097（m）

按水管管径规格系列选用，最靠近97mm的规格是100mm，故本工程临时给水干管选用ϕ100管径。

章节练习题

一、单项选择题

1. 关于油漆料库与调料间的防火要求下列说法不正确的是（　　）。
   A. 油漆料库与调料间应分开设置，且应与散发火星的场所保持一定的防火间距
   B. 调料间应通风良好，并应采用防爆电器设备，室内禁止一切火源，调料间不能兼做更衣室和休息室
   C. 调料人员应穿不易产生静电的工作服、不带钉子的鞋。开启涂料和稀释剂包装时，应采用不易产生火花型工具
   D. 油漆料库与调料间可以设置在一起

2. 关于氧气乙炔瓶下列说法不正确的是（　　）。
   A. 使用时间距为3m
   B. 放置时间距为2m
   C. 与危险物品之间的间距不得小于10m
   D. 与易燃易爆品的堆放距离不得小于30m

3. 施工现场临时的木工间、油漆间、木机具间等，每25㎡配备灭火器至少（　　）只。
   A. 一　　　　　　　B. 二
   C. 四　　　　　　　D. 六

二、多项选择题

1. 施工现场防火制度的要求正确的有（　　）。
   A. 施工现场都要建立健全防火检查制度
   B. 建立义务消防队，人数不少于施工总人数的10%
   C. 建立动用明火审批制度
   D. 易燃、易爆物品单独存放库不需建立防火制度
   E. 建立义务消防队，人数不少于施工总人数的8%

2. 施工现场配水管网布置应符合下列原则是（　　）。
   A. 在保证不间断供水的情况下，管道铺设越短越好
   B. 施工期间各段管网应固定
   C. 主要供水管线采用枝状，孤立点可设环状
   D. 尽量利用已有的或提前修建的永久管道
   E. 管径要经过计算确定

三、案例分析题

1. 【**背景资料**】某酒店工程由五幢单体组成，地上15层，地下3层，总建筑面积81310m²。钢筋混凝土灌注桩基础，剪力墙结构。建设单位与某施工总承包单位签订总承包合同。

   施工过程中发生了如下事件：

   事件：施工单位编制的施工组织设计中，施工现场平面布置图包括：工程施工场地状况、工程施工现场的加工设施、存贮设施、办公和生活用房等的位置和面积等内容。监理单位认为内容不全。

   【**问题**】事件中，施工现场平面布置图应补充哪些内容？

2. 【**背景资料**】某办公楼工程，建筑面积为218220m²，占地面积为45000m²。地下3层，地上46层。筏形基础，型钢混凝土组合结构，单元式幕墙，3mm+4mmSBS卷材防水屋面，卫生间采用3mm聚氨酯涂膜防水。

   在38层电焊作业安装楼梯扶手时，电焊火花引燃了33层楼梯间一只装过聚氨酯涂料的废桶，火灾造成30层以上装饰工程全部烧毁，7人死亡的事故。事后查明：火灾是由无证电焊工违章作业引起的。

   【**问题**】（1）指出事故发生的主要原因。
   （2）说明预防同类火灾事故的主要措施。

参考答案及解析

一、单项选择题

1.【答案】D

【解析】油漆料库与调料间应分开设置，且应与散发火星的场所保持一定的防火间距。

2.【答案】A

【解析】危险物品之间的堆放距离不得小于10m，危险物品与易燃易爆品的堆放距离不得小于30m。乙炔瓶和氧气瓶的存放间距不得小于2m，使用时距离不得小于5m。

3.【答案】A

【解析】临时木工间、油漆间、木机具间等，每25m²配备一只灭火器。

二、多项选择题

1.【答案】ABC

【解析】建立防火制度规定：施工现场都要建立健全防火检查制度。建立义务消防队，人数不少于施工总人数的10%。建立动用明火审批制度。

2.【答案】ADE

【解析】配水管网布置的原则：在保证不间断供水的情况下，管道铺设越短越好；考虑施工期间各段管网具有移动的可能性；主要供水管线采用环状，孤立点可设枝状；尽量利用已有的或提前修建的永久管道；管径要经过计算确定。

三、案例分析题

1.【答案】还应补充：

1）布置在工程施工现场的垂直运输设施、供电设施、供水供热设施、排水排污设施和临时施工道路等；

2）施工现场必备的安全、消防、保卫和环境保护等设施；

3）相邻的地上、地下既有建（构）筑物及相关环境；

4）拟建建（构）筑物的位置、轮廓尺寸、层数等。

2.【答案】（1）事故发生的主要原因是：电焊工无证违章作业。

（2）预防同类火灾事故的主要措施有：

1）电焊工应持证上岗；

2）动火前应办理动火证；

3）作业时应配备看火人员；

4）应配备足够的灭火器具；

5）焊工应了解焊、割现场的周围情况；

6）对火星能飞溅到的可燃材料或装过易燃液体的容器或装聚氨酯涂料的废桶，采取隔离措施（或清理干净）；

7）电焊作业点与易燃易爆物品之间应有足够的安全距离。

1A420250 项目管理规划

本节知识体系

核心内容讲解

一、项目管理规划

规划大纲是由企业管理层在投标之前编制的，实施规划是在开工之前，由项目经理主持编制的。

（一）施工项目管理实施规划的内容（略）

（二）施工项目管理规划的作用

1.制定施工项目管理目标；

2.规划实施项目目标的组织、程序和方法，落实责任；

3.作为相应项目的管理规范，在项目管理过程中贯彻执行；

4.作为考核项目经理部的依据之一。

二、项目管理规划的编制

（一）项目管理规划大纲的编制

1.项目管理规划大纲的编制依据

（1）可行性研究报告；

（2）设计文件、标准、规范与有关规定；

（3）招标文件及有关合同文件；

（4）相关市场信息与环境信息。

2.项目管理规划大纲的编制程序

（1）明确项目目标；

（2）分析项目环境和条件；

（3）收集项目的有关资料和信息；

（4）确定项目管理组织模式、结构和职责；

（5）明确项目管理内容；

（6）编制项目目标计划和资源计划；

（7）汇总整理，报送审批。

（二）项目管理实施规划的编制

1.项目管理实施规划的编制依据

（1）项目管理规划大纲；

（2）项目条件和环境分析资料；

（3）工程合同及相关文件；

（4）同类项目的相关资料。

2.项目管理实施规划的编制程序

（1）项目相关各方的要求；

（2）分析项目条件和环境；

（3）相关法规和文件；

（4）组织编制；

（5）履行报批手续。

章节练习题

一、单项选择题

1.主持编制"项目管理实施规划"的是（　　）。

A.企业管理层

B.企业委托的管理单位

C.项目经理

D.项目技术负责人

2.施工项目管理规划的作用不包括（　　）。

A.制定施工项目管理目标

B.规划实施项目目标的组织、程序和方法，落实责任

C.作为相应项目的管理规范，在项目管理过程中贯彻执行

D.作为考核项目技术负责人的依据之一

二、多项选择题

属于编制项目管理实施规划应遵循的程序是（　　）。

A.项目条件和环境分析资料

B.了解项目相关各方的要求

C.分析项目条件和环境

D.履行报批手续

E.工程合同及相关文件

三、案例分析题

【背景资料】某高校新建宿舍楼工程，地下1层，地上5层，钢筋混凝土框架结构。采用悬臂式钻孔灌注桩排桩作为基坑支护结构，施工总承包单位按规定在土方开挖过程中实施桩顶位移监测，并设定了监测预警值。

施工过程中，发生了下列事件：

事件一：施工单位进场后，监理工程师责成项目经理部编制《项目管理实施规划》，施工单位认为项目规模不大，拟用《施工组织设计》代替《项目管理实施规划》。在监理工程师的一再要求下，项目经理部组织编制《项目管理实施规划》.包含项目概况、总体工作计划、组织方案、进度计划、资源需求计划、项目现场平面图等内容。

事件二：土方开挖时，在支护桩顶设置了900mm高的基坑临边安全防护栏杆；在紧靠栏杆的地面上堆放了砌块、钢筋等建筑材料。挖土过程中，发现支护桩顶向坑内发生的位移超过预警值，现场立即停止挖土作业，并在坑壁增设锚杆以控制桩顶位移。

事件三：在主体结构施工前与主体结构施工密切相关的某国家标准发生重大修改并开始实施.现场监理机构要求修改施工组织设计，重新审批后才能组织实施。

事件四：由于学校开学在即，建设单位要求施工总承包单位在完成室内装饰装修工程后立即进行室内环境质量验收，并邀请了具有相应检测资质的机构到现场进行检测，施工总承包单位对此做法提出异议。

【问题】

（1）事件一中，施工单位拟用《施工组织设计》代替《项目管理实施规划》的说法是否妥当？如需替代，需满足什么条件？施工单位编制《项目管理实施规划》应由谁主持？

（2）除事件一中的内容外，还应包含哪些内容（至少列出五项）？

（3）分别指出事件二中错误之处，并写出正确做法。针对该事件中的桩顶位移问题，还可采取哪些应急措施？

（4）除了事件三中国家标准发生重大修改的情况外，还有哪些情况发生后也需要修改施工组织设计并重新审批？

（5）事件四中，施工总承包单位提出异议是否合理？并说明理由。根据现行国家标准《民用建筑工程室内环境污染控制规范》GB 50325，室内环境污染物浓度检测应包括哪些检测项目？

参考答案及解析

一、单项选择题

1.【答案】C

【解析】项目管理规划大纲应由组织的管理层或组织委托的项目管理单位编制，项目管理实施规划应由项目经理组织编制。

2.【答案】D

【解析】（1）制定施工项目管理目标；（2）规划实施项目目标的组织、程序和方法，落实责任；（3）作为相应项目的管理规范，在项目管理过程中贯彻执行；（4）作为考核项目经理的依据之一。

二、多项选择题

【答案】BCD

【解析】（一）项目管理实施规划可依据下列资料编制：（1）项目管理规划大纲；（2）项目条件和环境分析资料；（3）工程合同及相关文件；（4）同类项目的相关资料。（二）编制项目管理实施规划应遵循下列程序：（1）了解项目相关各方的要求；（2）分析项目条件和环境；（3）熟悉相关法规和文件；（4）组织编制；（5）履行报批手续。

三、案例分析题

【答案】（1）施工单位拟用《施工组织设计》代替《项目管理实施规划》的说法：妥当。

如用施工组织设计来代替项目管理实施规划，施工组织设计应能够满足项目管理实施规划的要求。《项目管理实施规划》应由项目经理主持编制。

（2）除事件一中的内容外，还应包含如下内容：

1）成本计划；

2）技术经济指标；

3）质量计划；

4）职业健康安全与环境管理计划；

5）风险管理计划；

6）信息管理计划；

7）技术方案；

8）项目收尾管理计划；

9）项目目标控制措施；

10）项目沟通管理计划。

（3）1）事件二中错误之处和正确做法分别如下：

错误一：基坑边安全防护栏杆高度900mm；

正确做法：基坑边安全防护栏杆高度1.0～1.2m及以上。

错误二：紧靠基坑防护栏杆堆放砌块、钢筋等建筑材料；

正确做法：堆放材料（或砌块、钢筋）应与基坑边保持2m及以上距离。

2）还可采取的应急措施有：坑内支撑、土方回填、墙背卸土（或墙背卸载）。

（4）除了事件三中国家标准发生重大修改的情况外，也需要修改施工组织设计并重新审批的情况还有：

1）工程设计有重大修改；

2）主要施工方法有重大调整；

3）主要施工资源配置有重大调整（或施工部署有重大调整）；

4）施工环境有重大改变（或施工条件有重大改变）。

（5）1）施工总承包单位提出异议合理。

理由：建筑装饰装修工程的室内环境质量验收，应在工程完工至少7d以后且在工程交付使用前进行（或不符合《民用建筑工程室内环境污染控制规范》的室内环境验收时间要求）。

2）室内环境污染物浓度检测应包括的检测项目有：氡、（游离）甲醛、苯、氨、TVOC（或总挥发性有机物）。

1A420260 项目综合管理控制

本节知识体系

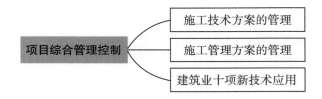

核心内容讲解

一、施工技术方案的管理

（一）建筑工程施工技术方案的分类

1.施工组织设计；

2.专项施工技术方案；

3.危险性较大分部分项工程安全专项施工方案。

（二）施工技术方案编制

群体工程总承包项目经理牵头编制，单体由项目经理牵头编制，分部工程由技术负责人牵头编制。

（三）审核与审批

1.群体由项目经理审核，施工单位总工审批。

2.总包的由总包单位总工审核。

3.施工技术方案补充及变更时，施工单位须重新编制专项施工技术方案或编制补充方案报监理工程师审核、审批。

以上级单位名义承接的工程由上级单位总工审核。

（四）施工技术方案交底及过程控制

1.施工组织设计（包括专项施工技术方案和危险性较大分部分项工程安全专项施工方案）由项目总工组织专项交底会，由项目总工向建设单位、监理单位、项目经理部相关部门、分包单位相关负责人进行书面交底。

2.施工技术方案实施前，项目经理和项目总工应参与某些关键分部分项工程的验收（如模架工程、外架工程、钢结构吊装、爆破工程等）。施工技术方案实施过程中，项目经理、项目总工应随时到现场监督施工技术方案执行情况，并根据工程实际情况进行施工技术方案的相应调整和补充。

二、施工管理方案的管理

1.BOT（建设-经营-转让）模式

BOT模式在国际上主要用于公共基础设施建设的项目投融资，通过项目本身的经营收入偿还债务和获取投资回报，在特许期届满后将项目设施无偿转让给所在地政府。

BOT模式出现了不同的演变，如：BT（建设-转让）形式、BOOT（建设-拥有-经营-转让）形式、BTO（建设-转让-经营）形式，BOO（建设-拥有-经营）形式、ROT（整顿-经营-转让）形式、POT（购买-经营-转让）形式等。

2.BT（建设-转让）模式

取得BT合同的建设方进行融资、投资、设计和施工，竣工验收后交付使用，业主在合同规定时间向建设方支付工程款并随之获得项目所有权。

3.我国常用总承包模式

设计—采购—建设（EPC）/交钥匙总承包、设计—建造（D-B）模式。

（1）设计—采购—施工（EPC）/交钥匙总承包

设计采购施工总承包是指工程总承包企业按照合同约定，承担工程项目的设计、采购、施工、试运行服务等工作，并对承包工程的质量、安全、工期、造价全面负责。

交钥匙总承包是设计采购施工总承包业务和责任的延伸，最终是向业主提交一个满足使用功能、具备使用条件的工程项目。

（2）设计—施工总承包（D-B）

设计—施工总承包是指工程总承包企业按照合同约定，承担工程项目设计和施工任务，并对承包工程的质量、安全、工期、造价全面负责。见表1A420260。

D-B模式与传统模式的比较　表1A420260

差别	D-B模式	传统模式（DBB模式）
招标	设计、施工仅需招一次标	设计完后才能进行施工招标
承包商的责任	总承包商对设计、施工全负责	设计商、承包商承担各自的相应责任
设计、施工的衔接	D-B承包商在设计阶段介入项目，设计与施工紧密联系，设计更加经济，使成本有效降低，所以能获得较大的利润	设计与施工相脱节，有时候设计方案可建造性差，容易形成责任盲区，项目出现问题，解决的效率低
业主管理	业主管理、协调工作量小，对项目控制程度弱	业主管理、协调工作量大，对项目控制程度较强
工期	设计与施工搭接，工期较短	工期相对较长
保险	没有专门的险种	有相应的险种
相关法律	缺乏特定的法律、法规约束	相应的法律、法规比较完善

4.EPC模式与D-B模式的区别

D-B模式只是包括了设计、建造，对采购的管理并未提及，既没有规定采购属于总承包合同之一，也没有规定业主自身进行采购管理。而EPC中则明确规定，采购与设计、施工一起，以整体的形式发包给总承包商，业主不介入任何形式的采购。

三、建筑业十项新技术应用（略）

章节练习题

一、单项选择题

1. 最接近"交钥匙总承包"的是（　　）承包模式。

　A.BT　　　　　　　　B.DB

　C.BOT　　　　　　　D.EPC

2. 专项施工技术方案和危险性较大分部分项工程安全专项施工方案应由（　　）组织专项交底会。

　A.技术负责人

　B.建设单位

　C.监理单位

　D.项目经理部相关部分

二、案例分析题

1. 【背景资料】某施工总承包单位中标新建写字楼工程，钢筋混凝土框架结构，填充墙采用混凝土小型空心砌块，总建筑面积18700m²。地上10层，层高5m；写字楼顶层设计有一大宴会厅，层高为6m，宴会厅框架柱柱间距（跨度）为8m×8m。施工过程中发生如下事件：

事件：工程交付前进行了室内环境质量验收，检测机构对其中100间办公室，5间会议室，1间报告厅（120㎡）各选择一间进行抽检，其中报告厅取了2个检测点进行抽检，其中污染物主要指标的检测数据如下：

【问题】事件中，室内环境质量验收选取比例及报告厅选取监测点数量是否合理？说明理由。

2. 【背景资料】某酒店工程由五幢单体组成，地上15层，地下3层，总建筑面积81310m²，钢筋混凝土灌注桩基础，剪力墙结构。建设单位与某施工总承包单位签订总承包合同。

施工过程中发生了如下事件：

事件一：项目部按照工程施工阶段对单位工程施工组织设计进行了过程检查与验收，并及时提出了修改意见。

事件二：施工至地上6层时，因工程设计重大修改，项目部对施工组织设计及时进行了修改和补充。

事件三：施工单位项目负责人安排资料员将《施工组织设计》报监理及建设单位？

【问题】（1）规范规定单位工程施工组织设计的编制审批和交底人分别是谁？

（2）过程检查和验收通常分为哪些阶段？

（3）事件二中施工组织设计如需修改需要什么样的流程？

（4）事件三中，单位工程施工组织设计还应报送什么单位？

参考答案及解析

一、单项选择题

1.【答案】D

【解析】设计采购施工总承包（EPC）是指工程总承包企业按照合同约定，承担工程项目的设计、采购、施工、试运行服务等工作，并对承包工程的质量、安全、工期、造价全面负责。交钥匙总承包是设计采购施工总承包业务和责任的延伸，最终是向业主提交二个满足使用功能，具备使用条件的工程项目。

2.【答案】A

【解析】施工技术方案交底工程施工组织设计应由项目技术负责人组织专项交底会，由项目技术负责人向建设单位、监理单位、项目经理部相关部门、分包单位相关负责人进行书面交底。专项施工技术方案和危险性较大分部分项工程安全专项施工方案应由技术负责人组织专项交底会，由项目技术负责人或技术方案师向建设单位、监理单位、项目经理部相关部门、分包单位相关负责人进行书面交底。

二、案例分析题

1.【答案】抽检比例及报告厅的抽检数量不妥。

理由：根据现行国家标准《民用建筑工程室内环境污染控制规范》GB50325中的检测数量的规定，民用建筑工程验收时，应抽检有代表性的房间室内环境污染物浓度，检测数量不得少于5％，并不得少于3间，房间少于3间时，应全数检测。

正确做法：办公室检测5间，会议室检测3间，报告厅检测1间。其中报告厅应至少抽取3个点。

2.【答案】（1）

1）单位工程施工组织设计编制与审批：单位工程施工组织设计由项目负责人主持编制，项目经理部全体管理人员参加，施工单位主管部门审核。施工单位技术负责人或其授权的技术人员审批。

2）单位工程施工组织设计经上级承包单位技术负责人或其授权人审批后，应在工程开工前由施工单位项目负责人组织，对项目部全体管理人员及主要分包单位进行交底并做好交底记录。

（2）通常划分的阶段为：

1）地基基础；2）主体结构；3）装饰装修。

（3）修改与补充管理流程有：

1）项目负责人或项目技术负责人应组织对单位工程施工组织设计进行修改和补充；

2）报送原审核人审核；

3）原审批人审批后形成《施工组织设计修改记录表》；

4）进行相关交底。

（4）单位工程施工组织设计审批后加盖受控章，由项目资料员报送及发放并登记记录，报送监理方及建设方，发放企业主管部门、项目相关部门、主要分包单位。

工程竣工后，项目经理部按照国家、地方有关工程竣工资料编制的要求，将《单位工程施工组织设计》整理归档。

1A430000 建筑工程项目施工相关法规与标准

一、本章近三年考情

本章近三年考试真题分值统计 （单位：分）

章节 \ 年份	2014年		2015年		2016年	
	选择题	案例题	选择题	案例题	选择题	案例题
1A431000建筑工程相关法规	4	12		10	4	10
1A432000建筑工程相关技术标准		11	2	7	1	5
1A433000一级建造师（建筑工程）注册执业管理规定及相关要求						

二、本章学习提示

第三章学习要点：第三章一共包括三小节内容，第一小节是建筑工程相关法规，这部分内容也是案例题目的选题范围，尤其是关于安全的安全生产责任制、违法分包和转包、安全生产事故处理及危险性较大的分部分项工程安全管理有关规定等内容还会与法律科目中的内容结合来出综合性案例，建议考生学习这部分内容时要结合法律教材。第二节是建筑工程相关技术标准，主要是一些质量验收规范的原文，是对第一章技术部分的补充，这部分内容近几年考试主要以选择题为主，虽有部分案例，但比例很小，而且此部分内容与第一章很多内容都重复，因此要结合第一章学习。第三节内容主要是注册执业管理规定及相关要求，一般只对注册建造师执业规模标准做少部分考查。

1A431000 建筑工程相关法规

本节知识体系

建筑工程相关法规
- 建筑工程建设相关法规
  - 城市道路、地下管线与建筑工程施工的管理规定
  - 房屋建筑工程竣工验收备案的管理规定
  - 城市建设档案的管理规定
  - 住宅室内装饰装修的管理规定
  - 建筑市场诚信行为信息的管理规定
  - 民用建筑节能管理规定
- 建设工程施工安全生产及施工现场管理相关法规
  - 建筑工程安全生产责任制
  - 建筑工程施工现场管理责任的有关规定
  - 工程建设生产安全事故处理的有关规定
  - 建筑工程危险性较大的分部分项工程安全管理的有关规定
  - 建筑工程非法转包、分包的有关规定

核心内容讲解

1A431010 建筑工程相关法规

一、城市道路、地下管线与建筑工程施工的管理规定

（一）城市道路管理与建筑工程施工的相关规定

城市道路是指城市供车辆、行人通行的，具备一定技术条件的道路、桥梁及其附属设施。建筑工程施工时，不得擅自在城镇道路上行驶、占用和挖掘，需经相关部门批准后实施，否则依法承担相应的责任。城市道路行驶、占用与挖掘的相关规定见表1A431010-1。

城市道路行驶、占用与挖掘相关规定　表1A431010-1

城镇道路使用	相关规定
道路行驶	履带车、铁轮车或者超重、超高、超长车辆不得擅自在城市道路上行驶，否则须事先征得市政工程行政主管部门同意，并按照公安交通管理部门指定的时间、路线行驶
占用与挖掘	（1）未经市政工程行政主管部门和公安交通管理部门批准，任何单位或者个人不得占用或者挖掘城市道路； （2）经批准占用或者挖掘城市道路的，应当按照批准的位置、面积、期限占用或者挖掘。需要移动位置、扩大面积、延长时间的，应当提前办理变更审批手续； （3）因特殊情况需要临时占用城市道路的，不得损坏城市道路；占用期满后，应当及时清理占用现场，恢复城市道路原状；损坏城市道路的，应当修复或者给予赔偿； （4）因工程建设需要挖掘城市道路的，应当持城市规划部门批准签发的文件和有关设计文件，到市政工程行政主管部门和公安交通管理部门办理审批手续； （5）新建、扩建、改建的城市道路交付使用后5年内、大修的城市道路竣工后3年内不得挖掘；因特殊情况需要挖掘的，须经县级以上城市人民政府批准

【经典例题】 1.关于挖掘城市道路的说法，正确的是（　　）。

A.新建、扩建、改建的城市道路交付使用后3年内不得挖掘

B.大修的城市道路竣工后5年内不得挖掘

C.对未达到规定期限的新建、扩建、改建、大修的城市道路，如因特殊情况需要挖掘的，须经县级以上市政工程行政主管部门批准

D.经批准占用或者挖掘城市道路的，应当按照批准的位置、面积、期限占用或者挖掘

【答案】 D

【嗨·解析】 新建、扩建、改建的城市道路交付使用后5年内、大修的城市道路竣工后3年内不得挖掘；因特殊情况需要挖掘的，须经县级以上城市人民政府批准。

（二）城市地下管线管理与建筑工程施工相关的规定

1.城市地下管线工程是指城市新建、扩建、改建的各类地下管线（含城市供水、排水、燃气、热力、电力、电信、工业等地下管线）及相关的人防、地下通道、地铁等工程。《建设工程安全生产管理条例》（国务院令第393号）规定，建设单位应当向施工单位提供现场施工条件资料，例如：供水、供电、供热、相邻建筑物和构筑物、地下工程的有关资料，并保证资料的真实、准确、完整。

2.建设部颁布的《城市地下管线工程档案管理办法》（建设部第136号令）中规定，建设单位在申请领取建设工程规划许可证前，应当取得该施工地段地下管线现状资料；并在申领建设工程规划许可证时，向规划主管部门报送地下管线现状资料。

3.施工单位在地下管线工程施工前应当取得施工地段地下管线现状资料。因建设单位或地下管线专业管理单位未移交地下管线工程档案，造成施工单位在施工中损坏地下管线的，建设单位或地下管线专业管理单位应当依法承担相应的责任。

4.建设单位和施工单位未按照规定查询和取得施工地段的地下管线资料而擅自组织施工，损坏地下管线给他人造成损失的，依法承担赔偿责任。

【经典例题】2.关于城市地下管线工程的相关规定说法，错误的是（　　　）。

A. 建设单位应当向施工单位提供现场施工条件资料，并保证资料的真实、准确、完整

B. 建设单位在申请领取建设工程规划许可证前，应当取得该施工地段地下管线现状资料

C.建设单位未移交地下管线工程档案给施工单位，导致地下管线损坏，建设单位应当依法承担相应的责任

D.施工单位可以在施工地段的地下管线施工后再取得施工地段的地下管线资料

【答案】D

【嗨·解析】在建设单位申请建设工程规划许可证时或施工单位在地下管线工程施工前，均应当取得该施工段地下管线现状资料，否则由此造成的相关损失应当依法承担相应的责任。

二、房屋建筑工程竣工验收备案的管理规定

（一）房屋建筑工程竣工验收备案范围

住房和城乡建设部2009年修改并颁布的

《房屋建筑和市政基础设施工程竣工验收备案管理办法》（住房和城乡建设部令第2号）中规定，凡在我国境内新建、扩建、改建各类房屋建筑工程和市政基础设施工程，都必须按规定进行竣工验收备案。抢险救灾工程、临时性房屋建筑工程和农民自建低层住宅工程，不适用此规定。军用房屋建筑工程竣工验收备案，按照中央军事委员会的有关规定执行。

【经典例题】3.在我国境内需实行竣工验收备案制度的工程有（　　　）。

A.房屋建筑工程

B.市政基础设施工程

C.抢险救灾工程

D.临时性房屋建筑工程

E.农民自建低层住宅工程

【答案】AB

【嗨·解析】《房屋建筑和市政基础设施工程竣工验收备案管理办法》（住房和城乡建设部令第2号）中规定，凡在我国境内新建、扩建、改建各类房屋建筑工程和市政基础设施工程，都必须按规定进行竣工验收备案。抢险救灾工程、临时性房屋建筑工程和农民自建低层住宅工程，不适用此规定。

（二）房屋建筑工程竣工验收备案期限要求及相关法律责任

（1）建设单位应当自工程竣工验收合格之日起15d内，向工程所在地的县级以上地方人民政府建设行政主管部门对工程进行备案。如发现建设单位在竣工验收过程中有违反国家有关建设工程质量管理规定行为的，应当在收讫竣工验收备案文件15d内，责令停止使用，重新组织竣工验收。

工程竣工验收备案表一式两份，一份由建设单位保存，一份留备案机关存档。

（2）工程质量监督机构应当在工程竣工验收之日起5d内，向工程所在地的县级以上

地方人民政府建设行政主管部门提交工程质量监督报告。

【经典例题】4.（2013年一级真题）工程竣工验收合格之日起最多（ ）日内，建设单位应向当地建设行政主管部门备案。

A.7　　　　B.15　　　　C.30　　　　D.90

【答案】B

【嗨·解析】建设单位应当自竣工验收合格之日起15d内，依照规定，向工程所在地的县级以上地方人民政府建设行政主管部门备案。工程竣工验收备案表一式两份，一份由建设单位保存，一份留备案机关存档。

【经典例题】5.工程质量监督机构应当在工程竣工验收之日起（ ）日内，向工程所在地的县级以上地方人民政府建设行政主管部门提交工程质量监督报告。

A.5　　　　B.7　　　　C.15　　　　D.30

【答案】A

【嗨·解析】工程质量监督机构应当在工程竣工验收之日起5d内，向工程所在地的县级以上地方人民政府建设行政主管部门提交工程质量监督报告。

（三）工程档案编制的基本规定

工程资料应与建筑工程建设过程同步形成，并应真实反映建筑工程的建设情况和实体质量；工程资料管理应制度健全、岗位责任明确，并应纳入工程建设管理的各个环节和各级相关人员的职责范围；工程资料的套数、费用、移交时间应在合同中明确；工程资料的收集、整理、组卷、移交及归档应及时。

工程资料的形成、分类与施工资料的组卷管理相关规定见表1A431010-2。

工程资料的形成与施工资料的组卷管理　表1A431010-2

工程资料形成	（1）工程资料形成单位应对资料内容的真实性、完整性、有效性负责； （2）工程资料的填写、编制、审核、审批、签认应及时进行且符合相关规定； （3）工程资料不得随意修改；当需修改时，应实行划改，并由划改人签署； （4）工程资料的文字、图表、印章应清晰； （5）工程资料应为原件；当为复印件时，提供单位应在复印件上加盖单位印章，并应有经办人签字及日期；提供单位应对资料的真实性负责； （6）工程资料应内容完整、结论明确、签认手续齐全； （7）工程资料宜采用信息化技术进行辅助管理
工程资料分类	（1）工程资料可分为工程准备阶段文件、监理资料、施工资料、竣工图和工程竣工文件5类； （2）工程准备阶段文件可分为决策立项文件、建设用地文件、勘察设计文件、招投标及合同文件、开工文件、商务文件6类； （3）施工资料可分为施工管理资料、施工技术资料、施工进度及造价资料、施工物资资料、施工记录、施工试验记录及检测报告、施工质量验收记录、竣工验收资料8类； （4）工程竣工文件可分为竣工验收文件、竣工决算文件、竣工交档文件、竣工总结文件4类
施工资料组卷	（1）专业承包工程形成的施工资料应由专业承包单位负责，并应单独组卷； （2）电梯应按不同型号每台电梯单独组卷； （3）室外工程应按室外建筑环境、室外安装工程单独组卷； （4）当施工资料中部分内容不能按一个单位工程分类组卷时，可按建设项目组卷； （5）施工资料目录应与其对应的施工资料一起组卷； （6）应按单位工程进行组卷

【经典例题】6.（2013年一级真题）

【背景资料】事件：建设单位在审查施工单位提交的工程竣工资料时，发现工程资料有涂改，违规使用复印件等情况，要求施工单位进行整改。

【问题】针对事件，分别写出工程竣工资

料在修改以及使用复印件时的正确做法。

【答案】正确做法一：工程资料不得随意修改。当需修改时，应实行划改，并由划改人签署。

正确做法二：当为复印件时，提供单位应在复印件上加盖单位公章，并有经办人签字和日期，提供单位应对资料的真实性负责。

（四）工程资料移交与归档

工程资料移交归档应符合国家现行有关法规和标准的规定，当无规定时应按合同约定移交归档。

1.工程资料移交

（1）施工单位应向建设单位移交施工资料；

（2）实行施工总承包的，各专业承包单位应向施工总承包单位移交施工资料；

（3）监理单位应向建设单位移交监理资料；

（4）工程资料移交时应及时办理相关移交手续，填写工程资料移交书、移交目录；

（5）建设单位应按国家有关法规和标准的规定向城建档案管理部门移交工程档案，并办理相关手续。有条件时，向城建档案管理部门移交的工程档案应为原件。

2.工程资料归档保存期限

（1）工程资料归档保存期限应符合有关标准的规定，无规定时，不宜少于5年；

（2）建设单位工程资料归档保存期限应满足工程维护、修缮、改造、加固的需要；

（3）施工单位工程资料归档保存期限应满足工程质量保修及质量追溯的需要。

【经典例题】7.（2012年一级真题）

【背景资料】在竣工验收时，建设单位要求施工总承包单位和装饰装修工程分包单位将各自的工程资料向项目监理机构移交，由项目监理机构汇总后向建设单位移交。

【问题】事件中，建设单位提出的工程竣工资料移交的要求是否妥当？并给出正确做法。

【答案】不妥当。正确做法：装修分包单位向总承包单位移交资料，由总承包单位汇总后向建设单位移交。

（五）房屋建筑工程竣工验收备案时应提交的文件

（1）工程竣工验收备案表。

（2）工程竣工验收报告。竣工验收报告应当包括工程报建日期，施工许可证号，施工图设计文件审查意见，勘察、设计、施工、工程监理等单位分别签署的质量合格文件及验收人员签署的竣工验收原始文件，市政基础设施的有关质量检测和功能性试验资料以及备案机关认为需要提供的有关资料。

（3）法律、行政法规规定应当由规划、环保等部门出具的认可文件或者准许使用文件。

（4）法律规定应当由公安消防部门出具的对大型人员密集场所和其他特殊建设工程验收合格的证明文件。

（5）由人防部门出具的验收文件。

（6）施工单位签署的工程质量保修书。

（7）法规、规章规定必须提供的其他文件

（8）住宅工程还应提交《住宅质量保证书》和《住宅使用说明书》。

【经典例题】8.房屋建筑工程竣工验收备案时应提交的文件包括哪些？

【答案】工程竣工验收备案表；工程竣工验收报告；法律、行政法规规定应当由规划、环保等部门出具的认可文件或者准许使用文件；法律规定应当由公安消防部门出具的对大型人员密集场所和其他特殊建设工程验收合格的证明文件；由人防部门出具的验收文件；施工单位签署的工程质量保修书；法规、规章规定必须提供的其他文件；住宅工程还应提交《住宅质量保证书》和《住宅使用说明书》。

三、城市建设档案的管理规定

城市建设档案是指在城市（包括城市各

类开发区）内，在城市规划、建设及其管理活动中直接形成的对国家和社会具有保存价值的文字、图纸、图表、声像等各种载体的文件资料。

（1）列入城建档案馆档案接收的工程，建设单位在组织竣工验收前，应当提请城建档案管理机构对工程档案进行预验收。预验收合格后，由城建档案管理机构出具工程档案认可文件。建设单位在取得工程档案认可文件后，方可组织工程竣工验收。建设行政主管部门在办理竣工验收备案时，应当查验工程档案认可文件。

（2）建设单位应当在工程竣工验收后3个月内，向城建档案馆报送一套符合规定的建设工程档案。凡建设工程档案不齐全的，应当限期补充。结构和平面布置等改变的，应当重新编制建设工程档案，并在工程竣工后3个月内向城建档案馆报送。停建、缓建工程的档案，暂由建设单位保管。撤销单位的工程建设档案，应当向上级主管机关或者城建档案馆移交。

（3）违反城建档案管理规定有下列行为之一的，由建设行政主管部门对直接负责的主管人员或者其他直接责任人员依法给予行政处分；构成犯罪的，由司法机关依法追究刑事责任：

1）无故延期或者不按照规定归档、报送的；

2）涂改、伪造档案的；

3）档案工作人员玩忽职守，造成档案损失的。

【经典例题】9.关于城市建设档案编制、报送、移交规定的说法，正确的有（　　）。

A.报送工程建设档案不齐全的，应当限期补充

B.撤销单位的工程建设档案，应当向上级主管机关或者城建档案馆移交

C.结构和平面布置等改变的，应当重新编制建设工程档案，并在工程竣工后3个月内向城建档案馆报送

D.停建、缓建的工程，应当及时将档案移交城建档案馆

E.建设工程应当在工程竣工验收合格后3个月内，向城建档案馆报送一套符合规定的工程建设档案

【答案】ABCE

【嗨·解析】停建、缓建工程的档案，暂由建设单位保管。

四、住宅室内装饰装修的管理规定

（一）住宅室内装饰装修活动的相关规定

装修人在住宅室内装饰装修工程开工前，应当向物业管理企业或者房屋管理机构申报登记。变动建筑主体或者承重结构的，需提交原设计单位或者具有相应资质等级的设计单位提出的设计方案。关于住宅室内装饰装修活动的相关规定见表1A431010-3。

住宅室内装饰装修活动的相关规定　　表1A431010-3

行为	相关规定
禁止行为	（1）未经原设计单位或者具有相应资质等级的设计单位提出设计方案，擅自变动建筑主体和承重结构 （2）将没有防水要求的房间或者阳台改为卫生间、厨房间 （3）扩大承重墙上原有的门窗尺寸、拆除连接阳台的砖、混凝土墙体 （4）损坏房屋原有节能设施，降低节能效果 （5）其他影响建筑结构和使用安全的行为

续表

行为	相关规定
限制行为	（1）搭建建筑物、构筑物的，应当经城市规划行政主管部门批准 （2）改变住宅外立面，在非承重外墙上开门、窗的，应当经城市规划行政主管部门批准 （3）拆改供暖管道和设施，应当经供暖管理单位批准 （4）拆改燃气管道和设施，应当经燃气管理单位批准 （5）住宅室内装饰装修超过设计标准或者规范增加楼面荷载的，应当经原设计单位或者具有相应资质等级的设计单位提出设计方案 （6）改动卫生间、厨房间防水层的，应当按照防水标准制定施工方案，并做闭水试验 （7）装修人经原设计单位或者具有相应资质等级的设计单位提出设计方案变动建筑主体和承重结构的，或者涉及上述装修活动，必须委托具有相应资质的装饰装修企业承担 （8）装饰装修企业必须按照工程建设强制性标准和其他技术标准施工，不得偷工减料，确保装饰装修工程质量 （9）装饰装修企业从事住宅室内装饰装修活动，应当遵守施工安全操作规程，按照规定采取必要的安全防护和消防措施，不得擅自动用明火和进行焊接作业，保证作业人员和周围住房及财产的安全 （10）装修人和装饰装修企业从事住宅室内装饰装修活动，不得侵占公共空间，不得损害公共部位和设施

【经典例题】10.（2014年一级真题）建筑工程室内装饰装修需要增加的楼面荷载超过设计标准或者规范规定限值时，应当由（　　）提出设计方案。

A.原设计单位

B.城市规划行政主管部门

C.建设行政主管部门

D.房屋的物业管理单位

E.具有相应资质等级的设计单位

【答案】AE

【嗨·解析】变动建筑主体或者承重结构的，需提交原设计单位或者具有相应资质等级的设计单位提出的设计方案。

【经典例题】11.下列住宅室内装饰装修活动中，属于限制装饰装修企业的行为有（　　）。

A.改动卫生间、厨房间防水层

B.损坏房屋原有节能设施，降低节能效果

C.在非承重外墙上开门、窗

D.改变住宅外立面

E.拆改供暖管道和设施

【答案】ACDE

【嗨·解析】损坏房屋原有节能设施属于禁止行为。

（二）住宅室内装饰装修的竣工验收、保修

住宅室内装饰装修工程竣工后，装修人应当按照工程设计、合同约定和相应的质量标准进行验收。验收合格后，装饰装修企业应当出具住宅室内装饰装修质量保修书。根据《建设工程施工合同（示范文本）》GF-2013-0201中15.4.1保修责任规定：

（1）工程保修期从工程竣工验收合格之日起算，具体分部分项工程的保修期由合同当事人在专用合同条款中约定，但不得低于法定最低保修年限。在工程保修期内，承包人应当根据有关法律规定以及合同约定承担保修责任。发包人未经竣工验收擅自使用工程的，保修期自转移占有之日起算。在正常使用条件下，工程最低保修期限符合下列规定：

1）地基基础工程和主体结构工程，为设计文件规定的该工程合理使用年限；

2）有防水要求的厨房、卫生间和外墙面的防渗漏为5年；

3）保温工程为5年；

4）住宅室内装饰装修工程为2年；

5）供热与供冷系统，为2个采暖期、供冷期；

6）电气管线、给排水管道、设备安装为2年。

（2）保修期内，修复的费用按照以下约定处理：

1）保修期内，因承包人原因造成工程的缺陷、损坏，承包人应负责修复，并承担修复的费用以及因工程的缺陷、损坏造成的人身伤害和财产损失；

2）保修期内，因发包人使用不当造成工程的缺陷、损坏，可以委托承包人修复，但发包人应承担修复的费用，并支付承包人合理利润；

3）因其他原因造成工程的缺陷、损坏，可以委托承包人修复，发包人应承担修复的费用，并支付承包人合理的利润，因工程的缺陷、损坏造成的人身伤害和财产损失由责任方承担。

🔊 嗨·点评　保修期要区别缺陷责任期，缺陷责任期是指承包人按合同约定承担缺陷修复义务，且发包人预留质量保证金期限。自实际施工期计算，缺陷责任期一般为6个月、12个月或24个月。

【经典例题】12.下列针对保修期限的合同条款中，不符合法律规定的是（　　　）。

A.装修工程为2年

B.屋面防水工程为8年

C.墙体保温工程为2年

D.供热系统为2个采暖期

【答案】C

【嗨·解析】在正常使用条件下，保温工程最低保修期限为5年。

【经典例题】13.（2016年一级真题）建设工程的保修期自（　　　）之日起计算。

A.施工完成　　　　B.竣工验收合格

C.竣工验收备案　　D.工程移交

【答案】B

【嗨·解析】工程保修期从工程竣工验收合格之日起算。

（三）住宅室内装饰装修的缺陷责任期

根据《建设工程施工合同（示范文本）》GF—2013—0201中15.2规定缺陷责任期自实际竣工日期起计算，合同当事人应在专用合同条款约定缺陷责任期的具体期限，但该期限最长不超过24个月。

单位工程先于全部工程进行验收，经验收合格并交付使用的，该单位工程缺陷责任期自单位工程验收合格之日起算。因发包人原因导致工程无法按合同约定期限进行竣工验收的，缺陷责任期自承包人提交竣工验收申请报告之日起开始计算；发包人未经竣工验收擅自使用工程的，缺陷责任期自工程转移占有之日起开始计算。

【经典例题】14.（2016年一级真题）关于建设工程的缺陷责任期起算时间的说法错误的是（　　　）。

A.缺陷责任期自工程竣工验收合格之日起计算

B.单位工程先于全部工程进行验收，经验收合格并交付使用的，该单位工程缺陷责任期自单位工程验收合格之日起算

C.因发包人原因导致工程无法按合同约定期限进行竣工验收的，缺陷责任期自承包人提交竣工验收申请报告之日起开始计算

D.发包人未经竣工验收擅自使用工程的，缺陷责任期自工程转移占有之日起开始计算

【答案】A

【嗨·解析】缺陷责任期自实际竣工日期起计算，合同当事人应在专用合同条款约定缺陷责任期的具体期限，但该期限最长不超过24个月。

五、建筑市场诚信行为信息的管理规定

诚信行为信息包括良好行为记录和不良行为记录。诚信行为记录由各省、自治区、

直辖市建设行政主管部门在当地建筑市场诚信信息平台上统一公布。对于不良行为记录

和良好行为记录相关规定见表1A431010-4。

诚信行为记录相关规定　表1A431010-4

行为记录	相关规定
不良行为记录	（1）行政处罚决定做出后7d内进行公布，公布期限一般为6个月至3年 （2）省、自治区和直辖市建设行政主管部门负责审查整改结果，对整改确有实效的，由企业提出申请，经批准，可缩短其不良行为记录信息公布期限，但公布期限最短不得少于3个月 （3）对于拒不整改或整改不力的单位，信息发布部门可延长其不良行为记录信息公布期限
良好行为记录	良好行为记录信息公布期限一般为3年，法律、法规另有规定的从其规定

【经典例题】15.

【背景资料】当地行政主管部门对施工总承包单位违反施工规范强制性条文的行为，在当地建筑市场诚信记录平台上进行了公布，公布期限为6个月。公布后，当地行政主管部门结合企业整改情况，将公布期限调整为4个月。住房和城乡建设部在全国范围内进行公布，公布期限4个月。

【问题】当地行政主管部门及国家住房和城乡建设部公布诚信行为记录的做法是否妥当？全国、省级不良诚信行为记录的公布期限各是多少？

【答案】（1）当地行政主管部门及国家住房和城乡建设部公布诚信行为记录的做法妥当。

（2）6个月~3年。

【嗨·解析】不良行为记录信息的公布期限是6个月至3年。省、自治区和直辖市建设行政主管部门负责审查整改结果，对整改确有实效的，由企业提出申请、经批准，可缩短其不良行为记录信息公布期限，但公布期限最短不得少于3个月，同时将整改结果列于相应不良行为记录后，供有关部门和社会公众查询。

六、民用建筑节能管理规定

民用建筑，是指居住建筑、国家机关办公建筑和商业、服务业、教育、卫生等其他公共建筑。

民用建筑节能，是指在保证民用建筑使用功能和室内热环境质量的前提下，降低其使用过程中能源消耗的活动。它是在民用建筑的规划、设计、建造和使用过程中，通过采用新型墙体材料，执行建筑节能标准，加强建筑物用能设备的运行管理，合理设计建筑物围护结构的热工性能，提高采暖、制冷、照明、通风、给水排水和管道系统的运行效率，以及利用和再生能源等方法，从而实现在保证建筑物实用功能和室内热环境质量的前提下，降低建筑物能源消耗，合理、有效利用能源的目的。

（一）建筑节能技术和产品的国家政策

《民用建筑节能条例》（国务院令第530号）中规定，国家推广使用民用建筑节能的新技术、新工艺、新材料和新设备，限制使用或者禁止使用能源消耗高的技术、工艺、材料和设备，限制进口或者禁止进口能源消耗高的技术、材料和设备。国务院节能工作主管部门、建设主管部门应当制定、公布并及时更新推广使用、限制使用、禁止使用目

录。建设单位、设计单位、施工单位不得在建筑活动中使用列入禁止使用目录的技术、工艺、材料和设备。

（二）新建民用建筑节能的规定

建设单位不得明示或者暗示设计单位、施工单位违反民用建筑节能强制性标准进行设计、施工，不得明示或者暗示施工单位使用不符合施工图设计文件要求的墙体材料、保温材料、门窗、采暖制冷系统和照明设备。

工程监理单位发现施工单位不按照民用建筑节能强制性标准施工的，应当要求施工单位改正；施工单位拒不改正的，工程监理单位应当及时报告建设单位，并向有关主管部门报告。

【经典例题】16.关于民用建筑节能管理规定的说法，正确的有（　　　）。

A.从事建筑节能及相关管理活动的单位，应当对其从业人员进行建筑节能标准与技术等专业知识的培训

B.国家推广使用民用建筑节能的新技术、新工艺、新材料和新设备

C.禁止使用的高耗能源的目录应由国务院节能工作主管部门制定

D.施工单位不得使用列入禁止使用目录的技术、工艺、材料和设备

E.国家对能源消耗高的技术、材料和设备一律采取限制进口的态度

【答案】ABD

【嗨·解析】禁止使用目录不是只有国务院节能工作主管部门制定，同时还有建设主管部门。对于进口能源消耗高的技术、材料和设备是禁止，而不是限制。

1A431020 建设工程施工安全生产及施工现场管理相关法规

一、建筑工程安全生产责任制

建设单位、勘察单位、设计单位、施工单位、工程监理单位及其他与建设工程安全生产有关的单位，必须遵守我国法律法规相关规定，保证建设工程安全生产，依法承担建设工程安全生产责任。

（一）建设单位的安全生产责任

依法批准开工报告的建设工程，建设单位应当自开工报告批准之日起15d内，将保证安全施工的措施报送建设工程所在地的县级以上地方人民政府建设行政主管部门或者其他有关部门备案。

建设单位不得对勘察、设计、施工、工程监理等单位提出不符合建设工程安全生产法律、法规和强制性标准规定的要求，不得压缩合同约定的工期。

建设单位不得明示或者暗示施工单位购买、租赁、使用不符合安全施工要求的安全防护用具、机械设备、施工机具及配件、消防设施和器材。

【经典例题】1.依法批准开工报告的建设工程，建设单位应当自（　　）起15d内，将保证安全施工的措施报送建设工程所在地的县级以上地方人民政府建设行政主管部门或者其他有关部门备案。

A.开工报告递交之日

B.开工报告批准之日

C.开工报告确定的开工之日

D.取得施工许可证之日

【答案】B

【嗨·解析】依法批准开工报告的建设工程，建设单位应当自开工报告批准之日起15d内，将保证安全施工的措施报送建设工程所在地的县级以上地方人民政府建设行政主管部门或者其他有关部门备案。

（二）施工单位的安全生产责任

1.施工单位的主要负责人（A证）、项目负责人（B证）、专职安全生产管理人员（C证）应当经建设行政主管部门或者其他有关部门考核合格后方可任职。特种作业人员必须按照国家有关规定经过专门的安全作业培训，并取得特种作业操作资格证书后，方可上岗作业。施工单位项目中各类执业人员的相关规定见表1A431020-1。

施工单位执业人员的相关规定　　表1A431020-1

施工单位人员	相关要求
施工单位主要负责人	施工单位主要负责人依法对本单位的安全生产工作全面负责
项目负责人	施工单位的项目负责人应当由取得相应执业资格的人员担任，对建设工程项目的安全施工负责，落实安全生产责任制度、安全生产规章制度和操作规程，确保安全生产费用的有效使用，并根据工程的特点组织制定安全施工措施，消除安全事故隐患，及时、如实报告生产安全事故
专职安全生产管理人员	建筑工程、装修工程专职安全生产管理人员的配备按照建筑面积配备：1～5万m^2的工程不少于2人；专业承包单位应当配置至少1人，并根据所承担的分部分项工程的工程量和施工危险程度增加
特种作业人员	特种作业人员通常包括：垂直运输机械作业人员、安装拆卸工、爆破作业人员、起重司索信号工、登高架设作业人员等

2. 建设工程实行施工总承包的，由总承包单位对施工现场的安全生产负总责。总承包单位依法将建设工程分包给其他单位的，总承包单位和分包单位对分包工程的安全生产承担连带责任。分包单位应当服从总承包单位的安全生产管理，分包单位不服从管理导致生产安全事故的，由分包单位承担主要责任。

【经典例题】2.（2012年一级真题）关于施工单位项目负责人安全生产责任的说法，正确的有（　　　）。

A.制定施工单位安全生产责任制度

B.对建设工程项目的安全施工负责

C.落实安全生产规章制度

D.确保安全生产费用的有效使用

E.及时如实报告生产安全事故

【答案】BCDE

【嗨·解析】施工单位安全生产责任制度不是项目负责人制定。

【经典例题】3.关于施工总承包单位对分包工程安全生产责任的说法，正确的是（　　　）。

A.由总承包单位承担责任

B.由分包单位承担责任

C.由总承包单位和分包单位承担连带责任

D.总承包单位和分包单位各自对建设单位承担责任

【答案】C

【嗨·解析】总承包单位依法将建设工程分包给其他单位的，总承包单位和分包单位对分包工程的安全生产承担连带责任。

【经典例题】4.（2014年一级真题）

【背景资料】经检查，某工程项目经理持有一级注册建造师证书和安全考核资格证书（B证），电工、电气焊工、架子工持有特种作业操作资格证书。

【问题】施工企业还有哪些人员需要取得安全考核资格证书及其证书类别与建筑起重作业相关的特种作业人员有哪些？

【答案】施工企业主要负责人（A证）、项目专职安全生产管理人员（C证）还需要取得安全考核资格证书。

与建筑起重有关的特种作业人员包括：起重机械安装拆卸工、起重司机、起重信号工、司索工等。

二、建筑工程施工现场管理责任的有关规定

施工现场，是指进行工业和民用项目的房屋建筑、土木工程、设备安装、管线敷设、装

饰装修等施工活动，经批准占用的施工场地。

项目经理全面负责施工过程的现场管理，应根据工程规模、技术复杂程度和施工现场的具体情况，建立施工现场管理责任制，并组织实施。

施工单位必须编制建设工程施工组织设计。建设工程实行总包和专业分包的，由总包单位负责编制施工组织设计或者分阶段施工组织设计。专业分包单位在总包单位的总体部署下，负责编制专业分包工程的施工组织设计。

【经典例题】5.项目经理建立施工现场管理责任制，并根据（　　　）组织实施。

A.工程规模

B.工程分包的数量

C.技术复杂程度

D.工期及合同总额

E.施工现场的具体情况

【答案】ACE

【嗨·解析】项目经理全面负责施工过程的现场管理，应根据工程规模、技术复杂程度和施工现场的具体情况，建立施工现场管理责任制，并组织实施。

三、工程建设生产安全事故处理的有关规定

事故报告应当及时、准确、完整，任何单位和个人对事故不得迟报、漏报、谎报或者瞒报。安全事故发生后，事故上报与调查的流程如图1A431020所示。

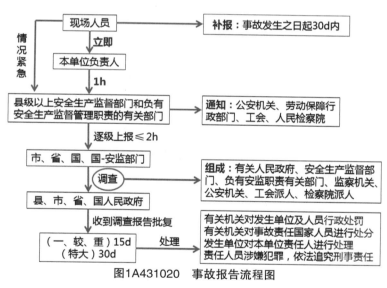

图1A431020　事故报告流程图

1.事故报告

现场有人员立即向本单位负责人报告，本单位负责人接到报告后应当在1h内向事故发生地县级以上人民政府安全生产监督管理部门和负有安全生产监督管理职责的有关部门报告（以下简称安监部门）。情况紧急时，现场有人员可直接向安监部门报告。安监部门接到报告后应当在2h内按照规定报告事故情况，并通知公安机关、劳动保障行政部门、工会和人民检察院：（1）一般事故上报至市级安监部门；（2）较大事故上报至省级安监部门；（3）重大事故和特别重大事故上报至国务院安监部门。

报告事故应当包括下列内容：（1）事故发生单位概况；（2）事故发生的时间、地点以及事故现场情况；（3）事故的简要经过；

（4）事故已经造成或者可能造成的伤亡人数（包括下落不明的人数）和初步估计的直接经济损失；（5）已经采取的措施；（6）其他应当报告的情况。

自事故发生之日起30d内，事故造成的伤亡人数发生变化的，应当及时补报。道路交通事故、火灾事故自发生之日起7d内，事故造成的伤亡人数发生变化的，应当及时补报。

2.事故调查

根据事故的具体情况，事故调查组由有关人民政府、安全生产监督管理部门、负有安全生产监督管理职责的有关部门、监察机关、公安机关以及工会派人组成，并应当邀请人民检察院派人参加。事故调查组可以聘请有关专家参与调查。

（1）一般事故由县级人民政府负责调查；（2）较大事故由市级人民政府负责调查；（3）重大事故由省级人民政府负责调查；（4）特别重大事故由国务院组织调查组负责调查。

3. 事故处理

重大事故、较大事故、一般事故，负责事故调查的人民政府应当自收到事故调查报告之日起15d内做出批复；特别重大事故，30d内做出批复；特殊情况下，批复时间可以适当延长，但延长的时间最长不超过30d。

有关机关应当按照人民政府的批复，依照法律、行政法规规定的权限和程序，对事故发生单位和有关人员进行行政处罚，对负有事故责任的国家工作人员进行处分。事故发生单位应当按照负责事故调查的人民政府的批复，对本单位负有事故责任的人员进行处理。

【经典例题】6.（2012年一级真题）

【背景资料】施工总承包单位在浇筑首层大堂顶板混凝土时，发生了模板支撑系统坍塌事故，造成5人死亡，7人受伤。事故发生后，施工总承包单位负责人接到报告1小时后向当地政府行政主管部门进行了报告。

【问题】依据《生产安全事故报告和调查处理条例》（国务院第493号令），此次事故属于哪个等级？纠正事件中施工总承包单位报告事故的错误做法。报告事故时应报告哪些内容？

【答案】（1）本事故属于较大事故。

（2）错误一：施工总承包单位事故现场有关人员应当立即向本单位负责人报告。

错误二：施工总承包单位负责人接到报告1小时内向事故发生地县级以上人民政府安全生产监督管理部门和负有安全生产监督管理职责的有关部门报告。

事故报告应包括下列内容：①事故发生的时间、地点以及事故现场情况；②事故发生单位概况；③事故的简要经过；④事故已经造成或者可能造成的伤亡人数（包括下落不明的人数）和初步估计的直接经济损失；⑤已经采取的措施；⑥其他应当报告的情况。

【经典例题】7.（2015年一级真题）

【背景资料】主体结构施工过程中发生塔式起重机倒塌事故，当地县级人民政府接到事故报告后，按规定组织安全生产监督管理部门和负有安全生产监督管理职责的有关部门等派出的相关人员组成了事故调查组，对事故展开调查。施工单位按照事故调查组移交的事故调查报告中对事故责任者的处理建议对事故责任人进行处理。

【问题】施工单位对事故责任人的处理做法是否妥当？并说明理由。事故调查组还应有哪些单位派员参加？

【答案】（1）有关机关应当按照人民政府的批复，依照法律、行政法规规定的权限和程序，对事故发生单位和有关人员进行行政处罚，对负有事故责任的国家工作人员进行处分。

事故发生单位应当按照负责事故调查的人民政府的批复，对本单位负有事故责任的人员进行处理。

负有事故责任的人员涉嫌犯罪的，依法追究刑事责任。

（2）事故调查组应由有关人民政府、安全生产监督管理部门、负有安全生产监督管理职责的有关部门、监察机关、公安机关以及工会派人组成，并应当邀请人民检察院派人参加。事故调查组可以聘请有关专家参与调查。

四、建筑工程危险性较大的分部分项工程安全管理的有关规定

（一）专项施工方案与专家论证的范围

《危险性较大的分部分项工程安全管理办法》（建质[2009]87号）是为加强对危险性较大的分部分项工程安全管理，明确安全专项施工方案编制内容，规范专家论证程序，确保安全专项施工方案实施，积极防范和遏制建筑施工生产安全事故的发生。施工单位应当在危险性较大的分部分项工程施工前编制专项方案；对于超过一定规模的危险性较大的分部分项工程，施工单位应当组织专家对专项方案进行论证。专项施工方案与专家论证的范围见表1A431020-2。

专项施工方案与专家论证的范围　　表1A431020-2

项目	专项施工方案条件	专家认证条件（≥5人）
基坑支护、降水、土方开挖工程	开挖深度≥3m	开挖深度≥5m
模板工程及支撑系统	大模板、滑模、爬模、飞模 搭设高度≥5m 搭设跨度≥10m 施工总荷载≥10kN/m² 集中线荷载≥15kN/m	滑模、爬模、飞模 搭设高度≥8m 搭设跨度≥18m 施工总荷载≥15kN/m² 集中线荷载≥20kN/m
起重吊装及安装拆卸工程	非常规起重设备、方法且单件起吊重量≥10kN	非常规起重设备、方法且单件起吊重量≥100kN
脚手架工程	落地式——高度≥24m 附着式 悬挑式	搭设高度≥50m 提升高度≥150m 架体高度≥20m
拆除、爆破工程	建筑物、构筑物拆除工程 采用爆破拆除的工程	采用爆破拆除的工程 易燃易爆、易引起有毒有害
其他	建筑幕墙安装工程 钢结构安装工程 网架和索模结构安装工程 人工挖孔桩工程	高度≥50m 跨度≥36m 跨度≥60m 深度>16m
	地下暗挖、顶管及水下作业、采用四新技术工程	

【经典例题】 8.（2012年一级真题）

【背景资料】 某办公楼工程，建筑面积98000m²，劲性钢筋混凝土框架结构。地下3层，地上46层，建筑高度约203m。基坑深度15m，桩基为人工挖孔桩，桩长18m。首层大堂高度为12m，跨度为24m。外墙为玻璃幕墙。吊装施工垂直运输采用内爬式塔式起重机，单个构件吊装最大重量为12t。合同履行过程中，发生了下列事件：

事件一：施工总承包单位编制了附着式

整体提升脚手架等分项工程安全专项施工方案，经专家论证，施工单位技术负责人和总监理工程师签字后实施。

【问题】依据背景资料指出需要专家论证的分部分项工程安全专项施工方案还有哪几项？

【答案】需要专家论证的还有：①土方开挖、支护结构、降水工程；②模板工程及支撑体系；③起重吊装工程；④玻璃幕墙工程；⑤人工挖孔桩工程。

（二）专项施工方案与专家论证的程序

专项施工方案及专家论证的相关规定见表1A431020-3。

专项施工方案及专家论证的相关规定　表1A431020-3

	相关规定
专项方案	（1）组织者：实行施工总承包的，由施工总承包单位组织，其中以下3项可由专业分包单位组织：①起重机械安装拆卸工程；②深基坑工程；③附着式升降脚手架工程 （2）审核人：专项方案应当由施工单位技术部门组织本单位施工技术、安全、质量等部门的专业技术人员进行审核 （3）签字人：审核合格后施工单位技术负责人（实行施工总承包由总包和分包技术负责人）、项目总监理工程师签字确认
专家论证	（1）组织者：施工单位组织（实行施工总承包的，由施工总承包单位组织） （2）参加者：建设、勘察、设计、监理、施工单位项目负责人及相关人员和专家组。专家组成员应当由大于或等于5名符合相关专业要求的专家组成。专项方案经论证后，专家组应当提交论证报告，并在论证报告上签字。本项目参建各方的人员不得以专家身份参加专家论证会 （3）论证内容：①专项方案内容是否完整、可行；②专项方案计算书和验算依据是否符合标准规范；③安全施工的基本条件是否满足现场实际情况 （4）签字人：施工单位技术负责人（实行施工总承包由总包和分包技术负责人）、项目总监理工程师、建设单位项目负责人签字确认

【经典例题】9.（2011年一级真题）

【背景资料】（略）事件二：施工总承包单位根据《危险性较大的分部分项工程安全管理办法》，会同建设单位、监理单位、勘察设计单位相关人员，聘请了外单位5位专家及本单位总工程师共计6人组成专家组，对《土方及基坑支护工程施工方案》进行论证，专家组提出了口头论证意见后离开，论证会结束。

【问题】指出事件二中的不妥之处，并分别说明理由。

【答案】不妥之处一：针对危险性较大的分部分项工程，聘请了外单位五位专家及本单位总工程师共计6人组成专家组；

理由：专家组成员应当由5名及以上符合相关专业要求的专家组成。本项目参建各方的人员不得以专家身份参加专家论证会。

不妥之处二：专家组提出了口头论证意见后离开，论证会议结束；

理由：专项方案经论证后，专家组应当提交论证报告，对论证的内容提出明确的意见，并在论证报告上签字。该报告作为专项方案修改完善的指导意见。

【经典例题】10.（2016年一级真题）

【背景资料】某住宅楼工程，场地占地面积约10000m²，建筑面积约14000m²，地下2层，地上16层，层高2.8m，檐口高47m，结构设计为筏形基础。剪力墙结构，施工总承包单位为外地企业，在本项目所在地设有分公司。

本工程由项目技术部门经理主持编制外脚手架（落地式）施工方案，经项目总工程师、总监理工程师、建设单位负责人签字批准实施。专业承包单位组织编制塔式起重机安装拆卸方案，按规定经专家论证后，报施工总承包单位总工程师、总监理工程师、建设单位负责人签字批准实施。

【问题】指出项目、外脚手架施工方案、

塔吊安装拆卸方案编制、审批的不妥之处，并写出相应的正确做法。

【答案】不妥之处一：由项目技术部门经理主持编制外脚手架（落地式）施工方案，经项目总工程师、总监理工程师、建设单位负责人签字批准实施。

正确做法：应由项目负责人主持编制，报该单位施工技术、安全、质量等部门的专业技术人员审核，经总承包单位技术负责人及相关专业承包单位技术负责人、项目总监理工程师签字批准实施。

不妥之处二：专业承包单位组织编制塔式起重机安装拆卸方案，按规定经专家论证后，报施工总承包单位总工程师、总监理工程师、建设单位负责人签字批准实施。

正确做法：专家论证后，经总承包单位技术负责人及相关专业承包单位技术负责人、项目总监理工程师、建设单位项目负责人签字批准实施。

五、建筑工程非法转包、分包的有关规定

按照《招标投标法》有关规定，建筑工程施工中严禁出现违法分包和转包的情形。中标人违法转包、分包的，应当承担相应法律责任。

1.违法分包

违法分包是指施工单位承包工程后违反法律法规规定或者施工合同关于工程分包的约定，把单位工程或分部分项工程分包给其他单位或个人施工的行为。存在下列情形之一的，属于违法分包：

（1）施工单位将工程分包给个人的；

（2）施工单位将工程分包给不具备相应资质或安全生产许可的单位的；

（3）施工合同中没有约定，又未经建设单位认可，施工单位将其承包的部分工程交由其他单位施工的；

（4）施工总承包单位将房屋建筑工程的主体结构的施工分包给其他单位的，钢结构工程除外；

（5）专业分包单位将其承包的专业工程中非劳务作业部分再分包的；

（6）劳务分包单位将其承包的劳务再分包的；

（7）劳务分包单位除计取劳务作业费用外，还计取主要建筑材料款、周转材料款和大中型施工机械设备费用的；

（8）法律法规规定的其他违法分包行为。

2.转包是指施工单位承包工程后，不履行合同约定的责任和义务，将其承包的全部工程或者将其承包的全部工程肢解后以分包的名义分别转给其他单位或个人施工的行为。存在下列情形之一的，属于转包：

（1）施工单位将其承包的全部工程转给其他单位或个人施工的；

（2）施工总承包单位或专业承包单位将其承包的全部工程肢解以后，以分包的名义分别转给其他单位或个人施工的；

（3）施工总承包单位或专业承包单位未在施工现场设立项目管理机构或未派驻项目负责人、技术负责人、质量管理负责人、安全管理负责人等主要管理人员，不履行管理义务，未对该工程的施工活动进行组织管理的；

（4）施工总承包单位或专业承包单位不履行管理义务，只向实际施工单位收取费用，主要建筑材料、构配件及工程设备的采购由其他单位或个人实施的；

（5）劳务分包单位承包的范围是施工总承包单位或专业承包单位承包的全部工程，劳务分包单位计取的是除上缴给施工总承包单位或专业承包单位"管理费"之外的全部工程价款的；

（6）施工总承包单位或专业承包单位通过采取合作、联营、个人承包等形式或名义，直接或变相的将其承包的全部工程转给其他单位或个人施工的；

（7）法律法规规定的其他转包行为。

3.分包人与发包人的关系

分包人须服从承包人转发的由发包人或工程师发出的与分包工程有关的指令。未经承包人允许，分包人不得以任何理由与发包人或工程师发生直接工作联系，分包人不得直接致函发包人或工程师，也不得直接接受发包人或工程师的指令。如分包人与发包人或工程师发生直接工作联系，将被视为违约，并承担违约责任。

【经典例题】11.（2012年一级真题）

【背景资料】某大学城工程A施工单位与建设单位签订了施工总承包合同。合同约定：除主体结构外的其他分部分项工程施工，总承包单位可以自行依法分包；建设单位负责供应油漆等部分材料。

事件一：由于工期较紧，A总承包单位未经建设单位认可，自行将其中两幢单体建筑的室内装修和幕墙工程分包给具备相应资质的B施工单位，B施工单位经A施工单位同

意后，将其承包范围内的幕墙工程分包给具备相应资质的C施工单位组织施工，油漆劳务作业分包给具备相应资质的D施工单位组织施工。

【问题】分别判断事件中A施工单位、B施工单位、C施工单位、D施工单位之间的分包行为是否合法？并逐一说明理由。

【答案】（1）A施工单位将工程分包给B施工单位行为合法。

理由：A施工单位为总承包单位，合同约定：除主体结构外的其他分部分项工程施工，总承包单位可以自行依法分包，室内装修和幕墙工程不属于主体结构。

（2）B单位将工程分包给C单位行为违法。

理由：根据有关规定，禁止分包单位将分包的工程再次分包。

（3）B单位将劳务作业分包给D单位行为合法。

理由：根据有关规定，总承包单位和专业承包单位可以将所承担部分工程以劳务作业方式分包给具备相应资质和能力的劳务分包单位。

章节练习题

一、单项选择题

1. 向当地城建档案管理部门移交工程竣工档案的责任单位是（　　　）
   A.建设单位　　　　　　　B.监理单位
   C.施工单位　　　　　　　D.分包单位

2. 房屋建筑工程在保修期内出现质量缺陷，可向施工单位发出保修通知的单位是（　　　）。
   A.建设单位　　　　　　　B.设计单位
   C.监理单位　　　　　　　D.政府主管部门

3. 正常使用条件下，节能保温工程的最低保修期限为（　　　）年。
   A.2　　　　B.3　　　　C.4　　　　D.5

二、多项选择题

1. 针对危险较大的建设工程，建设单位在（　　　）时，应当提供危险性较大的分部分项工程清单和安全管理措施。
   A. 申请施工许可证
   B. 申请安全生产许可证
   C. 办理安全监督手续
   D. 办理竣工备案手续
   E. 申请建设工程规划许可证

2. 下列分部分项工程中，其专项施工方案必须进行专家论证的有（　　　）。
   A.架体高度23m的悬挑脚手架
   B.开挖深度10m的人工挖孔桩
   C. 爬升高度80m的爬模
   D. 埋深10m的地下暗挖
   E. 开挖深度5m的无支护土方开挖工程

3. 根据《危险性较大的分部分项工程安全管理办法》建质[2009]87号，不得作为专家论证会专家组成员的有（　　　）。
   A.建设单位项目负责人
   B.总监理工程师

C.项目设计技术负责人
   D.项目专职安全生产管理人员
   E.与项目无关的某大学相关专业教授

4. 下列分部分项工程中，其专项方案必须进行专家论证的有（　　　）。
   A.爆破拆除工程　　　　B.人工挖孔桩工程
   C.地下暗挖工程　　　　D.顶管工程
   E.水下作业工程

5. 建筑工程室内装饰装修需要增加楼面荷载超过设计标准或者规范规定限值时，应当由（　　　）提出设计方案。
   A.原设计单位
   B.城市规划行政主管部门
   C.建设行政主管部门
   D.房屋的物业管理单位
   E.具有相应资质等级的设计单位

6. 关于建设档案管理的说法，不正确的有（　　　）。
   A. 施工单位应当在工程竣工验收后3个月内，向城建档案馆报送一套符合规定的建设工程档案
   B. 缓建的工程档案应当暂由施工单位保管
   C. 撤销单位的工程建设档案，应当向上级主管机关或者城建档案馆移交
   D. 凡结构和平面布置等改变的，应当重新编制建设工程档案，并在工程竣工后3个月内向城建档案馆报送
   E. 城市地下管线普查和补测补绘形成的地下管线档案应当在普查、测绘结束后1个月内接收进馆

7. 关于施工单位项目负责人安全生产责任的说法，正确的有（　　　）。
   A.制定施工单位安全生产责任制度
   B.对建设工程项目的安全施工负责
   C.落实安全生产规章制度
   D.确保安全生产费用的有效使用
   E.及时如实报告生产安全事故

8. 下列住宅室内装饰装修活动中，属于禁止行为的是（　　　）。

A. 将没有防水要求的房间或者阳台改为卫生间、厨房间

B. 扩大承重墙上原有的门窗尺寸、拆除连接阳台的砖、混凝土墙体

C. 损坏房屋原有节能设施，降低节能效果

D. 拆改燃气管道和设施，应当经燃气管理单位批准

E. 拆改供暖管道和设施，应当经供暖管理单位批准

参考答案及解析

一、单项选择题

1.【答案】A

【解析】建设单位应按国家有关法规和标准规定向城建档案管理部门移交工程档案，并办理相关手续。

2.【答案】A

【解析】建设可向施工单位发出保修通知。

3.【答案】D

【解析】在正常使用情况下，保温工程的最低保修期限为5年。

二、多项选择题

1.【答案】AC

【解析】建设单位在申请领取施工许可证或办理安全监督手续时，应当提供危险性较大的分部分项工程清单和安全管理措施。施工单位、监理单位应当建立危险性较大的分部分项工程安全管理制度。

2.【答案】ACDE

【解析】开挖深度超过16m的人工挖孔桩工程。

3.【答案】ABCD

【解析】专家组成员应当由5名及以上符合相关专业要求的专家组成，本项目参建各方人员不得以专家身份参加专家论证会。

4.【答案】ACDE

【解析】开挖深度超过16m的人工挖孔工程必须进行专家论证。

5.【答案】AE

【解析】变动建筑主体或者承重结构的，需提交原设计单位或者具有相应资质等级的设计单位提出的设计方案。

6.【答案】ABE

【解析】选项A建设单位应当在工程竣工验收后3个月内，向城建档案馆报送一套符合规定的建设工程档案；选项B停建、缓建工程的档案，暂由建设单位保管；选项E普查和补测补绘形成的地下管线档案应当在普查、测绘结束后3个月内移交档案馆。

7.【答案】BCDE

【解析】施工单位的项目负责人应当由取得相应执业资格的人员担任，对建设工程项目的安全施工负责，落实安全生产责任制度、安全生产规章制度和操作规程，确保安全生产费用的有效使用，并根据工程的特点组织制定安全施工措施，消除安全事故隐患，及时、如实报告生产安全事故。

8.【答案】ABC

【解析】选项D和选项E属于限制的行为。

1A432000 建筑工程相关技术标准

本节知识体系

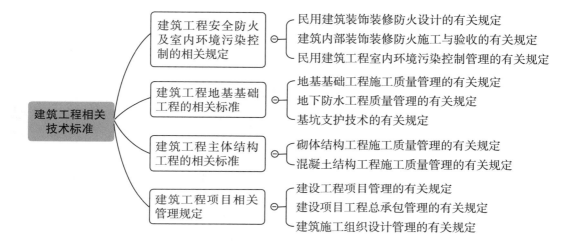

1A432010 建筑工程安全防火及室内环境污染控制的相关规定

一、民用建筑装饰装修防火设计的有关规定

（1）防火墙应直接设置在建筑的基础或框架、梁等承重结构上，框架、梁承重结构的耐火极限不应低于防火墙的耐火极限。防火墙上不应开设门、窗、洞口，确须开设时，应设置固定的或火灾时能自动关闭的甲级防火门、窗。可燃气体和甲、乙、丙类液体的管道严禁穿过防火墙。防火墙内不应设置排气道。

（2）电梯井应独立设置，井内严禁敷设可燃气体和甲、乙、丙类液体管道，并不应敷设与电梯无关的电缆、电线等。电梯井的井壁除设置电梯门、安全逃生门和通气孔洞外，不应设置其他洞口。

（3）装修材料按其燃烧性能应划分为四级，分别为A（不燃性）、B1（难燃性）、B2

（可燃性）、B3（易燃性）。

1）不燃性建筑材料：在空气中受到火烧或高温作用时不起火、不微燃、不碳化。如大理石。

2）难燃性建筑材料：在空气中受到火烧或高温作用时难起火、难微燃、难碳化，当火源移走后，燃烧或微燃立即停止。如纸面石膏板、纤维石膏板、酚醛塑料等。

3）可燃性建筑材料：在空气中受到火烧或高温作用时，立即起火或微燃，而且火源移走以后仍继续燃烧或微燃。如天然木材、聚乙烯塑料制品等。

4）易燃性建筑材料：在空气中受到火烧或高温作用时，立即起火，且火焰传播速度很快。如有机玻璃、泡沫塑料等。不同装修材料燃烧性能等级应符合相关规定见表1A432010-1和表1A432010-2。

同装修材料燃烧性能等级应符合相关规定　　表1A432010-1

燃烧性能等级	内保温系统	与基层墙体、装饰层之间无空腔的建筑外墙		有空腔的建筑外墙
		住宅建筑	其他建筑	
A	人员密集场所，火灾危险性的场所，疏散楼梯间、避难走道、避难间、避难层等场所或部位	高度>100m	高度>50m	高度>24m
B1	其他场所采用燃烧性能为B1级的保温材料时，防护层厚度不应小于10mm	27m<高度≤100m	24m<高度≤50m	高度≤24m
B2		高度≤27m	高度≤24m	

常用建筑内部装修材料燃烧性能等级划分举例　　表1A432010-2

材料类别	级别	材料举例
各部位材料	A	花岗石、大理石、水磨石、水泥制品、混凝土制品、石膏板、石灰制品、黏土制品、玻璃、瓷砖、马赛克、钢铁、铝、铜合金等
顶棚材料	B1	纸面石膏板、纤维石膏板、水泥刨花板、矿棉装饰吸声板、玻璃棉装饰吸声板、珍珠岩装饰吸声板、难燃胶合板、难燃中密度纤维板、岩棉装饰板、难燃木材、铝箔复合材料、难燃酚醛胶合板、铝箔玻璃钢复合材料等
墙面材料	B1	纸面石膏板、纤维石膏板、水泥刨花板、矿棉板、玻璃棉板、珍珠岩板、难燃胶合板、难燃中密度纤维板、防火塑料装饰板、难燃双面刨花板、多彩涂料、难燃墙纸、难燃墙布、难燃仿花岗石装饰板、氯氧镁水泥装配式墙板、难燃玻璃钢平板、PVC塑料护墙板、轻质高强复合墙板、阻燃模压木质复合板材、彩色阻燃人造板、难燃玻璃钢等
	B2	各类天然木材、木制人造板、竹材、纸制装饰板、装饰微薄木贴面板、印刷木纹人造板、塑料贴面装饰板、聚酯装饰板、复塑装饰板、塑纤板、胶合板、塑料壁纸、无纺贴墙布、墙布、复合壁纸、天然材料壁纸、人造革等
地面材料	B1	硬PVC塑料地板、水泥刨花板、水泥木丝板、氯丁橡胶地板等
	B2	半硬质PVC塑料地板、PVC卷材地板、木地板、氯纶地毯等
装饰织物	B1	经阻燃处理的各类难燃织物等
	B2	纯毛装饰布、纯麻装饰布、经阻燃处理的其他织物等
其他装饰材料	B1	聚氯乙烯塑料、酚醛塑料、聚碳酸酯塑料、聚四氟乙烯塑料、三聚氰胺、脲醛塑料、硅树脂塑料装饰型材、经阻燃处理的各类织物等，另见顶棚材料和墙面材料中的有关材料
	B2	经阻燃处理的聚乙烯、聚丙烯、聚氨酯、聚苯乙烯、玻璃钢、化纤织物、木制品等

【经典例题】1.（2015年一级真题）燃烧性能等级为B1级的装修材料，其燃烧性能为（　　）。

A.不燃　　B.难燃　　C.可燃　　D.易燃

【答案】B

【嗨·解析】装修材料按其燃烧性能应划分为四级，分别为A（不燃性）、B1（难燃性）、B2（可燃性）、B3（易燃性）。

二、建筑内部装饰装修防火施工与验收的有关规定

（一）建筑内部防火施工的基本规定

装修施工前，应对各部位装修材料的燃烧性能进行技术交底。进入施工现场的装修材料应完好，并应核查其燃烧性能或耐火极限、防火性能型式检验报告、合格证书等技术文件是否符合防火设计要求。

材料进入施工现场后，应按规定在监理单位或建设单位监督下，由施工单位有关人员现场取样，并应由具备相应资质的检验单位进行见证取样检验。

（二）工程质量验收

（1）建筑内部装修工程防火验收（简称工程验收）应检查下列文件和记录：审核文件、图纸、资质证明等文件；进场验收记录；施工记录；隐蔽工程施工防火验收记录；工程材料的见证取样检验报告；各种抽样检验报告。

（2）工程质量验收应符合下列要求：技术资料应完整；所用装修材料或产品的见证取样检验结果应满足设计要求；抽检结果应符合设计要求；主控项目全部合格；一般项目合格率80%以上。

【经典例题】2.

【背景资料】根据相关规定，进入施工现场的装修材料应完好，并应核查相关技术文件符合防火设计要求，该类文件通常包括哪些？

【答案】进入施工现场的装修材料应完好，并应核查其燃烧性能或耐火极限、防火性能型式检验报告、合格证书等技术文件是否符合防火设计要求。

【经典例题】3.建筑内部装修工程防火验收应检查哪些文件和记录？

【答案】审核文件、图纸、资质证明等文件；进场验收记录；施工记录；隐蔽工程施工防火验收记录；工程材料的见证取样检验报告；各种抽样检验报告。

三、民用建筑工程室内环境污染控制管理的有关规定

《民用建筑工程室内环境污染控制规范（2013年版）》GB 50325—2010（以下简称"规范"）第1.0.3条规定：本规范控制的室内环境污染物有氡、甲醛、氨、苯和总挥发性有机化合物（TVOC）。

（一）民用建筑的分类

民用建筑工程根据控制室内环境污染的不同要求，划分为以下两类：

（1）Ⅰ类民用建筑工程：住宅、医院、老年建筑、幼儿园、学校教室等民用建筑工程；

（2）Ⅱ类民用建筑工程：办公楼、商店、旅馆、文化娱乐场所、书店、图书馆、展览馆、体育馆、公共交通等候室、餐厅、理发店等民用建筑工程。

🔊 嗨·点评　对于Ⅰ类民用建筑工程我们理解记忆为老幼病残孕的活动环境。

【经典例题】4.根据现行国家标准《民用建筑工程室内环境污染控制规范》GB 50325，室内环境污染控制要求属于Ⅰ类的是（　　）。

A.办公楼　　　　　　B.图书馆

C.体育馆　　　　　　D.学校教室

【答案】D

【嗨·解析】Ⅰ类民用建筑工程：住宅、医院、老年建筑、幼儿园、学校教室等民用建筑工程。

（二）民用建筑工程验收时，必须进行室内环境污染物浓度检测。

民用建筑工程室内环境污染物浓度限量见表1A432010-3。

民用建筑工程室内环境污染物浓度限量　表1A432010-3

污染物	Ⅰ类民用建筑工程	Ⅱ类民用建筑工程
氡（Bq/m³）	≤200	<400
甲醛（mg/m³）	≤0.08	≤0.1
苯（mg/m³）	≤0.09	≤0.09
氨（mg/m³）	≤0.2	≤0.2
TVOC（mg/m³）	≤0.5	≤0.6

（三）民用建筑工程室内环境污染物的验收要求

民用建筑工程室内环境污染物的验收要求见表1A432010-4

民用建筑工程室内环境污染物的验收要求　表1A432010-4

验收	验收要求
验收时间	工程完工7天后，工程交付使用前
抽检比例	①房间总数抽≥5%，且≥3间，<3间时应全数检查 ②样板间合格，抽样数量可减半，且≥3间
检测点数量	①$S<50m^2$，一设1个 ②$50m^2 \leq S<100m^2$ 一设2个 ③$100m^2 \leq S<500m^2$ 一至少3个 ④$500m^2 \leq S<1000m^2$ 一至少5个 ⑤$1000m^2 \leq S<3000m^2$ 一至少6个 ⑥$S \geq 3000m^2$，每$1000m^2$一至少3个
检测点位置	距内墙>0.5m；距楼地面高度0.8~1.5m；均匀分布，避开通风道和通风口
检测方法	①集中空调：正常运转 ②自然通风：氨一门窗关闭后24h；其他一门窗关闭后1h
不合格的处理	再次检测，且抽检数量增加一倍（包含同类型房间及原不合格房间）

【经典例题】5.（2013年真题）

【背景资料】（略）事件：工程验收前，相关单位对一间240m²的公共教室选取4个监测点，进行了室内环境污染物浓度的检测，其中两个主要指标的检测数据如下：

点位	1	2	3	4
甲醛（mg/m³）	0.08	0.06	0.05	0.05
氨（mg/m³）	0.20	0.15	0.15	0.14

【问题】事件中，该房间监测点的选区数量是否合理？说明理由。该房间两个主要指标的报告监测值为多少？分别判断该两项检测指标是否合格？

【答案】选取点数合理。

理由：房屋建筑面积≥100，<500m²时，检测点数不少于3处。

甲醛：0.06 mg/m³；

氨：0.16 mg/m³；

学校教室属于Ⅰ类建筑。甲醛浓度应该≤0.08，氨浓度应该≤0.2，所以这两项检测指标合格。

【嗨·解析】甲醛=（0.08+0.06+0.05+0.05）/4；氨=（0.20+0.15+0.15+0.14）/4；

【经典例题】6.（2011年二级真题）

【背景资料】（略）事件：工程完工后进行室内环境污染物浓度检测，结果不达标，经整改后再次检测达到相关要求。

【问题】事件中，室内环境污染物浓度再次检测时，应如何取样？

【答案】室内环境污染物浓度再次检测时，抽检数量应增加1倍，并应包含同类型房间和原不合格房间。再次检测要求全部合格。

1A432020 建筑工程地基基础工程的相关标准

一、地基基础工程施工质量管理的有关规定

（一）地基

1.一般规定

（1）对灰土地基、砂和砂石地基、土工合成材料地基、粉煤灰地基、强夯地基、注浆地基、预压地基，其竣工后的结果（地基强度或承载力）必须达到设计要求的标准。检验数量，每单位工程不应少于3点，1000m²以上工程，每100m²至少应有1点，3000m²以上工程，每300m²至少应有1点。每一独立基础下至少应有1点，基槽每20延米应有1点。

（2）对水泥土搅拌桩复合地基、高压喷射注浆桩复合地基、砂桩地基、振冲桩复合地基、土和灰土挤密桩复合地基、水泥粉煤灰碎石桩复合地基及夯实水泥土桩复合地基，其承载力检验，数量为总数的0.5%~1%，但不应少于3处。有单桩强度检验要求时，数量为总数的0.5%~1%，但不应少于3根。

2.灰土地基、砂和砂石地基

（1）灰土的土料宜用黏土、粉质黏土，严禁采用冻土、膨胀土和盐渍土等活动性较强的土料。

（2）砂、砂石地基的原材料宜用中砂、粗砂、砾砂、碎石（卵石）、石屑。如用细砂，应同时掺入25%~35%的碎石或卵石。

（3）施工过程中应检查分层铺设的厚度、分段施工时上下两层的搭接长度、夯实时加水量、夯压遍数、压实系数。

（4）施工结束后，应检验灰土地基、砂和砂石地基的承载力。

3.土工合成材料地基

施工过程中应检查清基、回填料铺设厚度及平整度、土工合成材料的铺设方向、接缝搭接长度或缝接状况、土工合成材料与结构的连接状况等。

4.粉煤灰地基

施工过程中应检查铺筑厚度、碾压遍数、施工含水量控制、搭接区碾压程度、压实系数等。

5.强夯地基

（1）施工前应检查夯锤重量、尺寸，落距控制手段，排水设施及被夯地基的土质。

（2）施工中应检查落距、夯击遍数、夯点位置、夯击范围。

（3）施工结束后，检查被夯地基的强度并进行承载力检验。

（二）桩基础

1.一般规定

（1）桩位的放样允许偏差如下：

①群桩20mm；

②单排桩10mm。

（2）桩基工程的桩位验收，除设计有规定外，应按下述要求进行：

①当桩顶设计标高与施工场地标高相同时，或桩基施工结束后，有可能对桩位进行检查时，桩基工程的验收应在施工结束后进行。

②当桩顶设计标高低于施工场地标高，送桩后无法对桩位进行检查时，对打入桩可在每根桩桩顶沉至场地标高时，进行中间验收，待全部桩施工结束，承台或底板开挖到设计标高后，再做最终验收。对灌注桩可对护筒位置做中间验收。

（3）灌注桩的桩位偏差必须符合规定，水下灌注时桩顶混凝土面标高至少要比设计标高超灌0.8~1.0m，桩底清孔质量按不同成桩工艺有不同的要求。每灌注50m³必须有1组试件，小于50m³的桩，每根桩必须有1组试件。

（4）工程桩应进行承载力检验。对于地基基础设计等级为甲级或地质条件复杂，成桩质量可靠性低的灌注桩，应采用静载荷试验的方法进行检验，检验桩数不应少于总数的1%，且不应少于3根；当总桩数少于50根时，不应少于2根。

（5）桩身质量应进行检验。对设计等级为甲级或地质条件复杂，成桩质量可靠性低的灌注桩，抽检数量不应少于总数的30%，且不应少于20根；其他桩基工程的抽检数量不应少于总数的20%，且不应少于10根；对混凝土预制桩及地下水位以上且终孔后经过核验的灌注桩，检验数量不应少于总桩数的10%，且不得少于10根。每个柱子承台下不得少于1根。

2.静力压桩

（1）压桩过程中应检查压力、桩垂直度、接桩间歇时间、桩的连接质量及压入深度。重要工程应对电焊接桩的接头做10%的探伤检查。对承受反力的结构应加强观测。

（2）施工结束后，应做桩的承载力及桩体质量检验。

3.先张法预应力管桩

（1）施工过程中应检查桩的贯入情况、桩顶完整状况、电焊接桩质量、桩体垂直度、电焊后的停歇时间。重要工程应对电焊接头做10%的X光拍片焊缝探伤检查。

（2）施工结束后，应做承载力检验及桩体质量检验。

4.混凝土预制桩

（1）施工中应对桩体垂直度、沉桩情况、桩顶完整状况、接桩质量等进行检查，对电焊接桩，重要工程应做10%的X光拍片焊缝探伤检查。

（2）施工结束后，应对承载力及桩体质量做检验。

（3）对长桩或总锤击数超过500击的锤击桩，应符合桩体强度及28d龄期的两项条件才能锤击。

5.混凝土灌注桩

（1）施工中应对成孔、清渣、放置钢筋笼、灌注混凝土等进行全过程检查，人工挖孔桩尚应复验孔底持力层土（岩）性。嵌岩桩必须有桩端持力层的岩性报告。

（2）沉渣厚度的检测结果应是二次清孔后的结果。

（3）施工结束后，应检查混凝土强度，并应做桩体质量及承载力的检验。

（三）土方工程

土方开挖

（1）土方开挖前应检查定位放线、排水和降低地下水位系统，合理安排土方运输车的行走路线及弃土场。

（2）施工过程中应检查平面位置、水平标高、边坡坡度、排水、降低地下水位系统，并随时观测周围的环境变化。

（四）土方回填

（1）土方回填前应清除基底的垃圾、树根等杂物，抽除坑穴积水、淤泥，验收基底标高。如在耕植土或松土上填方，应在基底压实后再进行。

（2）填方施工过程中应检查排水措施，每层填筑厚度、含水量控制、压实程度。填筑厚度及压实遍数应根据土质，压实系数及所用机具确定。如无试验依据，应符合表1A432020-1的规定。

填土施工时的分层厚度及压实遍数　表1A432020-1

压实机具	分层厚度（mm）	每层压实遍数	压实机具	分层厚度（mm）	每层压实遍数
平碾	250~300	6~8	柴油打夯机	200~250	3~4
振动压实机	250~350	3~4	人工打夯	<200	3~4

（五）基坑工程

1.一般规定

（1）土方开挖的顺序、方法必须与设计工况相一致，并遵循"开槽支撑，先撑后挖，分层开挖，严禁超挖"的原则。

（2）基坑（槽）、管沟土方施工中应对支护结构、周围环境进行观察和监测，如出现异常情况应及时处理，待恢复正常后方可继续施工。

（3）基坑（槽）、管沟土方工程验收必须确保支护结构安全和周围环境安全为前提。当设计有指标时，以设计要求为依据，如无设计指标时应按表1A432020-2的规定执行。

基坑变形的监控值（cm）　表1A432020-2

基坑类别	围护结构墙顶位移监控值	围护结构墙体最大位移监控值	地面最大沉降监控值
一级基坑	3	5	3
二级基坑	6	8	6
三级基坑	8	10	10

注：1）符合下列情况之一，为一级基坑：

①重要工程或支护结构做主体结构的一部分；

②开挖深度大于10m；

③与邻近建筑物，重要设施的距离在开挖深度以内的基坑；

④基坑范围内有历史文物、近代优秀建筑、重要管线等须严加保护的基坑。

2）三级基坑为开挖深度小于7m，且周围环境无特别要求时的基坑。

3）除一级和三级外的基坑属二级基坑。

4）当周围已有的设施有特殊要求时，尚应符合这些要求。

（六）降水与排水

（1）降水与排水是配合基坑开挖的安全措施，施工前应有降水与排水设计。当在基坑外降水时，应有降水范围的估算，对重要建筑物或公共设施在降水过程中应监测。

（2）基坑内明排水应设置排水沟及集水井，排水沟纵坡宜控制在1‰~2‰。

二、地下防水工程质量管理的有关规定

1.基本规定

（1）地下工程防水等级分为4级，各级标准应符合表1A432020-3的规定。

地下工程防水等级标准　表1A432020-3

防水等级	标准
1级	不允许渗水，结构表面无湿渍（不漏、不湿）
2级	不允许漏水，结构表面可有少量湿渍；（不漏、少湿） 房屋建筑地下工程：总湿渍面积≤总防水面积（包括顶板、墙面、地面）的1‰，任意100 m²防水面积不超过2处，单个湿渍面积≤0.1m； 其他地下工程：总湿渍面积≤总防水面积的2‰，任意100m²防水面积不超过3处，单个湿渍面积≤0.2m²；其中隧道工程平均渗水量≤0.05L/（m²·d），任意100 m²防水面积的渗水量≤0.15L/（m²·d）
3级	有少量漏水点，不得有线流和漏泥沙；（少漏、不流） 任意100m²防水面积上的漏水或湿渍点数不超过7处，单个漏水点的漏水量≤2.5L/d，单个湿渍面积≤0.3m²
4级	有漏水点，不得有线流和漏泥沙（有漏、不流） 整个工程平均漏水量≤2L/（m²·d），任意100m²防水面积的平均漏水量≤4L/（m²·d）

（2）地下防水工程施工期间，必须保持地下水位稳定在工程底部最低高程500mm以下，必要时应采取降水措施。对采用明沟排水的基坑，应保持基坑干燥。

2.主体结构防水工程

（1）防水混凝土

①防水混凝土适用于抗渗等级不小于P6的地下混凝土结构，不适用于环境温度高于80℃的地下工程。

②防水混凝土水泥和砂、石的选择应符合下列规定：

a.水泥宜选用普通硅酸盐水泥或硅酸盐水泥，采用其他品种水泥应经试验确定；

b.在受侵蚀性介质作用时，应按介质的性质选用相应的水泥品种；

c.不得使用过期或受潮结块的水泥，不得将不同品种或强度等级的水泥混合使用；

d.砂宜用中粗砂，含泥量不得大于3.0%，泥块含量不得大于1.0%；

e.不宜使用海砂；在没有使用河砂的条件时，应对海砂进行处理后才能使用，且控制氯离子含量不得大于0.06%；

f.碎石或卵石粒径宜为5~40mm，含泥量不得大于1.0%，泥块含量不得大于0.50%；

j.对长期处于潮湿环境的重要结构混凝土用砂、石，应进行碱活性检验。

（2）防水混凝土的配合比应经试验确定，并应符合下列规定：

①试配要求的抗渗水压值应比设计值提高0.2MPa；

②混凝土胶凝材料总量不宜小于320kg/m³，其中水泥用量不得少于260kg/m³，粉煤灰掺量宜为胶凝材料总量的20%~30%，硅粉的掺量宜为胶凝材料总量的2%~5%；

③防水混凝土宜采用预拌混凝土，泵送时入泵坍落度宜控制在120~160mm；

④水胶比不得大于0.50，有侵蚀性介质时水胶比不宜大于0.45；

⑤砂率宜为35%~40%，泵送时可增至45%；

⑥灰砂比宜为1∶1.5~1∶2.5；

⑦混凝土拌合物的氯离子含量不应超过胶凝材料总量的0.1%，混凝土中各类材料的总碱量即Na₂O当量不得大于3kg/m³。

（3）防水混凝土的抗压强度和抗渗性能必须符合设计要求，防水混凝土结构的变形缝、施工缝、后浇带、穿墙管道、埋设件等设置和构造必须符合设计要求。

3.水泥砂浆防水层

（1）水泥砂浆防水层适用于地下工程主体结构的迎水面或背水面，不适用于受持续振动或环境温度高于80℃的地下工程。水泥砂浆防水层应采用聚合物防水砂浆，掺外加剂或掺合料的防水砂浆。

（2）水泥砂浆防水层所用材料应符合下列规定：

①水泥应使用普通硅酸盐水泥、硅酸盐水泥或特种水泥，不准使用过期和受潮结块的水泥；

②砂宜采用中砂，含泥量不应大于1%，硫化物和硫酸盐含量不应大于1%；

③用于拌制水泥砂浆的水，应采用不含有害物质的洁净水；

④聚合物乳液的外观为均匀液体，无杂质、无沉淀、不分层；

⑤外加剂的技术性能应符合现行国家或行业有关标准的质量要求。

（3）水泥砂浆防水层的基层质量应符合下列要求：

①基层表面应平整、坚实、清洁，并应充分湿润，无明水；

②基层表面的孔洞、缝隙，应采用与防水层相同的水泥砂浆堵塞并抹平；

③施工前应将埋设件、穿墙管预留凹槽

内嵌填密封材料后，再进行水泥砂浆防水层施工。

（3）水泥砂浆防水层施工应符合下列要求：

①水泥砂浆的配置，应按所掺材料的技术要求准确计量；

②分层铺抹或喷涂，铺抹时应压实、抹平，最后一层表面应提浆压光；

③防水层各层应紧密粘合，每层宜连续施工；必须留施工缝时，应采用阶梯坡形槎，但与阴阳角处的距离不得小于200mm；

④水泥砂浆终凝后应及时进行养护，养护温度不宜低于5℃，并保持砂浆表面湿润，养护时间不得少于14d；聚合物水泥砂浆未达到硬化状态时，不得浇水养护或直接受雨水冲刷，硬化后应采用干湿交替的养护方法。潮湿环境中，可在自然条件下养护。

⑤水泥砂浆防水层检验批抽样数量，应按每100m²抽查1处，每处10m²。

4.卷材防水层

（1）卷材防水层适用于受侵蚀性介质作用或受振动作用的地下工程，卷材防水层应铺设在主体结构的迎水面。

（2）卷材防水层应采用高聚物改性沥青类防水卷材和合成高分子类防水卷材，所选用的基层处理剂、胶粘剂、密封材料等应与卷材相匹配。

（3）防水卷材的搭接宽度，例如弹体性改性沥青防水卷材搭接宽度为100mm。采用双层卷材时，上下两层和相邻两幅卷材的接缝应错开1/3~1/2幅宽，且两层卷材不得相互垂直铺贴。

（4）冷粘法铺贴卷材时，接缝口应用密封材料封严，其宽度不应小于10mm。

（5）热熔法铺贴卷材时，火焰加热器加热卷材应均匀，不得加热不足或烧穿卷材；卷材表面热熔后应立即滚铺，排除卷材下面的空气，粘贴牢固；卷材接缝部位应溢出热熔的改性沥青胶料，并粘贴牢固，封闭严密。

（6）自粘法铺贴卷材时，应将有黏性的一面朝向主体结构；立面卷材铺贴完成后，应将卷材端头固定，并应用密封材料封严。

（7）卷材防水层完工并经验收合格后应及时做保护层。保护层应符合下列规定：

①顶板的细石混凝土保护层与防水层之间宜设置隔离层，机械回填时不宜小于70mm，人工回填时不宜小于50mm；

②底板的细石混凝土保护层厚度应大于50mm；

③侧墙宜采用软质保护材料或铺抹20mm厚1：2.5水泥砂浆。

三、基坑支护技术的有关规定

1.基本规定

支护结构可根据基坑周边环境、开挖深度、工程地质与水文地质、施工作业设备和施工季节等条件按表1A432020-4选用排桩、地下连续墙、水泥土墙、逆作拱墙、土钉墙、原状土放坡或采用上述形式的组合。

支护结构选型 表1A432020-4

结构形式	适用条件
排桩或地下连续墙	（1）适用于基坑侧壁安全等级一、二、三级； （2）悬臂式结构在软土场地中不宜大于5m； （3）当地下水位高于基坑底面时，宜采用降水、排桩加截水帷幕或地下连续墙
水泥土墙	（1）适用于基坑侧壁安全等级宜为二、三级； （2）水泥土桩施工范围内地基土承载力不宜大于150kPa； （3）用于淤泥质土基坑时，基坑深度不宜大于6m

续表

结构形式	适用条件
土钉墙	（1）基坑侧壁安全等级宜为二、三级的非软土场地； （2）基坑深度不宜大于12m； （3）当地下水位高于基坑底面时，应采取降水或截水措施
逆作拱墙	（1）基坑侧壁安全等级宜为二、三级； （2）淤泥和淤泥质土场地不宜采用； （3）拱墙轴线的矢跨比不宜小于1/8； （4）基坑深度不宜大于12m； （5）地下水位高于基坑底面时，应采取降水或截水措施
原状土放坡	（1）基坑侧壁安全等级宜为三级； （2）施工场地应满足放坡条件； （3）可独立或与上述其他结构结合使用； （4）当地下水位高于坡脚时，应采取降水措施

2.排桩、地下连续墙

（1）悬臂式排桩结构桩径不宜小于600mm，桩间距应根据排桩受力及桩间土的稳定条件确定。

（2）排桩顶部应设钢筋混凝土冠梁连接，冠梁宽度水平方向不宜小于桩径，冠梁高度竖直方向不宜小于梁宽0.6倍。排桩与桩顶冠梁的混凝土强度等级宜大于C25；当冠梁作为连系梁时可按构造配筋。

（3）基坑开挖后，排桩的桩间土防护可采用钢丝网混凝土护面、砖砌等处理方法；当桩间渗水时，应在护面设泄水孔。当基坑面在实际地下水位以上且土质较好，暴露时间较短时，可不对桩间土进行防护处理。

（4）悬臂式现浇钢筋混凝土地下连续墙厚度不宜小于600mm，地下连续墙顶部应设置钢筋混凝土冠梁，冠梁宽度不宜小于地下连续墙厚度，高度不宜小于墙厚0.6倍。

（5）地下连续墙混凝土强度等级宜取C30～C40，地下连续墙作为地下室外墙时还应满足相关标准的抗渗要求。

（6）锚杆长度设计应符合下列规定：

①锚杆自由段长度不应小于5m，并应超过潜在滑裂面并进入稳定土层不小于1.5m；

②土层锚杆锚固段长度不宜小于6m；

③锚杆杆体下料长度应为锚杆自由段、锚固段及外露长度之和，外露长度须满足台座、腰梁尺寸及张拉作业要求。

（7）锚杆布置应符合以下规定：

①锚杆上下排垂直间距不宜小于2.0m，水平间距不宜小于1.5m；

②锚杆锚固体上覆土层厚度不宜小于4.0m；

③锚杆倾角宜为15°～25°，且不应大于45°，不应小于10°。

（8）钢筋混凝土支撑应符合下列要求：

①钢筋混凝土支撑构件的混凝土强度等级不应低于C25；

②钢筋混凝土支撑体系在同一平面内应整体浇筑，基坑平面转角处的腰梁连接点应按刚节点设计。

（9）钢结构支撑应符合下列要求：

①钢结构支撑构件的连接宜采用螺栓连接，必要时可采用焊接连接；

②当水平支撑与腰梁斜交时，腰梁上应设置牛腿或采用其他能够承受剪力的连接措施；

③钢腰梁与排桩、地下连续墙之间宜采用不低于C20细石混凝土填充。

（10）支撑拆除前应在主体结构与支护结构之间设置可靠的换撑传力构件或回填夯实。

3.水泥土墙

（1）水泥土墙采用格栅布置时，水泥土的置换率对于淤泥不宜小于0.8，淤泥质土不宜小于0.7，一般黏性土及砂土不宜小于0.6；格栅长宽比不宜大于2。

（2）水泥土桩与桩之间的搭接宽度应根据挡土及截水要求确定，一般情况下，桩的有效搭接宽度不宜小于150mm；兼作截水帷幕时，单（双）排桩按深度要求如下：不大于10m时，单（双）搭接不应小于150（100）mm；10~15m时，单（双）搭接不应小于200（150）mm；大于15m时，单（双）搭接不应小于250（200）mm。

（3）当变形不能满足要求时，宜采用基坑内侧土体加固或水泥土墙插筋加混凝土面板及加大嵌固深度等措施。

4.土钉墙

（1）土钉墙设计及构造应符合下列规定：

①土钉墙墙面坡度不宜大于1：0.2；

②土钉必须和面层有效连接，根据实际情况应设置承压板或加强钢筋等构造措施，承压板或加强钢筋应与土钉螺栓连接或钢筋焊接连接；

③土钉的长度宜为开挖深度的0.5~1.2倍，间距宜为1~2m，与水平面夹角宜为5°~20°；

④土钉钢筋宜采用HRB400、HRB500级钢筋，钢筋直径宜为16~32mm，钻孔直径宜为70~120mm；

⑤注浆材料宜采用水泥浆或水泥砂浆，其强度等级不宜低于20MPa；

⑥喷射混凝土面层应配置钢筋网和通长的加强钢筋，钢筋直径宜为6~10mm，间距宜为150~250mm；喷射混凝土强度等级不宜低于C20，面层厚度不宜小于80mm；

⑦坡面上下段钢筋网搭接长度应大于300mm。

（2）当地下水位高于基坑底面时，应采取降水或截水措施；土钉墙墙顶应采用砂浆或混凝土护面，坡顶和坡脚应设排水措施，坡面上可根据具体情况设置泄水孔。

1A432030 建筑工程主体结构工程的相关标准

一、砌体结构工程施工质量管理的有关规定

（一）基本规定

1.砌筑顺序应符合下列规定：

（1）基底标高不同时，应从低处砌起，并应由高处向低处搭砌。当设计无要求时，搭接长度不应小于基础底的高差值，搭接长度范围内下层基础应扩大砌筑。

（2）砌体的转角处和交接处应同时砌筑。当不能同时砌筑时，应按规定留槎、接槎。

2.临时洞口的相关规定：

（1）在墙上留置临时施工洞口，其侧边离交接处墙面不应小于500mm，洞口净宽度不应超过1m。

（2）抗震设防烈度为9度的地区建筑物的临时施工洞口位置，应会同设计单位确定。

（3）临时施工洞口应做好补砌。

3.不得在下列墙体或部位设置脚手眼：

（1）120mm厚墙、清水墙、料石墙、独立柱和附墙柱；

（2）过梁上与过梁成60°角的三角形范围及过梁净跨度1/2的高度范围内；

（3）宽度小于1m的窗间墙；

（4）砌体门窗洞口两侧200mm和转角处450mm范围内；

（5）梁或梁垫下及其左右500mm范围内；

（6）设计不允许设置脚手眼的部位。

施工脚手眼补砌时，应清理干净脚手眼，灰缝应填满砂浆，不得用干砖填塞。

4.未经设计同意，不得打凿墙体和在墙体上开凿水平沟槽。宽度超过300mm的洞口上部，应设置钢筋混凝土过梁，不应在截面长边小于500mm的承重墙体、独立柱内埋设管线。

5.砌体施工质量控制等级分为A、B、C三级，配筋砌体不得为C级施工。

（二）砌筑砂浆

（1）水泥进场使用前，应分批对其强度、安定性进行复验。检验批应以同一生产厂家同一编号为一批。当在使用中对水泥质量有怀疑或水泥出厂超过三个月(快硬硅酸盐水泥超过一个月）时，应复查试验，并按其结果使用。不同品种的水泥，不得混合使用。

（2）施工中不应采用强度等级小于M5水泥砂浆替代同强度等级水泥混合砂浆，如需替代，应将水泥砂浆提高一个强度等级。

（3）凡在砂浆中掺入砌筑砂浆增塑剂、早强剂、缓凝剂、防冻剂、防水剂等砂浆外加剂，其品种和用量应经过有资质的检测单位检测和试配确定。

（三）砖砌体工程

（1）有冻胀环境和条件的地区，地面以下或防潮层以下的砌体，不应采用多孔砖。

（2）砌筑砖砌体时，砖应提前1~2d适度湿润含水率控制在60%~70%。严禁使用干砖或吸水饱和状态的砖砌筑。

（3）当砌体工程采用铺浆法砌筑时，铺浆长度不得超过750mm；施工期间气温超过30℃时，铺浆长度不得超过500mm。

（4）240mm厚承重墙的每层墙的最上一皮砖、砖砌体的阶台水平面上及挑出层，应整砖砌筑。

（5）砖过梁底部的模板及其支架，应在灰缝砂浆强度不低于设计强度的75%时，方可拆除。

（6）多孔砖的孔洞应垂直于受压面砌筑。半盲孔多孔砖的封底面应朝上砌筑。

（7）竖向灰缝不得出现透明缝、瞎缝和假缝。

（四）主控项目

1.砖和砂浆的强度等级必须符合设计要求。

2.砌体灰缝砂浆应密实饱满，砖墙水平灰缝的砂浆饱满度不得低于80%，砖柱水平灰缝和竖向灰缝的饱满度不得低于90%。

3.砌体结构留槎问题：

（1）斜槎：普通砖砌体水平投影长度不应小于高度的2/3，多孔1/3；

（2）凸槎：竖向间隔每500mm，埋入一组钢筋，埋入长度从留槎处算起（6、7度抗震设防）不应小于1000mm，末端应有90°弯钩。

4.混凝土小型空心砌块砌体工程(对孔、错缝、反砌)

①施工时所用的小砌块的产品龄期不应小于28d。

②底层室内地面以下或防潮层以下的砌体，应采用强度等级不低于C20（或Cb20）的混凝土灌实小砌块的孔洞。

③一般项目：墙体的水平灰缝厚度和竖向灰缝宽度宜为10mm，但不应大于12mm，也不应小于8mm。

5.填充墙砌体工程

①砌筑填充墙时，轻骨料混凝土小型空心砌块和蒸压加气混凝土砌块的产品龄期不应小于28d，蒸压加气混凝土砌块的含水率宜小于30%。

②在厨房、卫生间、浴室等处采用轻骨料混凝土小型空心砌块、蒸压加气混凝土砌块砌筑墙体时，墙底部宜现浇混凝土坎台，其高度宜为150mm。

二、混凝土结构工程施工质量管理的有关规定

（一）基本规定

1.混凝土结构子分部工程可划分为模板、钢筋、预应力、混凝土、现浇结构和装配式结构等分项工程。各分项工程可根据与生产和施工方式一致且便于控制施工质量的原则，按进场批次、工作班、楼层、结构缝或施工段划分为若干检验批。

2.获得认证的产品或来源稳定且连续三批均一次检验合格的产品，进场验收时检验批的容量可按本规范的有关规定扩大一倍，且检验批容量仅可扩大一倍。扩大检验批后的检验中，出现不合格情况时，应按扩大前的检验批容量重新验收，且该产品不得再次扩大检验批容量。

🔊 **嗨·点评**　为了节约质量成本鼓励优质产品进场，对于质量稳定的产品可以扩大一倍检验批容量，但抽样比例及抽样最小数量仍按未扩大前的规定执行。扩大后如出现检验不合格情况，则应恢复到扩大前的检验批容量。

3.混凝土结构工程采用的材料、构配件、器具及半成品应进场批次进行检验。属于同一工程项目且同期施工的多个单位工程，对同一厂家生产的同批材料、构配件、器具及半成品，可统一划分检验批进行验收。

（二）模板分项工程

1.一般规定

①模板工程应编制施工方案。爬升式模板工程、工具式模板工程及高大模板支架工程的施工方案，应按有关规定进行技术论证。

②模板及支架应根据安装、使用和拆除工况进行设计，并应满足承载力、刚度和整体稳固性要求。

2.模板安装

①主控项目

a.模板及支架用材料的技术指标应符合国家现行有关标准的规定。进场时应抽样检验模板和支架材料的外观、规格和尺寸。

b.现浇混凝土结构模板及支架的安装质量，应符合国家现行有关标准的规定和施工方案的要求。

c.后浇带处的模板及支架应独立设置。

d.支架竖杆或竖向模板安装在土层上时，应符合下列规定:土层应坚实、平整，其承载力或密实度应符合施工方案的要求；应有防水、排水措施;对冻胀性土，应有预防冻融措施；支架竖杆下应有底座或垫板。

②一般项目

a.模板的接缝不应漏浆，模板与混凝土接触面应清理干净并涂刷隔离剂；对清水及有装饰效果的混凝土应选能达到效果的模板。

b.对跨度不小于4m的现浇混凝土梁、板，其模板应按设计要求起拱；当设计无具体要求时，起拱高度宜为跨度的1/1000 ~ 3/1000。起拱不得减少构件的截面高度。

（三）钢筋分项工程

1.一般规定

浇筑混凝土之前，应进行钢筋隐蔽工程验收。隐蔽工程验收应包括下列主要内容：

a纵向受力钢筋的牌号、规格、数量、位置；

b.钢筋的连接方式、、接头位置、接头质量、接头面积百分率、搭接长度、锚固方式及锚固长度；

c.箍筋、横向钢筋的牌号、规格、数量、间距、位置，箍筋弯钩的弯折角度及平直段长度,预埋件的规格、数量和位置；

d.钢筋、成型钢筋进场检验，当满足下列条件之一时，其检验批容量可扩大一倍。

1）获得认证的钢筋、成型钢筋；

2）同一厂家、同一牌号、同一规格的钢

筋，连续三批均一次检验合格;

3）同一厂家、同一类型、同一钢筋来源的成型钢筋，连续三批均一次检验合格。

2.原材料

①主控项目

a.钢筋进场时，应按国家现行相关标准的规定抽取试件作屈服强度、抗拉强度、伸长率、弯曲性能和重量偏差检验（成型钢筋进场可不检验弯曲性能），检验结果应符合相应标准的规定；

b.成型钢筋进场时，应抽取试件作屈服强度、抗拉强度、伸长率和重量偏差检验，检验结果应符合国家现行有关标准的规定。对由热轧钢筋制成的成型钢筋，当有施工单位或监理单位的代表驻厂监督生产过程，并提供原材钢筋力学性能第三方检验报告时，可仅进行重量偏差检验。

检查数量:同一厂家、同一类型、同一钢筋来源的成型钢筋，不超过30t为一批，每批中每种钢筋牌号、规格均应至少抽取1个钢筋试件，总数不应少于3个。

检验方法:检查质量证明文件和抽样检验报告。

②一般项目

a.钢筋应平直、无损伤，表面不得有裂纹、油污、颗粒状或片状老锈。

b.成型钢筋的外观质量和尺寸偏差应符合国家现行有关标准的规定。

检查数量：同一厂家、同一类型的成型钢筋，不超过30t为一批，每批随机抽取3个成型钢筋。

c.钢筋机械连接套筒、钢筋锚固板以及预埋件等的外观质量应符合国家现行有关标准的规定。

3.钢筋加工

主控项目

a.钢筋弯折的弯弧内直径应符合下列规

定：光圆钢筋，不应小于钢筋直径的2.5倍；

　　b.335MPa级、400MPa级带肋钢筋，不应小于钢筋直径的4倍；

　　c.500MPa级带肋钢筋，当直径为28mm以下时不应小于钢筋直径的6倍，当直径为28mm及以上时不应小于钢筋直径的7倍；

　　d.箍筋弯折处尚不应小于纵向受力钢筋的直径。

　　检查数量：同一设备加工的同一类型钢筋，每工作班抽查不应少于3件。

　　e.纵向受力钢筋的弯折后平直段长度应符合设计要求。光圆钢筋末端做180°弯钩时，弯钩的平直段长度不应小于钢筋直径的3倍。

　　检查数量：同一设备加工的同一类型钢筋，每工作班抽查不应少于3件。

　　f.盘卷钢筋调直后应进行力学性能和重量偏差检验，其强度应符合国家现行有关标准的规定，其断后伸长率、重量偏差应符合表1A432030-1的规定。力学性能和重量偏差检验应符合下列规定：

　　1）应对3个试件先进行重量偏差检验，再取其中2个试件；进行力学性能检验。

　　2）重量偏差应按下式计算

$$\Delta = \frac{w_d - w_0}{w_0} \times 100$$

　　式中：Δ=重量偏差（%）；

　　w_d=3个调直钢筋试件的实际重量之和（kg）。

　　w_0=钢筋理论重量（kg），取每米理论重量（kg/m）与3个调直钢筋试件长度之和（m）的乘积。

　　3）检验重量偏差时，试件切口应平滑并与长度方向垂直，其长度不应小于500mm；长度和重量的量测精度分别不应低于1mm和1g。

　　采用无延伸功能的机械设备调直的钢筋，可不进行本条规定的检验。

　　检查数量：同一设备加工的同一牌号、同

一规格的调直钢筋，重量不大于30t为一批，每批见证抽取3个试件。

盘卷钢筋调直后的断后伸长率、重量偏差要求
表1A432030-1

钢筋牌号	断后伸长率A（%）	重量偏差	
		直径6mm~12mm	直径14mm~16mm
HPB300	≥21	≥-10	—
HRB335、HRBF335	≥16		
HRB400、HRBF400	≥15	≥-8	≥-6
RRB400	≥13		
HRB500、HRBF500	≥14		

（四）混凝土分项工程

1.一般规定

①混凝土强度应按现行国家标准《混凝土强度检验评定标准》GB/T 50107的规定分批检验评定。划入同一检验批的混凝土，其施工持续时间不宜超过3个月。

　　检验评定混凝土强度时，应采用28d或设计规定龄期的标准养护试件。

　　试件成型方法及标准养护条件应符合现行国家标准《普通混凝土力学性能试验方法标准》GB/T 50081的规定。采用蒸汽养护的构件，其试件应先随构件同条件养护，然后再置入标准养护条件下继续养护至28d或设计规定龄期。

②当混凝土试件强度评定不合格时，应委托具有资质的检测机构按国家现行有关标准的规定对结构构件中的混凝土强度进行检测推定，并应按本规范第10.2.2条的规定进行处理。

③水泥、外加剂进场检验，当满足下列条件之一时，其检验批容量可扩大一倍：

　　a.获得认证的产品。

　　b.同一厂家、同一品种、同一规格的产

品，连续三次进场检验均一次检验合格。

2.原材料

主控项目

a.水泥进场时，应对其品种、代号、强度等级、包装或散装编号、出厂日期等进行检查，并应对水泥的强度、安定性和凝结时间进行检验，检验结果应符合现行国家标准《通用硅酸盐水泥》GB 175等的相关规定。

检查数量:按同一厂家、同一品种、同一代号、同一强度等级、同一批号且连续进场的水泥，袋装不超过200t为一批，散装不超过500t为一批，每批抽样数量不应少于一次。

检验方法:检查质量证明文件和抽样检验报告。

b.混凝土外加剂进场时，应对其品种、性能、出厂日期等进行检查，并应对外加剂的相关性能指标进行检验，检验结果应符合现行国家标准《混凝土外加剂》GB 8076和《混凝土外加剂应用技术规范》GB 50119等的规定。

检查数量:按同一厂家、同一品种、同一性能、同一批号且的混凝土外加剂，不超过50t为一批，每批抽样数量不应少于一次。

（五）混凝土施工

1.主控项目

混凝土的强度等级必须符合设计要求。用于检验混凝土强度的试件应在浇筑地点随机抽取。

检查数量：对同一配合比混凝土，取样与试件留置应符合下列规定：

1）每拌制100盘且不超过100m³的同配比混凝土，取样不得少于一次。

2）每工作班拌制的同一配合比的混凝土不足100盘时，取样不得少于一次。

3）当一次连续浇筑超过1000m³时，同一配合比的混凝土每200m³取样不得少于一次。

4）每层楼、同一配合比的混凝土，取样不得少于一次。

5）每一次取样应至少留置一组标准养护试件，同条件养护试件的留置组数应根据实际需要确定。

🔊 **嗨·点评**　每盘是搅拌站搅拌机的容量，容量有每盘1m³、2m³、3m³等，当连续浇筑超过1000m³时应按每200m³取样不得少于一次，这里并不是指超过1000m³的才对每200m³取样，而是全部都按每200m³取样一次。

2.同条件养护试件的取样和留置应符合下列规定:

①同条件养护试件所对应的结构构件或结构部位，应由施工、监理等各方共同选定，且同条件养护试件的取样宜均匀分布工程施工周期内；

②同条件养护试件应在混凝土浇筑入模处见证取样；

③同条件养护试件应留置在靠近相应结构构件的适当位置，应采取相同的养护方法；

④同一强度等级的同条件养护试件不宜少于10组，且不应少于3组。每连续两层楼取样不应少于1组；每2000m³取样不得少于一组。

1A432040 建筑工程屋面及装饰装修工程的相关标准

（略）

1A432050 建筑工程项目相关管理规定

一、建设工程项目管理的有关规定

（一）项目管理规划

项目管理规划应包括项目管理规划大纲和项目管理实施规划两类文件。项目管理规划大纲应由组织的管理层编制；项目管理实施规划应由项目经理组织编制。项目管理规划大纲和项目管理实施规划的遵循程序、编制依据及内容见表1A432050-1。

项目管理规划　　表1A432050-1

	遵循程序	编制依据	内容
项目管理规划大纲	明确项目目标；分析项目环境和条件；收集项目的有关资料和信息；确定项目管理组织模式、结构和职责；明确项目管理内容；编制项目目标计划和资源计划；汇总整理，报送审批	可行性研究报告；设计文件、标准、规范与有关规定；招标文件及有关合同文件；相关市场信息与环境信息	组织应根据需要选定：项目概况；项目范围管理规划；项目管理目标规划；项目管理组织规划；项目成本管理规划；项目进度管理规划；项目质量管理规划；项目职业健康安全与环境管理规划；项目采购与资源管理规划；项目信息管理规划；项目沟通管理规划；项目风险管理规划；项目收尾管理规划
项目管理实施规划	项目相关各方的要求；分析项目条件和环境；相关的法规和文件；组织编制；履行报批手续	项目管理规划大纲；项目条件和环境分析资料；工程合同及相关文件；同类项目的相关资料	项目概况；总体工作计划；组织方案；技术方案；进度计划；质量计划；职业健康安全与环境管理计划；成本计划；资源需求计划；风险管理计划；信息管理计划；项目沟通管理计划；项目收尾管理计划；项目现场平面布置图；项目目标控制措施；技术经济指标

【经典例题】1.（2016年真题）主持编制"项目管理实施规划"的是（　　）。

A.企业管理层

B.企业委托的管理单位

C.项目经理

D.项目技术负责人

【答案】C

（二）项目组织管理

（1）项目管理组织的建立应遵循下列原则：组织结构科学、合理；有明确的管理目标和责任制度；组织成员具备相应的职业资格；保持相对稳定，并根据实际需要进行调整。

（2）建立项目经理部应遵循下列步骤：

1）根据项目管理规划大纲确定项目经理部的管理任务与组织结构；

2）根据项目管理目标责任书进行目标分解与责任划分；

3）确定项目经理部的组织设置；

4）确定人员的职责、分工与权限；

5）制定工作制度、考核制度与奖惩制度。

（三）项目经理责任制

项目经理责任制的核心是项目经理承担实现项目管理目标责任书确定的责任。项目经理不应同时承担两个或两个以上未完项目领导岗位。项目管理目标责任书的依据和内容以及确定项目管理目标应遵循的原则见表1A432050-2。

项目管理目标有关内容   表1A432050-2

项目管理目标有关内容	
项目管理目标责任书编制依据	项目合同文件；组织的管理制度；项目管理规划大纲；组织的经营方针和目标
项目管理目标责任书编制内容	项目管理实施目标；组织与项目经理部之间的责任、权限和利益分配；项目设计、采购、施工、试运行等管理的内容和要求；项目需用资源的提供方式和核算办法；法定代表人向项目经理委托的特殊事项；项目经理部应承担的风险；项目管理目标评价的原则、内容和方法；对项目经理部进行奖惩的依据、标准和办法；项目经理解职和项目经理部解体的条件及办法
确定项目管理目标遵循原则	满足组织管理目标的要求；满足合同的要求；预测相关的风险；具体且操作性强；便于考核

（四）项目合同管理

项目合同评审、实施控制、总结报告应包括的内容见表1A432050-3。

项目合同评审、实时控制、总结报告内容   表1A432050-3

	合同评审	合同实施控制	合同总结报告
内容	招标内容和合同的合法性审查；招标文件和合同条款的合法性和完备性审查；合同双方责任、权益和项目范围认定；与产品或过程有关要求的评审；合同风险评估	合同交底、合同跟踪与诊断、合同变更管理和索赔管理等工作	合同签订情况评价；合同执行情况评价；合同管理工作评价；对本项目有重大影响的合同条款的评价；其他经验和教训

（五）项目采购管理

采购计划应包括下列内容：采购工作范围、内容及管理要求；采购信息，包括产品或服务的数量、技术标准和质量要求；检验方式和标准；供应方资质审查要求；采购控制目标及措施。

（六）项目职业健康安全管理

（1）项目职业健康安全管理应遵循下列程序：识别并评价危险源及风险；确定职业健康安全目标；编制并实施项目职业健康安全技术措施计划；职业健康安全技术措施计划实施结果验证；持续改进相关措施和绩效。

（2）编制项目职业健康安全技术措施的步骤：工作分类；识别危险源；确定风险；评价风险；制定风险对策；评审风险对策的充分性。

（3）项目职业健康安全技术措施计划应由项目经理主持编制，经有关部门批准后，由专职安全管理人员进行现场监督实施。

（4）职业健康安全技术交底应符合下列规定：工程开工前，项目经理部的技术负责人应向有关人员进行安全技术交底；结构复杂的分项工程实施前，项目经理部的技术负责人应进行安全技术交底；项目经理部应保存安全技术交底记录。

（5）处理职业健康安全事故应遵循下列程序：报告安全事故；事故处理；事故调查；处理事故责任者；提交调查报告。

【经典例题】2.项目职业健康安全技术措施计划应由（   ）主持编制。

A.公司相关部门

B.分公司相关部门

C.项目经理

D.项目技术负责人

【答案】C

【嗨·解析】项目职业健康安全技术措施计划应由项目经理主持编制。

【经典例题】3.（2014年一级真题）某工地食堂发生食物中毒事故，其处理步骤包括：

①报告中毒事故；②事故调查；③事故处理；④处理事故责任者；⑤提交调查报告。下列处理顺序正确的是（　　　）。

　　A.①④②③⑤

　　B.②⑤④③①

　　C.②④③①⑤

　　D.①③②④⑤

　　【答案】D

　　【嗨·解析】处理职业健康安全事故应遵循的程序：报告安全事故；事故处理；事故调查；处理事故责任者；提交调查报告。

（七）项目环境管理

　　（1）项目的环境管理应遵循的程序：确定项目环境管理目标；进行项目环境管理策划；实施项目环境管理策划；验证并持续改进。

　　（2）文明施工应包括下列工作：进行现场文化建设；规范场容，保持作业环境整洁卫生；创造有序生产的条件；减少对居民和环境的不利影响。

（八）项目成本管理

　　（1）成本控制应遵循下列程序：收集实际成本数据；实际成本数据与成本计划目标进行比较；分析成本偏差及原因；采取措施纠正偏差；必要时修改成本计划；按照规定的时间间隔编制成本报告。成本控制宜运用价值工程和赢得值法（挣值法）。

　　（2）项目成本核算应坚持形象进度、产值统计、成本归集的三同步原则。

（九）项目资源管理

　　（1）资源管理包括人力资源管理、材料管理、机械设备管理、技术管理和资金管理。

　　（2）资源管理计划应包括建立资源管理制度，编制资源使用计划、供应计划和处置计划，规定控制程序和责任体系。

　　（3）资源管理控制应包括按资源管理计划进行资源的选择、资源的组织和进场后的管理等内容。

（十）项目信息管理

　　（1）项目信息管理应遵循下列程序：确定项目信息管理目标；进行项目信息管理策划；项目信息收集；项目信息处理；项目信息运用；项目信息管理评价。

　　（2）项目信息管理工作应采取必要的安全保密措施，包括：信息的分级、分类管理方式。确保项目信息的安全、合理、有效使用。

（十一）项目风险管理

　　项目风险管理过程应包括风险识别、风险评估、风险响应和风险控制。

（十二）项目收尾管理

　　（1）竣工计划包括的内容：竣工项目名称；竣工项目收尾具体内容；竣工项目质量要求；竣工项目进度计划安排；竣工项目文件档案资料的整理要求。

　　（2）项目决算应包括下列内容：项目竣工财务决算说明书；项目竣工财务决算报表；项目造价分析资料表等。

　　（3）项目考核评价的定量指标可包括工期、质量、成本、职业安全健康、环境保护等。

二、建设项目工程总承包管理的有关规定

　　建设项目工程总承包应实行项目经理负责制。工程总承包企业宜采用"项目管理目标责任书"的形式，明确项目目标和项目经理的职责、权限和利益。

　　（1）工程总承包的项目经理应具备以下条件：

　　1）具有注册工程师、注册建造师、注册建筑师等一项或多项执业资格；

　　2）具有决策、组织、领导和沟通能力，能正确处理和协调与业主、相关方之间及企业内部各专业、各部门之间的关系；

　　3）具有工程总承包项目管理的专业技术和相关的经济和法律、法规知识；

4）具有类似项目的管理经验；

5）具有良好的职业道德。

（2）项目安全管理计划内容包括：项目安全管理目标；项目安全管理组织机构和职责；项目安全危险源的辨识与控制技术以及管理措施；对从事危险环境下作业人员的培训教育计划；对危险源及其风险规避的宣传与警示方式；项目安全管理的主要措施与要求。

（3）项目安全管理必须贯穿于工程设计、采购、施工、试运行各阶段。

三、建筑施工组织设计管理的有关规定

基本规定

（1）施工组织设计应由项目负责人主持编制，可根据项目实际需要分阶段编制和审批。施工组织设计的编制与审批人员见表1A432050-4。

施工组织设计的编制与审批　表1A432050-4

施工组织设计	编制	审批
施工组织总设计	项目负责人主持	总承包单位技术负责人
单位工程施工组织设计		施工单位技术负责人或技术负责人授权的技术人员
施工方案		项目技术负责人
重点、难点分部（分项）工程和专项工程施工方案		施工单位技术部门组织相关专家评审，施工单位技术负责人批准；由专业承包单位施工的分部（分项）工程或专项工程的施工方案，应由专业承包单位技术负责人或其授权的技术人员审批；有总承包单位时，应由总承包单位项目技术负责人核准备案

（2）项目施工过程中，发生以下情况之一时，施工组织设计应及时进行修改或补充：

1）工程设计有重大修改；

2）有关法律、法规、规范和标准实施、修订和废止；

3）主要施工方法有重大调整；

4）主要施工资源配置有重大调整；

5）施工环境有重大改变。

【经典例题】4.施工组织总设计应由总承包单位（　　）审批。

A.负责人

B.技术负责人

C.项目负责人

D.项目技术负责人

【答案】B

【嗨·解析】施工组织设计应由总承包单位技术负责人审批。

【经典例题】5.项目施工过程中，应及时对"施工组织设计"进行修改或补充的情况有（　　）。

A.桩基的设计持力层变更

B.工期目标重大调整

C.现场增设三台塔式起重机

D.预制管桩改为钻孔灌注桩

E.更换劳务分包单位

【答案】ACD

【嗨·解析】选项A属于工程设计有重大修改；选项C是属于主要资源配置有重大调整，选项D属于主要施工方法有重大调整。

章节练习题

单项选择题

1. 燃烧性能等级为A级的装修材料，其燃烧性能为（　　）。
   A. 不燃　　　　　　　　B. 难燃
   C. 可燃　　　　　　　　D. 易燃

2. Ⅰ类民用建筑工程中甲醛的为（　　）（mg/m³）。
   A. ≤0.09　　　　　　　B. ≤0.08
   C. ≤0.2　　　　　　　　D. ≤0.5

参考答案及解析

单项选择题

1. 【答案】A
   【解析】装修材料按其燃烧性能应划分为四级，分别为A（不燃性）、B1（难燃性）、B2（可燃性）、B3（易燃性）。

2. 【答案】B
   【解析】民用建筑工程室内环境污染物浓度限量表如下。

污染物	Ⅰ类民用建筑工程	Ⅱ类民用建筑工程
氡（Bq/m³）	≤200	<400
甲醛（mg/m³）	≤0.08	≤0.1
苯（mg/m³）	≤0.09	≤0.09
氨（mg/m³）	≤0.2	≤0.2
TVOC（mg/m³）	≤0.5	≤0.6

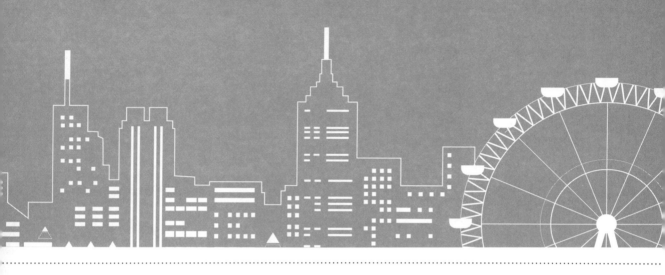

|第三篇| 案例篇

跨章节案例题指导

一、案例分析题目的特点

近些年实务科目的案例难度逐年加大，主要体现在以下三个方面：

1.综合性提高：2014年以前的案例只是单独考查某一个知识点，但从2014年开始，考试的题目综合性非常高，一种是结合公科目的内容解决实际问题，已经考过公共科目只复习一科实务难以应对考试。另一种是教材知识点和超纲知识点的综合，这种综合会给考生非常大的心理压力，使考生在考场上产生焦虑从而丧失对已学知识点的把握。

2.信息量和书写量加大：也就是2016年以前案例题目问题是针对某个事件的题目，2016年度的考试取消了案例背景分事件的表述，问题是针对整个背景题目，这样增大了考试的阅读信息量，目前考生生活中很少阅读大段的文字，缺少对大段文字核心意思的提炼和总结能力，这样的变化无疑是雪上加霜。另外，问题数量的增加造成书写量也增加不少，2014年前后每年案例题目设置大概24个问题，2016年案例问题数量增加到32个，这样的书写量令平时不用笔书写的考生很难应对。

3.争议与智力陷阱并存：每年考试都会有一些争议题目，这些问题其实并不是通关的关键，因为分数只要及格就好，但是这些题目会使考生在见到后感到恐慌，认为自己的知识有短板，开始怀疑自己并产生焦虑，心理被击溃，考试失败。智力陷阱是每年都会有的考试题目，这种题目的表现虽然是与某个知识点相关，但是提问方式或表现方式并不是我们熟悉的，因此在有限的时间内，考生用所学知识和这样的题目硬碰硬结果就不言而喻了。也就是说现在的考试不仅考知识，还考智商和情商。

二、案例分析题出题原则和目的

学以致用是工程类学习的本质目的。围绕这一目的，建造师考试出题的原则就是理论联系实践。一方面考核会结合实践当中最经常应用到的知识，另一方面通过考核指引建造师学习的方向。

考核的目的就是选拔能够解决实际问题的工程建设管理人才成为建造师。

在这个原则和目的的主导下，考生们逐渐发现建筑实务考试中的应用型题目越来越多，这些题目严格来讲并不一定超纲，但是在教材上又找不到原句原话或类似表达。往往是教材知识的进一步深化、细化、延伸、应用等形式。

虽然如此，考生应该认识到这种应用型的题目加上少量超纲题目的分值约在30%左右，剩余70%的分值仍然是在考核教材上常规点。

三、案例分析题答题思路与技巧

案例题由背景资料、问题、答案三个部分组成。对于案例题先看问题，了解问题中有几个小问题需要分析，带着问题回到背景资料中找到相应的有效信息进行分析作答。作答时要分条作答，切不可混在一起作答。对于语言的表达尽量简明扼要，切勿长篇论述，不仅浪费了时间，同时也得不到相应的分数，每一个问题的答案均由相应的核心词句或采分点，要明确出题人想考核的知识内容，这个内容的哪一个核心词是出题人想要的答案。同时不要忽视背景资料的有效信息，它是决定你答案是否准确的关键。背景资料都是针对问题设置的一个事件的描述，会涉及质量、安全、进度、合同、成本、现场等模块内容。仔细分析问题进行定位属于哪类问题。问题主要有四类：简答题、改错分析题、计算题、画图题。

对于简答题，明确问的是哪个知识点，作答时围绕这个知识点的相关知识进行总结作答，简答题的做题原则是多写；

对于改错分析题主要有三种类型的改错，主语改错（人）、数据改错（数字）、行为改错（违规行为），先确定背景有哪些类型的错误，分析其中的因果关系，作答时要言简意赅，分开作答，不得混在一起作答。通常用到的主语包括：项目负责人、项目技术负责人、企业技术负责人、总监理工程师等，喜欢变换主语进行纠正；通常用到的数据包括：高度、深度、跨度、距离、时间、人数等，喜欢变换数字进行纠正；通常用到的行为改错是一个错误的人做了一件错误的事情，最终导致质量不合格，进而造成了安全或质量事故，喜欢颠倒流程进行纠正。

对于计算题主要有涉及进度的总时差、工期的计算，以及成本管理的中标造价、综合单价、工程预付款等计算。此种题型难度不会太大，总会在细节上做文章，注意问题是否要求写过程、保留小数点，并且不要错写或漏掉单位。

对于画图题主要是有流水施工的横道图，

和双代号网络图的绘制。对于横道图的绘制要仔细计算每一个流水施工参数，确保按照正确的参数绘制横道图。对于双代号网络图的绘制通常是补充虚箭线进行关联，要明确逻辑关系。

在案例题作答时，应尽量采用背景语言和书面语言，切不可用自己口语或组织性语言进行回答，例如背景中明确施工总承包单位……，回答就不得是施工单位、总包、承包方、乙方等；再例如经过分析得出答案是"总监理工程师"，但答案不得写"总监"，这就是书面语言和口语的严谨性。对于问题分析时，往往逆向思维便是最终的答案，例如："评标时发现A企业投标文件无法定代表人签字和单位公章"。而针对此句话改错的理由便是"评标时投标文件应当由法定代表人签字和单位公章"。最后要特别注意字迹工整，卷面整洁，关键采分点如果无法辨识的话会得不到相应分数。

四、案例分析题高频考点统计表

从最近五年出案例题的出题分布分析来看，分值最多的是安全和现场的相关知识内容，这也符合项目经理职责，由于最近的大的安全事故不断，如天津的爆炸事故，江西宜春的电厂事故，这些会促成出题者在安全方面加大出题力度。其次质量和验收的相关知识内容分值稳居第二，质量方面的问题，这也符合项目经理职责。近两年超纲部分知识内容的分值再加大，已经增长到位居第三的位置，这也是考生最担心的问题，这部分考题的主要来自施工规范及三门公共课的教材内容，甚至结合现场实际施工的经验内容；但超纲的题也会有一定的简单问题，我们是可以通过技巧作答出来，搞现场的人基本都能作答，后面将继续分析超纲题的特点。所以从最近五年出题的大知识点来看，出题的侧重点是非常明确的。学员复习时必须根据自己的情况再结合历年出题的重点有的放矢地去学习。

2012年~2016年真题各章节考点分布一览表

	2016年	2015年	2014年	2013年	2012年
1A413000 建筑工程施工技术	3	4			4
1A413010 施工测量技术	1				1
1A413020 建筑工程土方工程施工技术					2
1A413030 建筑工程地基处理与基础工程施工技术					
1A413040 建筑工程主体结构施工技术	2	2			1
1A413050 建筑工程防水工程施工技术		1			
1A413060 建筑装饰装修工程施工技术		1			
1A420000 建筑工程项目施工管理	15	27	23	27	24
1A420010 项目施工进度控制方法的应用	1	3	4	4	4
1A420020 项目施工进度计划的编制与控制		1			1
1A420030 项目质量计划管理					
1A420040 项目材料质量控制					1
1A420050 项目施工质量管理			1		
1A420060 项目施工质量验收		1		2	1
1A420070 工程质量问题与处理	3	1	1	1	1
1A420080 工程安全生产管理			1	1	
1A420090 工程安全生产检查	1	1		3	1
1A420100 工程安全生产隐患防范	3	3	2		
1A420110 常见安全事故类型及其原因			1		1
1A420120 职业健康与环境保护控制		3	2	3	3
1A420130 造价计算与控制	1	2		4	3
1A420140 工程价款计算与调整			3		2
1A420150 施工成本控制					
1A420160 材料管理		2	2		
1A420170 施工机械设备管理					
1A420180 劳动力管理		2		2	1
1A420190 施工招标投标管理			2	2	
1A420200 合同管理	3	2	2	2	2
1A420210 施工现场平面布置		3			
1A420220 施工临时用电		2			
1A420230 施工临时用水	3			1	1
1A420240 施工现场防火			2	2	2
1A420250 项目管理规划					
1A420260 项目综合管理控制		1			
1A430000 建筑工程项目施工相关法规与标准	8	8	8	5	6
1A431010 建筑工程建设相关法规	1		2		
1A431020 建设工程施工安全生产及施工现场管理相关法规	2	4	3		5

续表

	2016年	2015年	2014年	2013年	2012年
1A432010 建筑工程安全防火及室内环境污染控制的相关规定				4	
1A432020 建筑工程地基基础工程的相关标准	3		2	1	
1A432030 建筑工程主体结构工程的相关标准			1		
1A432040 建筑工程屋面及装饰装修工程的相关标准		1			
1A432050 建筑工程项目相关管理规定	2	3			1

注：本表是按照考查知识点个数统计。

五、综合案例示例

综合案例一

【背景资料】某工程的施工合同工期为16周，项目监理机构批准的施工进度计划如图所示（时间单位：周）。各工作均按匀速施工。施工单位的报价单（部分）见下表。

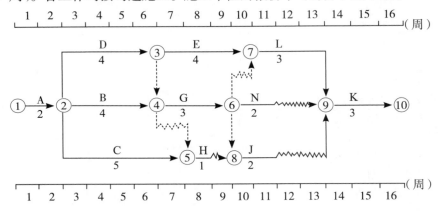

序号	工作名称	估算工程量	全费用综合单价（元/m³）
1	A	800m³	300
2	B	1200m³	320
3	C	20次	
4	D	1600m³	

工程施工到第4周末时进行进度检查，发生如下事件。

事件1：A工作已经完成，但由于设计图纸局部修改，实际完成的工程量为840m³，工作持续时间未变。

事件2：B工作施工时，遇到异常恶劣的气候，造成施工单位的施工机械损坏和施工人员窝工，损失1万元，实际只完成估算工程量的25%。

事件3：C工作为检验检测配合工作，只完成了估算工程量的20%，施工单位实际发生检验检测配合工作费用5000元。

事件4：施工中发现地下文物，导致D工作尚未开始，造成施工单位自有设备闲置4个台班，台班单价为300元/台班、折旧费为100元/台班。施工单位进行文物现场保护的费用为1200元。

【问题】1.根据第4周末的检查结果，绘制实际进度前锋线，逐项分析B、C、D三项工作的实际进度及其对紧后工作和工期的影响，并说明理由。

2.若施工单位在第4周末就B、C、D出现的进度偏差提出工程延期的要求，项目监理机构应批准工程延期多长时间？为什么？

　　3.施工单位是否可以就事件2、4提出费用索赔？为什么？可获得的索赔费用是多少？

　　4.事件3中C工作发生的费用如何结算？

说明原因。

　　5.前4周施工单位可以得到的结算款为多少元？

【答案】1.前锋线如图

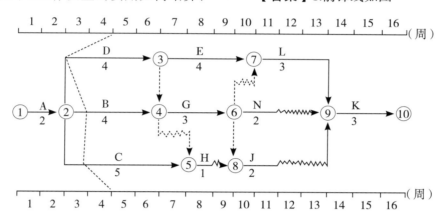

　　B工作：

　　（1）实际进度拖后1周。

　　（2）影响紧后工作G的最早开始时间1周，因FFB=0；不影响紧后工作H的最早开始时间，因B、H之间的时间间隔为1周。

　　（3）不影响工期，因TFB=1周。

　　C工作：

　　（1）实际进度拖后1周。

　　（2）影响紧后工作H的最早开始时间1周，因FFC=0

　　（3）不影响工期，因TFC=3周。

　　D工作：

　　（1）实际进度拖后2周。

　　（2）影响紧后工作E、G的最早开始时间2周，因FFD=0；影响紧后工作H的最早开始时间1周，因D工作和H工作之间的时间间隔为1周，2−1=1周。

　　（3）影响工期2周，因TFD=0周（或D工作为关键工作）。

　　2.应批准工程延期2周。

　　理由：B、C工作的拖后不影响工期；D工作拖后2周，影响工期2周，并且发现文物是业主应承担的责任事件。

　　3.（1）事件2：不可以提出费用索赔。

　　理由：异常恶劣的气候导致的施工机械损坏和施工人员窝工损失是施工单位应承担的责任事件。

　　事件4：可以提出费用索赔。

　　理由：发现文物导致费用增加是业主应承担的责任事件。

　　可获得费用索赔：4×100+1200=1600元。

　　4.不予结算。

　　理由：施工单位对C工作的费用没有报价，未报价的项目视为已经包含在其他项目的综合单价中。

　　5.结算款：840×300+1600+1200×25%×320=349600元。

　　🔊 嗨·点评　这个案例题综合性非常强，涉及了网络计划的时标网络，前锋线，进度偏差、索赔问题，价款结算等问题，觉得难度可能还偏小了一点点。

　　综合案例二

　　【背景资料】某写字楼工程，建筑面积120000m²，地下2层，地上22层，钢筋混凝土框架剪力墙结构，合同工期780d。某施工总承包单位按照建设单位提供的工程量清单及其他招标文件参加了该工程的投标，并以34263.29万元的报价中标。双方依据《建设工程施工合同（示范文本）》签订了工程施工总承包合同。

合同约定：本工程采用固定单价合同计价模式；当实际工程量增加或减少超过清单工程量5%时，合同单价予以调整，调整系数为0.95或1.05；投标报价中的钢筋、土方的全费用综合单价分别为5800元/t、32元/m³。

合同履行过程中，发生了下列事件：

事件一：施工总承包单位任命李某为该工程的项目经理，并规定其有权决定授权范围内的项目资金投入和使用。

事件二：施工总承包单位项目部对合同造价进行了分析。各项费用为：直接费26168.22万元，管理费4710.28万元，利润1308.41万元，规费945.58万元，税金1130.80万元。

事件三：施工总承包单位项目部对清单工程量进行了复核。其中：钢筋实际工程量为9600t，钢筋清单工程量为10176t；土方实际工程量30240m³，土方清单工程量为28000m³。施工总承包单位向建设单位提交了工程价款调整报告。

事件四：普通混凝土小型空心砌块施工中，项目部采用的施工工艺有：小砌块使用时充分浇水湿润；砌块底面朝上反砌于墙上；芯柱砌块砌筑完成后立即进行该芯柱混凝土浇灌工作；外墙转角处的临时间断处留直槎，砌成阴阳槎，并设拉结筋。监理工程师对施工工艺提出了整改要求。

事件五：建设单位在竣工验收后，向备案机关提交的工程竣工验收报告包括工程报建日期、施工许可证号、施工图设计审查意见等内容和验收人员签署的竣工验收原始文件。备案机关要求补充。

【问题】1.根据《建设工程项目管理规范》的规定，事件一中，项目经理的权限还应有哪些？

2.事件二中，按照"完全成本法"核算，施工总承包单位的成本是多少？项目部的成

本管理应包括哪些方面的内容？

3.事件三中，施工总承包单位的钢筋和土方工程价款是否可以调整？为什么？列式计算调整后的价款分别是多少万元？

4.指出事件四中的不妥之处，分别说明正确做法。

5.事件五中，建设单位还应补充哪些单位签署的质量合格文件？

【答案】1.（1）参与项目投标和合同签订；

（2）参与组建项目经理部；

（3）参与选择并使用具有相应资质的分包人；

（4）参与选择物资供应单位；

（5）在授权范围内协调与项目有关的内外部关系；

（6）主持项目经理部的日常工作；

（7）制定内部计酬办法；

（8）法定代表人授予的其他权力。

2.（1）26168.22+4710.28+945.58=31824.08万元

（2）成本管理内容：

①施工成本计划；

②施工成本控制；

③施工成本核算；

④施工成本分析；

⑤施工成本考核。

3.（1）钢筋可以调整；因为（10176-9600）/10176=5.66%>5%。

9600×5800×1.05=5846.40万元。

（2）土方工程可以调价；因为（30240-28000）/28000=8%>5%。

28000×1.05×32+（30240-28000×1.05）×32×0.95=96.63万元。

（3）钢筋工程与土方工程价款合计5846.4＋96.63=5843.03万元。

4.（1）"小砌块使用时充分浇水湿润"不妥。

正确做法：小砌块使用时不宜浇水，当天气炎热干燥时可适当地洒水湿润。

（2）"芯柱砌块砌筑完成后立即进行该芯

柱混凝土浇灌工作"不妥。

正确做法：芯柱砌块砌筑完成后，清除空洞内的杂物，并用水冲洗，养护一段时间，待砂浆强度大于1MPa时，方可进行该芯柱混凝土浇灌工作。

（3）"外墙转角处的临时间断处留直槎"不妥。

正确做法：外墙转角处临时间断处留斜槎，斜槎长度不应小于高度的三分之二。

5.（1）勘察、设计、施工、监理单位分别质量合格文件；

（2）规划、环境保护部门出具的认可文件；

（3）公安消防部门出具的验收合格文件。

🔊 嗨·点评　这个案例题是2011年真题四，这个题的难度已经接近现在考题的难度了，因为它综合了《建设工程项目管理规范》、成本计算，《建设工程项目管理》的成本管理任务、质量控制方面及验收备案等问题。

综合案例三

【背景资料】某政府机关在城市繁华地段建一幢办公楼。在施工招标文件的附件中要求投标人具有垫资能力，并写明：投标人承诺垫资每增加500万元的，评标增加1分。某施工总承包单位中标后，因设计发生重大变化，需要重新办理审批手续。为了不影响按期开工，建设单位要求施工总承包单位按照设计单位修改后的草图先行开工。

施工中发生了以下事件：

事件1：施工总承包单位的项目经理在开工后又担任了另一个工程的项目经理，于是项目经理委托执行经理代替其负责本工程的日常管理工作，建设单位为此提出异议。

事件2：施工总承包单位以包工包料的形式将全部结构工程分包给劳务公司。

事件3：在底板结构混凝土浇筑过程中，为了不影响工期，施工总承包单位在连夜施工的同时，向当地行政主管部门报送了夜间施工许可申请，并对附近居民进行公告。

事件4：为便于底板混凝土浇筑施工，基坑周围未设临边防护；由于现场架设灯具照明不够，工人从配电箱中接出220V电源，使用行灯照明进行施工。

为了分解垫资压力，施工总承包单位与劳务公司的分包合同中写明：建设单位向总承包单位支付工程款后，总承包单位才向分包单位付款，分包单位不得以此要求总承包单位承担逾期付款的违约责任。

为了强化分包单位的质量安全责任，总、分包双方还在补充协议中约定，分包单位出现质量安全问题，总承包单位不承担任何法律责任，全部由分包单位自己承担。

【问题】1.建设单位招标文件是否妥当？说明理由。

2.施工总承包单位开工是否妥当？说明理由。

3.事件1至事件3中施工总承包单位的做法是否妥当？说明理由。

4.指出事件4中的错误，并写出正确做法。

5.分包合同条款能否规避施工总承包单位的付款责任？说明理由。

6.补充协议的约定是否合法？说明理由。

【答案】1.不妥当；

理由：根据相关规定：招标人不得要求投标人垫资，并不能把承诺垫资作为加分的条件，这是以不合理的条件限制或排斥投标人。

2.不妥当；

理由：根据相关规定：施工图设计文件未经审查批准不得使用，建设行政主管部门不得颁发施工许可证；未取得施工许可证，施工单位不得开工。

3.（1）事件1中，施工总承包单位的做法不妥；

理由：根据相关规定：一个项目经理不应担任两个项目的项目经理。

（2）事件2中，施工总承包单位的做法不妥；

理由：根据相关规定：以包工包料的形式将全部结构工程分包给劳务公司，这属于违法分包行为。

（3）事件3中，施工总承包单位的做法不妥；

理由：根据相关规定：在城市市区范围

内从事建筑工程施工，施工总承包单位应在取得夜间施工许可证，并对附近居民进行公告后，方可进行夜间施工。

4.（1）"底板混凝土浇筑施工时，基坑四周未设临边防护"错误；

正确做法：底板混凝土浇筑施工时，基坑四周必须进行临边防护，包括设置防护栏杆、挡脚板、安全网、警示标志和警示灯。

（2）"工人从配电箱中接出220V电源，使用行灯照明"错误；

正确做法：应由电工从开关箱中接电，如果使用行灯照明，应使用安全电压，电压不得超过36V。

5.分包合同条款不能规避施工总承包单位的付款责任；

理由：根据相关规定：施工总承包合同和劳务分包合同是两个独立的合同；总承包单位不能以建设单位未付工程款为由拒付分包单位的工程款。

6.补充协议的约定不合法；

理由：根据相关规定：总承包单位依法将部分工程分包的，不解除总承包单位的任何合同责任和义务；总承包单位应当对全部建设工程质量安全负责，总承包单位与分包单位对分部工程的质量安全承担连带责任。

🔊）嗨·点评　这个案例题是2009年真题四，虽然时间比较久远，但该题的综合性符合当今建造师出题的潮流，综合了招投标、项目管理制度、合同管理的分包问题、环境保护问题、安全生产责任等问题。

综合案例四

【背景资料】某办公楼工程，建筑面积45000m²，地下2层，地上26层，框架—剪力墙结构，设计基础底标高为−9.0m，由主楼和附属用房组成。基坑支护采用复合土钉墙，地质资料显示，该开挖区域为粉质黏土且局部有滞水层。施工过程中发生了下列事件：

事件一：监理工程师在审查复合土钉墙边坡支护方案时，对方案中制定的采用钢筋网喷射混凝土面层、混凝土终凝时间不超过4小时等构造做法及要求提出了整改完善的要求。

事件二：项目部在编制的"项目环境管理规划"中，提出了包括现场文化建设、保障职工安全等文明施工的工作内容。

事件三：监理工程师在消防工作检查时，发现一只手提式灭火器直接挂在工人宿舍外墙的挂钩上，其顶部离地面的高度为1.6m；食堂设置了独立制作间和冷藏设施，燃气罐放置在通风良好的杂物间。

事件四：在砌体子分部工程验收时，监理工程师发现有个别部位存在墙体裂缝。监理工程师对不影响结构安全的裂缝砌体进行了验收，对可能影响结构安全的裂缝砌体提出整改要求。

事件五：当地建设主管部门于10月17日对项目进行执法大检查，发现施工总承包单位项目经理为二级注册建造师。为此，当地建设主管部门做出对施工总承包单位进行行政处罚的决定；于10月21日在当地建筑市场诚信信息平台上做了公示；并于10月30日将确认的不良行为记录上报了住房和城乡建设部。

【问题】1.事件一中，基坑土钉墙护坡其面层的构造还应包括哪些技术要求？

2.事件二中，现场文明施工还应包含哪些工作内容？

3.事件三中，有哪些不妥之处，并说明正确做法。手提式灭火器还有哪些放置方法？

4.事件四中，监理工程师的做法是否妥当？对可能影响结构安全的裂缝砌体应如何整改验收？

5.事件五中，分别指出当地建设主管部门的做法是否妥当？并说明理由。

【答案】1.（1）钢筋网：钢筋直径宜为6~10mm，钢筋间距宜为150~250mm；

（2）搭接：钢筋网搭接长度应大于300mm；

（3）连接：应设置承压板或加强钢筋等构造措施，使面层与土钉可靠连接。

（4）混凝土：强度等级不宜低于C20，面层厚度不宜小于80mm；

（5）泄水孔：坡面按设计和规范的构造要求设置泄水孔。

2.（1）规范场容，保持作业环境整洁卫生；

（2）创造文明有序的安全生产条件；

（3）减少对居民和环境的不利影响。

3.（1）不妥之处：

①不妥之一："一只手提式灭火器直接挂在工人宿舍外墙的挂钩上"；

正确做法：手提式灭火器不得少于两只，并应设置在消防设施专用的挂钩上。

②不妥之二："顶部离地面的高度为1.6m"；

正确做法：手提式灭火器的顶部离地面的高度应小于1.5m。

③不妥之三："燃气罐放置在通风良好的杂物间"；

正确做法：燃气罐单独设置在通风良好的存放间，存放间严禁存放其他物品。

（2）存放方法：

①消防专用托架上；

②消防箱内；

③环境干燥的场所，可直接放置在地面上。

4.（1）监理工程师的做法妥当。

（2）整改验收：

①要求施工单位请具有相应资质的检测单位鉴定；

②如不影响结构安全，修补后应予验收；

③如需要返修或加固处理，待返修或加固处理后进行二次验收。

5.（1）"当地建设主管部门做出对施工总承包单位进行行政处罚的决定"妥当；

理由：该办公楼工程超过25层，并且建筑面积超过30000m²，属于大型工程项目，应由一级建造师担任项目经理。

（2）"于10月21日在当地建筑市场诚信信息平台上做了公示"妥当；

理由：不良行为记录信息的公布时间为行政处罚决定做出后的7天内进行。

（3）"并于10月30日将确认的不良行为上报了住房和城乡建设部"不妥。

理由：不良行为记录在当地公布后的7天内上报了住房和城乡建设部。

🔊 **嗨·点评** 这个案例题是2014年真题五，该题综合了：规范内容土钉墙、现场文明施工、现场消防，质量问题处理、市场诚信行为等问题。

综合案例五

【背景资料】某住宅楼工程，场地占地面积约10000m²，建筑面积约14000m²，地下两层，地上16层，层高2.8m，檐口高47m，结构设计为筏形基础、剪力墙结构，施工总承包单位为外地企业，在本项目所在地设有分公司。

本工程项目经理组织编制了项目施工组织设计，经分公司技术部经理审核后，报分公司总工程师（公司总工程师授权）审批；由项目技术部门经理主持编制外脚手架（落地式）施工方案，经项目总工程师审批；专业承包单位组织编制塔吊安装拆卸方案，按规定经专家论证后，报施工总承包单位总工程师、总监理工程师、建设单位负责人签字批准实施。

在施工现场消防技术方案中，临时施工道路（宽4m）与施工（消防）用水主水管沿在建住宅楼环状布置，消火栓设在施工道路内侧，距路中线5m，在建住宅楼外边线距道路中线9m。施工用水管计算中，现场施工用水量（$q_1+q_2+q_3+q_4$）为8.5L/s，管网中水的流速度1.6m/s，漏水损失10%，消防用水量按最小用水量计算。

根据项目试验计划，项目总工程师会同实验员选定1、3、5、7、9、11、13、16层各留置1组C30混凝土同条件养护试件，试件在浇筑点制作，脱模后放置在下一层楼梯口处。第5层C30混凝土同条件养护试件强度试验结果为28MPa。

施工中发生塔吊倒塌事故，在调查塔吊基础时发现：塔式起重机基础为6m×6m×0.9m，混凝土强度等级为C20，天然地基持力层承载力特征值（f_{ak}）为130kPa，施工单位仅对地基承载力进行了计算，并据此判断满足安全要求。

针对项目发生的塔式起重机事故，当地

建设行政主管部门认定为施工总承包单位的不良行为记录，对其诚信行为记录及时进行了公布、上报，并向施工总承包单位工商注册所在地的建设行政主管部门进行了通报。

【问题】1.指出项目施工组织设计、外脚手架施工方案、塔式起重机安装拆卸方案编制、审批的不妥之处，并写出相应的正确做法。

2.指出施工消防技术方案的不妥之处，并写出相应的正确做法。施工总用水量是多少（单位：L/s）？施工用水主管的计算管径是多少（单位mm，保留两位小数）？

3.题中同条件养护试件的做法有何不妥？并写出正确做法。第5层C30混凝土同条件养护试件的强度代表值是多少？

4.分别指出项目塔式起重机基础设计计算和构造中的不妥之处。并写出正确做法。

【答案】1.（1）不妥之一：由项目技术部经理主持编制外脚手架（落地式）施工方案，经项目总工程师审批。

正确做法：外脚手架施工方案应由项目经理组织相关人员编制，报公司技术部门审核后，由公司技术负责人和总监理工程师审批。

（2）不妥之二：塔式起重机安装拆卸方案经专家论证后，报施工总包单位总工程师、总监理工程师、建设单位负责人签字批准实施。

正确做法：经专家论证后，报总包单位技术负责人、专业承包单位技术负责人、总监理工程师、建设单位负责人签字批准后实施。

2.（1）不妥之处：

①不妥之一：消火栓设置在施工道路内侧，距路中线5m。

正确做法：消火栓距路边不应大于2m。

②不妥之处二：消火栓距在建住宅楼的距离小于5m。

正确做法：消火栓距拟建房屋不小于5m，且不大于25m。

（2）总用水量

①消防用水量取10L/s

②建筑面积<50000m^2，$Q=10\times$（1+10%）=11L/s

管径：

$$d=\sqrt{\frac{4Q}{\pi\times v\times 1000}}=\sqrt{\frac{4Q}{3.14\times 1.6\times 1000}}=93.58mm$$

取管径为100mm（2分）

3.（1）不妥之一：项目总工程师会同实验员选定混凝土同条件养护试件。

正确做法：应由施工监理各方共同选定，且试件取样应均匀分布在施工周期内。

不妥之二：1、3、5、7、9、11、13、16层各留置1组C30混凝土同条件养护试件。

正确做法：同一强度等级的同条件养护试件不宜少于10组，且不应少于3组。每连续两层取样不应少于1组。因此应当取10组同条件养护试件，加取第15层试块。参考《混凝土结构工程施工质量验收规范》GB 50204-2015附录C。

不妥之三：脱模后放置在下层楼梯口处。

正确做法：脱模后应放置在浇筑地点旁边。

（2）第五层C30混凝土同条件养护试件的强度代表值是C25。

4.（1）不妥之一：塔式起重机基础为6m×6m×0.9m。

正确做法：塔式起重机基础的尺寸不应小于6m×6m×1.0m。

（2）不妥之二：塔式起重机基础混凝土强度等级为C20。

正确做法：塔式起重机的基础混凝土强度等级不低于C25。

（3）不妥之三：施工单位仅对地基承载力进行计算。

正确做法：还应对塔式起重机混凝土基础进行验算。

🔊 嗨·点评　这个案例题是2016年真题五，该题综合了：专项施工方案、现场消防及消防用水计算，相关试件留置、塔式起重机的超纲内容、市场诚信行为等问题。综合性非常强。